高等学校机械工程类系列教材

机械制造基础 上册

（修订版）

主　编　王国顺　郭　维
副主编　肖　华　李　伟
参编人员（按姓氏笔画排列）
王国顺　李　伟　肖　华
张业鹏　陈志华　周子瑾
翁晓红　郭　维　潘卫平
戴锦春

图书在版编目(CIP)数据

机械制造基础(修订版). 上册/王国顺,郭维主编. —武汉:武汉大学出版社,2011.10
高等学校机械工程类系列教材
ISBN 978-7-307-08631-9

Ⅰ.机…　Ⅱ.①王…　②郭…　Ⅲ.机械制造—高等学校—教材
Ⅳ.TH

中国版本图书馆 CIP 数据核字(2011)第 049111 号

责任编辑:谢文涛　　责任校对:黄添生　　版式设计:马　佳

出版发行:武汉大学出版社　(430072　武昌　珞珈山)
(电子邮件:cbs22@whu.edu.cn 网址:www.wdp.whu.edu.cn)
印刷:通山金地印务有限公司
开本:787×1092　1/16　印张:15.25　字数:360 千字
版次:2011 年 10 月第 1 版　2011 年 10 月第 1 次印刷
ISBN 978-7-307-08631-9/TH·20　定价:25.00 元

版权所有,不得翻印;凡购买我社的图书,如有质量问题,请与当地图书销售部门联系调换。

高等学校机械工程类及
现代工业训练类系列教材

编委会名单

主任委员	巫世晶	武汉大学动力与机械学院，教授、博士生导师、院长
副主任委员	彭文生	华中科技大学机械科学与工程学院，教授
	萧泽新	桂林电子科技大学光机电一体化研究所，教授
	朱锦标	香港理工大学工业中心，教授
	蔡敢为	广西大学机械工程学院，教授
	胡青春	华南理工大学工程训练中心，教授
	庞之洋	海军工程大学机械工程系，教授
	张桂香	湖南大学现代工程训练中心，教授
	肖荣清	武汉大学动力与机械学院、教授
	王国顺	武汉大学动力与机械学院、副教授
	陈小圻	武汉大学动力与机械学院，教授
编委	徐　翔	湖北汽车工业学院发展规划处，教授
	华中平	湖北工业大学机械工程学院，教授
	刘　银	中国地质大学机电学院，教授
	王应军	武汉理工大学理学院，教授
	王树才	华中农业大学工程技术学院，教授
	徐小兵	长江大学机械学院，教授
	赵新则	三峡大学机械与材料学院，教授
	熊禾根	武汉科技大学(钢)机械自动化学院，教授
	吴晓光	武汉科技大学(纺)机电工程学院，教授
	谭　昕	江汉大学机电与建筑工程学院，教授
	张林宣	清华大学，教授
	张　鹏	广东工业大学材料与能源学院，教授
	董晓军	东风汽车有限公司商用车发动机厂
	王艾伦	中南大学机电工程学院，教授
	秦东晨	郑州大学机械工程学院，教授
	宋遒志	北京理工大学机电工程学院，教授
	赵延波	中国计量学院，教授
	倪向贵	中国科学技术大学工程与材料科学实验中心，教授
	宋爱平	扬州大学机械工程学院制造部，教授

肖　华　武汉大学动力与机械学院、副教授
戴锦春　武汉大学动力与机械学院、副教授
袁泽虎　武汉大学动力与机械学院、副教授
徐击水　武汉大学动力与机械学院、副教授
翁晓红　武汉大学动力与机械学院、副教授
执行编委　李汉保　武汉大学出版社，副编审
谢文涛　武汉大学出版社，编辑

序

机械工业是“四个现代化”建设的基础，机械工业涉及工业、农业，国防建设、科学技术以及国民经济建设的方方面面，机械工业专业人才的培养质量直接影响工业、农业、国防建设、科学技术的可持续发展，乃至影响国民经济的发展。高等学校是培养高新科学技术人才的摇篮，也是培养机械工程类专业高级人才的重要基础。但凡一所高等学校，学科建设、课程建设、教材建设应该是一项常抓不懈的工作，而教材建设是课程建设的重要内容，是教学思想与教学内容的重要载体，因此显得尤为重要。

为了提高高等学校机械工程类课程教材建设水平，由武汉大学动力与机械学院和武汉大学出版社联合倡议、组建21世纪高等学校机械工程类，现代工业训练类系列教材编委会，在一定范围内，联合若干所高等学校合作编写机械工程类系列教材，为高等学校从事机械工程类教学和科研的教师，特别是长期从事教学具有丰富教学经验的一线教师搭建一个交流合作编写教材的平台，通过该平台，联合编写教材，交流教学经验，确保教材的编写质量，突出教材的基本特色，同时提高教材的编写与出版速度，有利于教材的不断更新，极力打造精品教材。

本着上述指导思想，我们组织编撰出版了这套21世纪高等学校机械工程类系列教材和21世纪高等学校现代工业训练类系列教材，根据国家教育部机械工程类本科人才培养方案以及编委会成员单位(高校)机械工程类本科人才培养方案明确了高等学校机械工程类42种教材，以及高等学校现代工业训练类6卷27种教材为今后一个时期的出版工作规划，并根据编委会各成员单位(高校)的专业特色作了大致的分工，旨在努力提高高等学校机械工程类课程的教育质量和教材建设水平。

参加高等学校机械工程类及现代工业训练类系列教材编委会的高校有：武汉大学、华中科技大学、桂林电子科技大学、香港理工大学、广西大学、华南理工大学、海军工程大学、湖北汽车工业学院、湖北工业大学、中国地质大学、武汉理工大学、华中农业大学、长江大学、三峡大学、武汉科技大学、武汉科技学院、江汉大学、清华大学、广东工业大学、东风汽车有限公司、中国计量学院、中国科技大学、扬州大学等20余所院校及工程单位。

武汉大学出版社是被中共中央宣传部与国家新闻出版署联合授予的全国优秀出版社之一，在国内享有较高的知名度和社会影响力，武汉大学出版社愿尽其所能为国内高校的教学与科研服务。我们愿与各位朋友真诚合作，力争将该系列教材打造成为国内同类教材中的精品教材，为高等教育的发展贡献力量！

高等学校机械工程类及
现代工业训练类系列教材编委会
2011年1月

再版前言

“机械制造基础”是高等学校机类和非机类专业的一门重要的技术基础课程。《机械制造基础》教材自2005年第一版问世后，多所兄弟院校采用本书作为授课教材或教学参考书，不少同仁对本书的特点加以肯定的同时，也提出许多宝贵意见。近年来，高等院校注重创新教育和实践教育，本书的改编，将突出创新和实践。

修订版教材从工程材料及其性能控制、材料成形、机械加工等三个方面，分别叙述传统的机械制造过程及方法；适当介绍机械制造中的一些新工艺、新技术、新方法及其发展趋势，扩大学生的视野，适应时代对工程技术人员的要求；在编写本书的同时，进一步完善多媒体课件和网络平台的建设。课堂教学采用大量的动画和教学视频，再现机械加工过程的各工种生产原理，增强教学效果。网络平台逐步实现在线交流，满足读者的各种要求。

本书的编者都是长期从事机类和非机类工科学生课程教学和实习工作，具有丰富的机械制造基础教学和实习经验的一线教师。本书的再版，认真听取了许多同仁的意见，考虑了各院校课时压缩的实际，从内容上进行了一定的精简。

本书分上、下两册，上册介绍了金属材料的基本知识，金属材料的常见热处理、金属的液态成型工艺，金属的塑性成型工艺，金属的焊接成型工艺和金属材料毛坯选择原则。下册介绍了常见金属切削原理和金属切削刀具的基础知识，金属机床的基础知识，金属切削加工工艺以及精密和特种加工。

本书内容较新，实践性较强，既可以作为工科学生课堂教材，也可用作为机械制造实践训练教材。

本书由王国顺和郭维任主编，肖华和李伟任副主编，全书由武汉大学肖荣清教授主审。

参加本书编写的人员有：（按章节顺序）王国顺（上册第1，2，3，4章，下册第1章）、肖华（上册第5，6章）、翁晓红（下册第2章）、郭维（下册第3，4章）、李伟（下册第5章）、戴锦春（下册第6章）。其他参编人员还有潘卫平、张业鹏、陈志华、周子瑾等。

本书在编写过程中，参考了有关教材、手册、资料，并得到众多同志的支持和帮助，在此一并表示衷心地感谢。

由于编者的水平有限，书中难免有错误和不足之处，敬请广大读者批评指正。

作　者

2011年

目　录

第 1 章　金属材料的基本知识

材料是人类赖以生存与发展、征服和改造自然的物质基础。在人类社会漫长的发展过程中，材料一直被认为是历史进化的标志，每一种新材料的发现和应用都把人类改造自然的能力提高到一个新的水平。材料是现代文明的三大支柱之一。

进入 21 世纪，材料科学蓬勃发展，新材料新技术层出不穷，极大地推动了科学技术和国民经济的发展。对于工科学生，适当了解现代材料的发展方向，具有极其重要的意义。

工程材料可分为金属材料、高分子材料、陶瓷材料及复合材料等四大类。

金属材料在现代生产及人们的日常生活中占有极其重要的地位。金属材料的品种繁多、性能各异，并能通过适当的工艺改变其性能。金属材料的性能由材料的成分、组织及加工工艺来确定。掌握各种材料的性能对材料的选择、加工、应用，以及新材料的开发都有着非常重要的作用。

1.1　金属材料的性能

金属材料的性能可分为使用性能和工艺性能两大类。使用性能是指材料的力学性能、物理性能和化学性能。工艺性能则是指材料的铸造性能、锻造性能、焊接性能和切削加工性能。

1.1.1　金属材料的力学性能

材料的力学性能是指材料在外力作用下产生变形和破断的特性。材料的力学性能主要有弹性、强度、塑性、硬度、冲击韧性和疲劳强度等。

1. 弹性和刚度

金属材料受外力作用时产生变形。当外力去掉后能恢复其原来形状的性能称为弹性。这种随外力消除而消除的变形，称为弹性变形。

图 1-1 是低碳钢的应力-应变曲线(σ-ε 曲线)。图中 A 点对应的应力 σ_e为不产生永久变形的最大应力，称为弹性极限。OA'段为直线，这部分应力与应变成比例，所以点 A'所对应的应力 σ_p称为比例极限。

材料在弹性范围内，应力与应变成正比，其比值 $E=\sigma/\varepsilon$ 称为弹性模量，单位为 MPa。弹性模量 E 标志着材料抵抗弹性变形的能力，用以表示材料的刚度。E 值的大小主要取决于各种材料的本性，一些处理方法(如热处理、冷热加工、合金化等)对它影响很小。需要注意的是，材料的刚度不等于机件的刚度，机件的刚度除与材料的刚度有关外，还与机件的结构有关。提高零件刚度的方法有增加横截面面积、改变截面形状及选用弹性

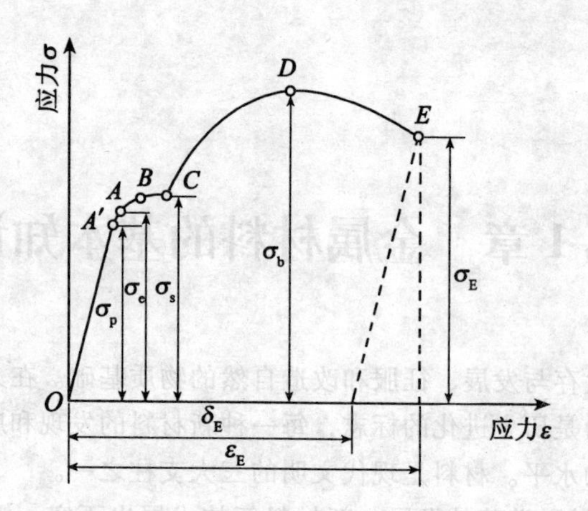

图 1-1 低碳钢拉伸的应力-应变曲线

模量较大的材料。

2. 强度

在外力作用下，材料抵抗塑性变形和破断的能力称为强度。常用的强度性能指标主要是屈服强度和抗拉强度。

1)屈服强度(σ_s，$\sigma_{0.2}$)

在图 1-1 上，当曲线超过 A 点后，若卸去外加载荷，则试样会留下不能恢复的残余变形，这种不能随载荷去除而消失的残余变形称为塑性变形。当曲线达到 B 点时，曲线出现应变增加而应力不变的现象称为屈服。屈服时的应力称为屈服强度，记为 σ_s，单位 MPa。

对没有明显的屈服现象的材料，国家标准规定用试样标距长度产生 0.2% 塑性变形时的应力值作为该材料的屈服强度，以 $\sigma_{0.2}$ 表示。

机械零件在使用时，一般不允许发生塑性变形，所以屈服强度是大多数机械零件设计时选材的主要依据，也是评定金属材料承载能力的重要力学性能指标。

2)抗拉强度 σ_b

材料在断裂前所承受的最大应力值称为抗拉强度或强度极限，用 σ_b 表示，单位 MPa。在图 1-1 中的 D 点所对应的应力值即为 σ_b。屈服强度与抗拉强度的比值 σ_s/σ_b 称为屈强比。屈强比小，工程构件的可靠性高，说明即使外载荷或某些意外因素使金属变形，也不至于立即断裂。但若屈强比过小，则材料强度的有效利用率太低。

一些对变形要求不高的机件，常以 σ_b 作为设计与选材的依据。

3. 塑性

材料在外力作用下，产生永久残余变形而不断裂的能力，称为塑性。工程上常用延伸率和断面收缩率作为材料的塑性指标。

1)延伸率 δ

试样在拉断后的相对伸长量称为延伸率，用符号 δ 表示，即

$$\delta = \frac{L_1 - L_0}{L_0} \times 100\%$$

式中：L_0——试样原始标距长度；

L_1——试样拉断后的标距长度。

2) 断面收缩率 ψ

试样被拉断后横截面积的相对收缩量称为断面收缩率，用符号 ψ 表示，即

$$\Psi = \frac{A_0 - A_1}{A_1} \times 100\%$$

式中：A_0——试样原始的横截面积；

A_1——试样拉断处的横截面积。

延伸率和断面收缩率的值越大，表示材料的塑性越好。塑性对材料进行冷塑性变形有重要意义。此外，工件的偶然过载，可因塑性变形而防止突然断裂；工件的应力集中处，也可因塑性变形使应力松弛，从而使工件不至于过早断裂。这就是大多数机械零件除要求一定强度指标外，还要求一定塑性指标的道理。

材料的 δ 和 ψ 值越大，塑性越好。两者相比，用 ψ 表示塑性更接近材料的真实应变。

4. *硬度*

硬度是材料抵抗局部塑性变形的能力。硬度也反映材料抵抗其他物体压入的能力。通常材料的强度越高，硬度也越高。工程上常用的硬度指标有布氏硬度、洛氏硬度和维氏硬度等。

1) 布氏硬度 HBS(W)

布氏硬度的测量方法如图 1-2 所示。用一定载荷 P，将直径为 D 的球体(淬火钢球或硬质合金球)，压入被测材料的表面，保持一定时间后卸去载荷，测量被测表面上所形成的压痕直径 d，由此计算压痕的球缺面积 F，其单位面积所受载荷称为布氏硬度。布氏硬度值 HB $= P/F$。

布氏硬度的单位为 kgf/mm^2。当测试压头为淬火钢球时，只能测试布氏硬度小于 450 的材料，以 HBS 表示；当测试压头为硬质合金时，可测试布氏硬度为 450 ~ 650 的材料，以 HBW 表示。

在测定材料的布氏硬度时，应根据材料的种类和试样的厚度，选择球体材质、球体直径 D、施加载荷 P 和载荷保持时间等。

布氏硬度试验是由瑞典的布利涅尔(J. B. Brinell)于 1900 年提出来的。

2) 洛氏硬度 HR

洛氏硬度的测量方法如图 1-3 所示。将标准压头用规定压力压入被测材料的表面，根

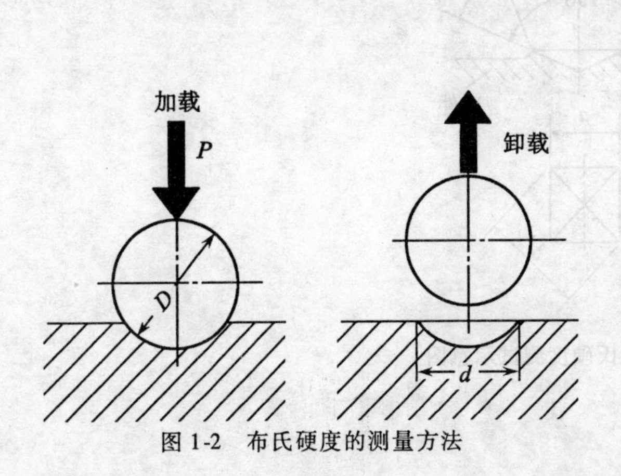

图 1-2　布氏硬度的测量方法

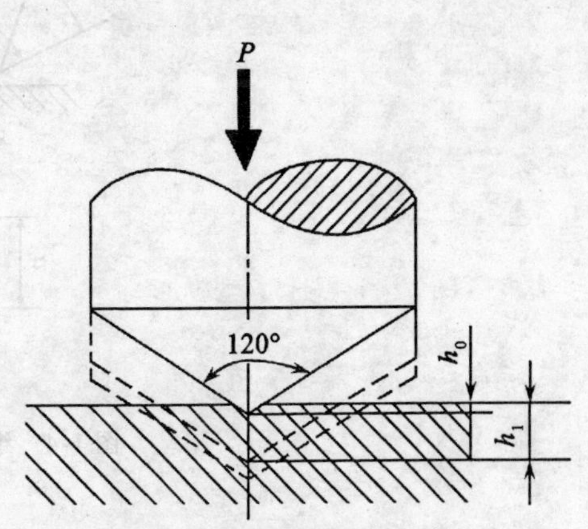

图 1-3　洛氏硬度的测量方法

据压痕深度来确定硬度值。根据压头的材料及所加的负荷不同又可分为 HRA，HRB，HRC 三种。表 1-1 为洛氏硬度的测试要求及其应用范围。

表 1-1 洛氏硬度的测试要求及其应用范围

洛氏硬度	压头	总载荷/N(kgf)	测量范围	应用
HRC	120°金刚石圆锥体	1470(150)	20~47HRC	调质钢、淬火钢等
HRA	120°金刚石圆锥体	588(60)	70HRA	硬质合金、表面淬火层或渗碳层等
HRB	ϕ1.588mm 钢球	980(100)	25~100HRB	有色金属和退火钢、正火钢等

洛氏硬度操作简便、迅速，应用范围广，压痕小，硬度值可直接从表盘上读出，所以得到更为广泛的应用；其缺点是：由于压痕小，测量误差稍大，因此常在工件不同部位测量数次取平均值。

洛氏硬度是由美国的洛克威尔(S. P. Rockwell 和 H. M. Rockwell)于 1919 年提出来的。

3)维氏硬度 HV

维氏硬度的测量原理与布氏硬度相同，不同点是压头为一相对面夹角为 136°金刚石正四方棱锥体，所加负荷为 5~120kgf(49.03~1176.80N)。它所测定的硬度值比布氏、洛氏硬度精确，压入深度浅，适于测定经表面处理零件的表面层的硬度，改变负荷可测定从极软到极硬的各种材料的硬度，但测定过程比较麻烦。图 1-4 为维氏硬度测试示意图。在用规定的压力 P 将金刚石压头压入被测试件表面并保持一定时间后卸去载荷，测量压痕投影的两对角线的平均长度 d，据此计算出压痕的表面积 S，最后求出压痕表面积上平均压力(P/S)，以此作为被测材料的维氏硬度值。其计算公式如下：

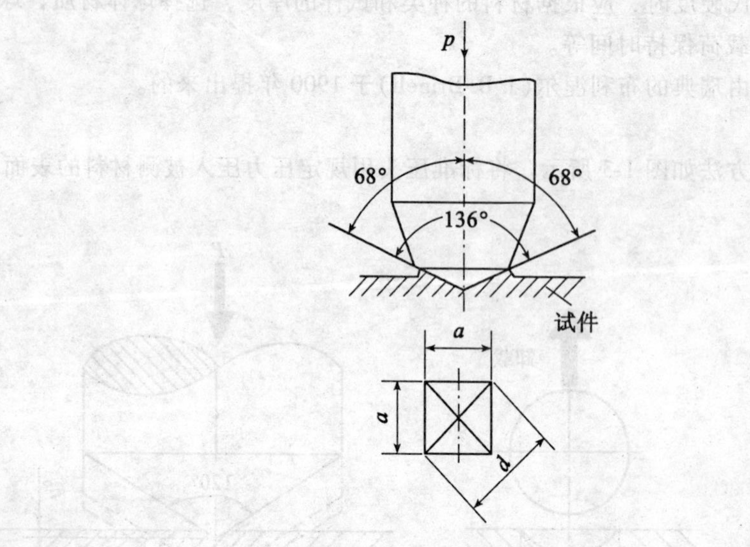

图 1-4 维氏硬度测试示意图

$$HV = \frac{P}{S} = \frac{P}{\dfrac{d^2}{2\sin 68^\circ}} = 1.8544\frac{P}{d^2} \tag{1-1}$$

采用维氏硬度测量硬度时，为保证试验的精确性，要求被测表面的粗糙度低，因而测试面的准备工作较麻烦。

维氏硬度试验是由英国的史密斯(R. L. Smith)和桑德兰德(G. E. Sandland)于 1925 年提出来的。

5. 冲击韧性 a_k

冲击韧性是在冲击载荷作用下，材料抵抗冲击力的作用而不被破坏的能力，通常用冲击吸收功 A_k 和冲击韧性 a_k 指标来度量。

有些机件在工作时要受到高速作用的载荷冲击，如锻压机的锤杆、冲床的冲头、汽车变速齿轮、飞机的起落架等。瞬时冲击引起的应力和应变要比静载荷引起的应力和应变大得多，因此在选择制造该类机件的材料时，必须考虑材料的抗冲击能力。为了讨论材料的冲击韧性 a_k 值，常采用一次冲击弯曲试验法。由于在冲击载荷作用下材料的塑性变形得不到充分发展，为了能灵敏地反映出材料的冲击韧性，通常采用带缺口的试样进行试验。标准冲击试样有两种，一种是夏比 U 形缺口试样，另一种是夏比 V 形缺口试样。同一条件下同一材料制作的两种试样，其 U 形试样的 a_k 值明显大于 V 形试样的 a_k，所以这两种试样的值 a_k 不能相互比较。图 1-5、图 1-6 是国家标准规定的一次弯曲冲击试样的尺寸及加工要求。

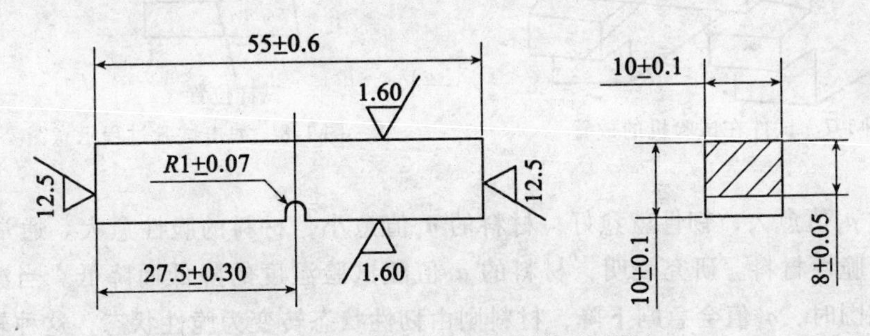

图 1-5　夏比 U 形缺口试样(梅氏试样)

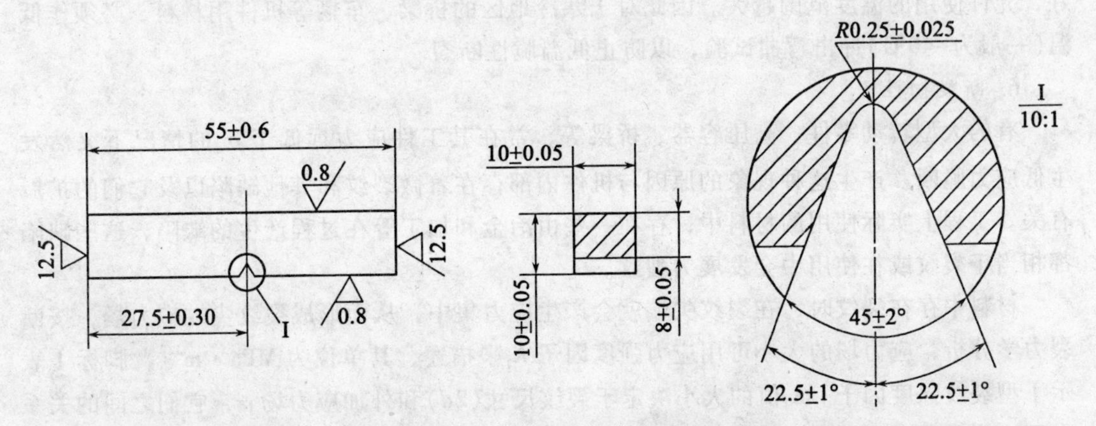

图 1-6　夏比 V 形缺口试样(夏氏试样)

试验时，将试样放在试验机两支座上，如图 1-7 所示。将一定重量 G 的摆锤升至一定高度 H_1，如图 1-8 所示，使它获得位能为 $G \cdot H_1$；再将摆锤释放，使其刀口冲向图 1-7 箭头所指试样缺口的背面；冲断试样后摆锤在另一边的高度为 H_2，相应位能为 $G \cdot H_2$，冲断试样前后的能量差即为摆锤冲断试样所消耗的功，或是试样变形和断裂所吸收的能量，称为冲击吸收功 A_k，即 $A_k = G \cdot H_1 - G \cdot H_2$，单位为 J。试验时，冲击功的数值可从冲击试验机的刻度标盘上直接读出。冲击吸收功除以试样缺口底部处横截面积 F 获得冲击韧性值 a_k，即 $a_k = A_k / F$，单位为 J/cm^2。有些国家(如美、英、日等国)直接用冲击吸收功 A_k 作为冲击韧性指标。

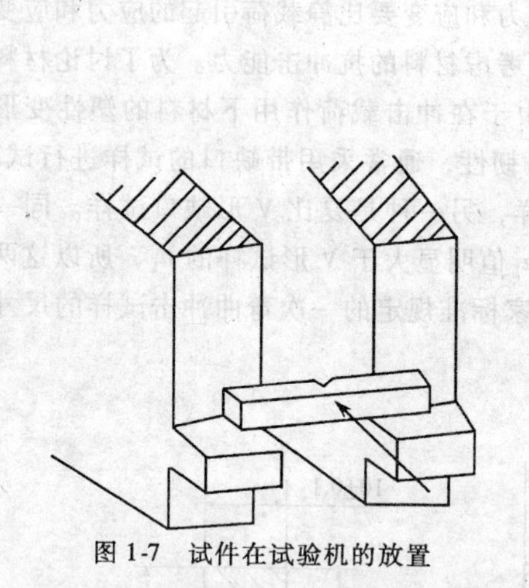

图 1-7 试件在试验机的放置

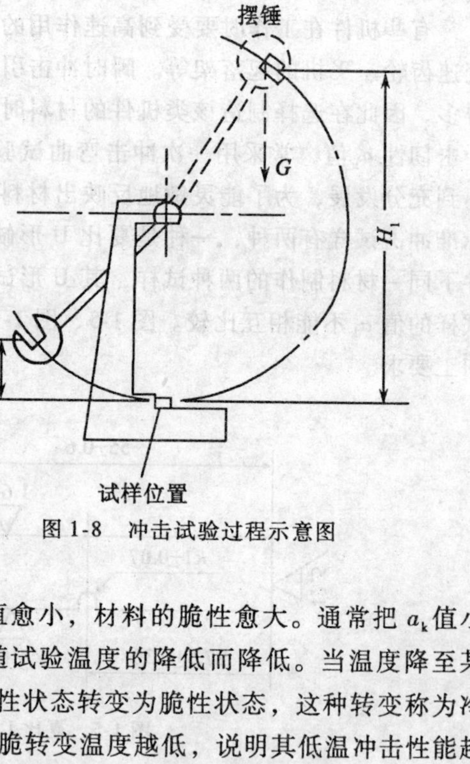

摆锤

G

H_1

H_2

试样位置

图 1-8 冲击试验过程示意图

材料的 a_k 值愈大，韧性就愈好；材料的 a_k 值愈小，材料的脆性愈大。通常把 a_k 值小的材料称为脆性材料。研究表明，材料的 a_k 值随试验温度的降低而降低。当温度降至某一数值或范围时，a_k 值会急剧下降，材料则由韧性状态转变为脆性状态，这种转变称为冷脆转变，相应温度称为冷脆转变温度。材料的冷脆转变温度越低，说明其低温冲击性能越好，允许使用的温度范围越大。因此对于寒冷地区的桥梁、车辆等机件用材料，必须作低温(一般为-40℃)冲击弯曲试验，以防止低温脆性断裂。

6. 断裂韧性 K_I

有的大型转动零件、高压容器、桥梁等，常在其工件应力远低于 σ_s 的情况下突然发生低应力脆断。产生这种现象的原因与机件内部存在着微裂纹和其他缺陷以及它们的扩展有关。工程上实际使用的材料中，存在一些由冶金和加工等在过程产生的缺陷，这些缺陷都相当于裂纹或在使用中会发展为裂纹。

材料中存在裂纹时，在裂纹尖端就会产生应力集中，从而形成裂纹尖端应力场，按断裂力学分析，应力场的大小可用应力强度因子 K_I 来描述，其单位为 $MPa \cdot m^{1/2}$，脚标 I 表示 I 型裂纹强度因子。K_I 值的大小决定于裂纹尺寸($2d$)和外加应力场 σ，它们之间的关系由下式表示：

$$K_{\text{I}} = Y\sigma\sqrt{a} \tag{1-2}$$

式中：Y 为与裂纹形状、加载方式和试样几何尺寸有关的无量纲系数；σ 为外加应力场，MPa；a 为裂纹长度的一半，mm。

由上式可见，随应力的增大，K_{I}不断增大，当 K_{I}增大到某一定值时，这可使裂纹前沿的内应力大到足以使材料分离，从而导致裂纹突然扩展，材料快速发生断裂。这个应力强度因子的临界值，称为材料的断裂韧性，用 K_{IC}表示。它反应材料有裂纹存在时，抵抗脆性断裂的能力，是强度和韧性的综合体现。K_{IC}可通过试验来测定，它与材料成分、热处理及加工工艺等有关。

7. 疲劳强度

1) 疲劳的概念

实际工程中一些机件工作时受交变应力或循环应力作用，即使工作应力低于材料的屈服强度，但经过一定循环周次后仍会发生断裂，这样的断裂现象称之为疲劳。

疲劳断裂的过程是一个损伤积累的过程。起初，在零件的表面，有时在零件的内部存在一薄弱环节，如微裂纹，随着循环次数的增加，裂纹沿零件的某一截面向深处扩展，至某一时刻剩余截面承受不了所受的应力，便会产生突然断裂。由于疲劳断裂事先无明显的塑性变形的征兆，所以危险性很大。由如上分析可知，零件的疲劳断裂过程可分为裂纹产生、裂纹扩展和瞬间断裂三个阶段。

2) 疲劳强度

当零件所受的应力低于某一值时，即使循环周次无穷多也不发生断裂，称此应力值为疲劳强度或疲劳极限。材料的疲劳强度通过实验得到。用实验得到的交变应力大小 σ 和断裂循环周次 N 之间的关系绘制出图 1-9 所示的 σ-N 之间的关系曲线，即疲劳曲线。疲劳曲线表明，随着应力 σ 的减小，循环次数 N 在增加，当应力 σ 降到一定值后，σ-N 曲线趋于水平，这就意味着材料在此应力作用下无限次循环也不会产生断裂，此应力称为材料对称弯曲疲劳极限，用 σ_{-1}表示，单位为 MPa。在疲劳强度的实验中，不可能

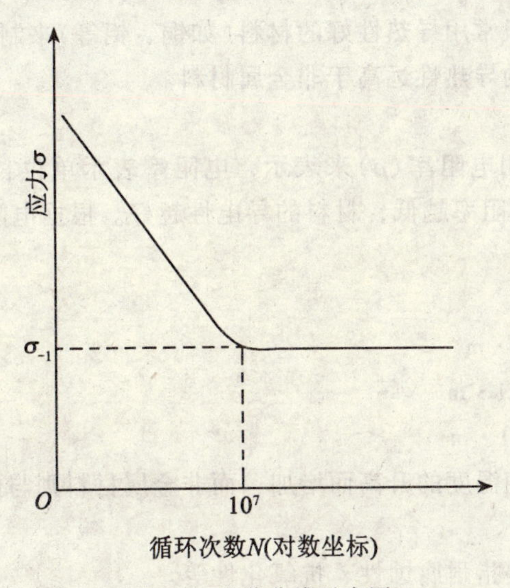

图 1-9　疲劳曲线示意图

把循环次数做到无穷大，而是规定一定的循环次数作为基数，超过这个基数就认为不再发生疲劳破坏。常用钢材的循环基数为 10^7，有色金属和某些超高强度钢的循环基数为 10^8。影响疲劳强度的因素甚多，其中主要有循环应力特性、温度、材料的成分和组织、表面状态、残留应力等。钢的疲劳强度为抗拉强度的40%～50%，有色金属为抗拉强度的25%～50%。

1.1.2 金属材料的其他性能简介

1. 物理性能

材料的物理性能包括密度、熔点、导电性、导磁性、导热性及热膨胀性等。

1)密度

密度 ρ 是指单位体积材料的质量。

抗拉强度与密度之比称为比强度；弹性模量与密度之比称为比弹性模量。在飞机和宇宙飞船上使用的结构材料，对比强度的要求特别高。

2)熔点

熔点是指材料的熔化温度。通常，材料的熔点越高，高温性能就越好。

3)热膨胀性

材料的热膨胀性通常用线膨胀系数 a_l 来表示。它表示材料温度每变化1℃时引起的材料长度上相对膨胀量的大小。对于精密仪器或机器的零件，热膨胀系数是一个非常重要的性能指标；在由两种以上材料组合成的零件中，常因材料的热膨胀系数相差大而导致零件的变形或破坏。

4)导热性

热量会通过固体发生传递，材料的导热性用热导率(导热系数) λ 来表示，λ 表示当物体内的温度梯度为1℃/m时，单位时间内，单位面积的传热量，其单位为W/(m·K)。

材料导热性的好坏直接影响着材料的使用性能，如果零件材料的导热性太差，则零件在加热或冷却时，由于表面和内部产生温差，膨胀不同，就会产生变形或裂纹。热交换器等传热设备的零部件一般常用导热性好的材料(如铜、铝等)来制造。

通常，金属及合金的导热性远高于非金属材料。

5)导电性

材料的导电性一般用电阻率(ρ)来表示，电阻率表示单位长度、单位面积导体的电阻，其单位为Ω·m。电阻率越低，材料的导电性越好。根据电阻率数值的大小可把材料分为：

超导体：$\rho \to 0$

导体：$\rho = 10^{-8} 10^{-5} \Omega \cdot m$

半导体：$\rho = 10^{-5} 10^{7} \Omega \cdot m$

绝缘体：$\rho = 10^{7} 10^{20} \Omega \cdot m$

通常金属的电阻率随温度的升高而增加，而非金属材料则与此相反。

2. 化学性能

材料的化学性能主要指耐腐蚀性、抗氧化性等。

1)耐腐蚀性

耐腐蚀性是指材料抵抗各种介质侵蚀的能力，材料的耐蚀性常用每年腐蚀深度(渗蚀度) K_a(mm/a)表示。对金属材料而言，其腐蚀形式主要有两种，一种是化学腐蚀，另一种是电化学腐蚀。化学腐蚀是金属直接与周围介质发生纯化学作用，例如钢的氧化反应；电化学腐蚀是金属在酸、碱、盐等电介质溶液中由于原电池的作用而引起的腐蚀。

2)高温抗氧化性

除了要在高温下保持基本力学性能外，还要具备抗氧化性能。所谓高温抗氧化性通常是指材料在迅速氧化后，能在表面形成一层连续而致密并与母体结合牢靠的膜，从而阻止进一步氧化的特性。

3. 工艺性能

材料的工艺性能是其机械性能、物理性能和化学性能的综合。工艺性能的好坏，直接影响到制造零件的工艺方法和质量以及制造成本。材料的工艺性能主要包括铸造性、可锻性、焊接性、切削加工性等。

1)铸造性

铸造性是指浇注铸件时，材料能充满比较复杂的铸型并获得优质铸件的能力。

对金属材料而言，评价铸造性能好坏的主要指标有流动性、收缩率、偏析倾向等。流动性好、收缩率小、偏析倾向小的材料其铸造性也好。一般来说，共晶成分的合金铸造性好。

2)可锻性

可锻性是指材料是否易于进行压力加工的性能。可锻性好坏主要以材料的塑性和变形抗力来衡量。一般来说。钢的可锻性较好，而铸铁不能进行任何压力加工。

3)焊接性

焊接性是指材料是否易于焊接在一起并能保证焊缝质量的性能，一般用焊接处出现各种缺陷的倾向来衡量。低碳钢具有优良持焊接性，而铸铁和铝合金的焊接性就很差。

4)切削加工性

切削加工性是指材料是否易于切削加工的性能。它与材料种类、成分、硬度、韧性、导热性及内部组织状态等许多因素有关。有利于切削的材料硬度为 160～230HB。切削加工性好的材料，切削容易，刀具磨损小，加工表面光洁。

1.2　金属的晶体构造和结晶过程

1.2.1　金属的晶体构造

自然界中的固体物质可分为两类：晶体和非晶体。金属及其合金以及大多数矿物等都是晶体。只有少数的固态物质是非晶体，如玻璃、松香等。它的原子排列较不规则。

1. 晶体的基本概念

晶体是指基原子规则排列的物体。

晶体结构是指晶体内部原子规则排列的方式。晶体结构不同，其性能往往相差很大。为了便于分析研究各种晶体中原子或分子的排列情况，通常把原子抽象为几何点，并用许多假想的直线连接起来，这样得到的三维空间几何格架，称为晶格，如图 1-10 所示；晶格中各边线的交点称为结点；晶格中各种不同方位的原子面，称为晶面。组成晶格的最基本几何单元称为晶胞。晶格可以看成由晶胞堆积而成。

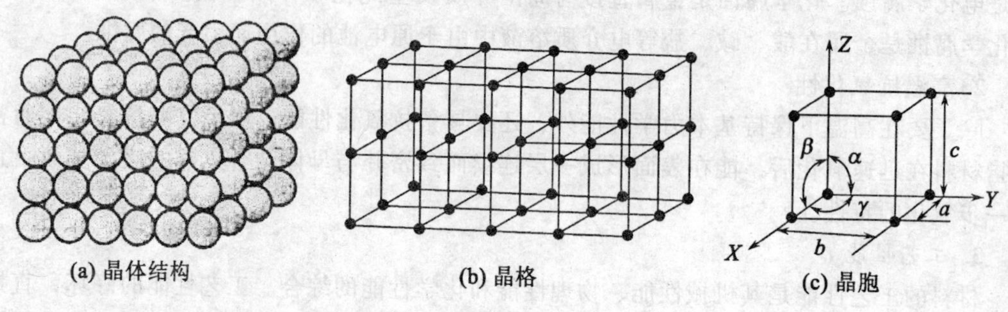

(a) 晶体结构 (b) 晶格 (c) 晶胞

图 1-10 简单立方晶体

晶胞的形状和大小是用晶粒的棱边长度 a，b，c 和棱边的夹角 α，β，γ 来表示的，如图 1-10(c)所示。晶胞的棱边长度 a、b、c 称为晶格常数，其大小以 Å(埃)为单位(1Å = 1×10^{-10}m)。当晶格常数 $a=b=c$，棱边夹角 $\alpha=\beta=\gamma=90°$ 时，这种晶胞称为简单立方晶胞。具有简单立方晶胞的晶格叫做简单立方晶格。

2. 常见纯金属的晶格类型

图 1-11 为元素周期表中元素的晶体结构。

在金属元素中，除少数具有复杂的晶体结构外，大多数具有简单的晶体结构，常见的晶格类型有三种：体心立方晶格、面心立方晶格、密排六方晶格。

1)体心立方晶格(Body-centred cubic lattice, b. c. c)

体心立方晶格的晶胞是一个立方体，原子分布在立方体的各结点和中心处，如图 1-12 所示。因其晶格常数 $a=b=c$，故只用一个常数 a 表示即可。该晶胞在其立方体的对角线方向上原子是紧密排列的，故由对角线长度($\sqrt{3}a$)和对角线上分布的原子数量(2 个)，就可以计算出原子的半径 r 为 $\frac{\sqrt{3}}{4}a$。由于晶格顶点上的原子同时为相邻的 8 个晶胞所公有，所以体心立方晶胞中的原子数目为 $\frac{1}{8}\times 8+1=2$ 个。属于这类晶格的金属有 α-Fe，Cr，V，W，Mo，Nb 等。

2)面心立方晶格(face-centred cubic lattice, f. c. c)

面心立方晶格的晶胞也是一个立方体，原子分布在立方体的各结点和各面的中心处，如图 1-13 所示。这种晶胞中，每个面的对角线上原子紧密排列，故其原子半径 r 为 $\frac{\sqrt{2}}{4}a$；又因为面心中的原子为两个晶胞所共有，所以面心立方晶胞中的原子数目为 $\frac{1}{8}\times 8+\frac{1}{2}\times 6=4$ 个。属于这类晶格的金属有 γ-Fe、Al、Cu、Ni、Au、Ag、Pb 等。

周期＼族	ⅠA	ⅡA	ⅢB	ⅣB	ⅤB	ⅥB	ⅦB	Ⅷ			ⅠB	ⅡB	ⅢA	ⅣA	ⅤA	ⅥA
1	1 H 0.92 ⬢ 氢 $1s^1$															
2	3 Li 3.13 ⊡ 锂 $2s^1$	4 Be 2.25 ⬢ 铍 $2s^2$											5 B 1.94 ▯ 硼 $2s^22p^1$	6 C 1.54 ⬡ ⊠ 碳 $2s^22p^2$	7 N 1.42 □ 氮 $2s^22p^3$	8 O 1.20 ▯ 氧 $2s^22p^4$
3	11 Na 3.83 ⊡ 钠 $3s^1$	12 Mg 3.20 ⬢ 镁 $3s^2$											13 Al 2.85 □ 铝 $3s^23p^1$	14 Si 2.67 ⊠ 硅 $3s^23p^2$	15 P 2.2 ▯ 磷 $3s^23p^3$	16 S 2.08 ▯ ▱ 硫 $3s^23p^4$
4	19 K 4.76 ⊡ 钾 $4s^1$	20 Ca 3.93 ⬢ □ 钙 $4s^2$	21 Sc 3.27 ⬢ 钪 $3d^14s^2$	22 Ti 2.93 ⬢ ⊡ 钛 $3d^24s^2$	23 V 2.71 ⊡ 钒 $3d^34s^1$	24 Cr 2.57 ⬢ ⊡ 铬 $3d^54s^1$	25 Mn 3.86 ▯ □ 田 锰 $3d^54s^2$	26 Fe 2.54 ⬢ □ 铁 $3d^64s^2$	27 Co 2.5 ⬢ □ 钴 $3d^74s^2$	28 Ni 2.49 □ 镍 $3d^84s^2$	29 Cu 2.55 □ 铜 $3d^{10}4s^1$	30 Zn 2.75 ⬢ 锌 $3d^{10}4s^2$	31 Ga 2.7 ▯ 镓 $4s^24p^1$	32 Ge 2.79 ⊠ 锗 $4s^24p^2$	33 As ◇ 砷 $4s^24p^3$	34 Se ▱ 硒 $4s^24p^4$
5	37 Rb ⊡ 铷 $5s^1$	38 Sr 4.26 □ 锶 $5s^2$	39 Y 3.69 ⬢ 钇 $4d^15s^2$	40 Zr 3.19 ⬢ ⊡ 锆 $4d^25s^2$	41 Nb 2.94 ⊡ 铌 $4d^45s^1$	42 Mo 2.80 ⊡ 钼 $4d^55s^1$	43 Tc 2.71 ⬢ 锝 $4d^55s^2$	44 Ru 2.67 ⬢ 钌 $4d^75s^1$	45 Rh 2.68 □ 铑 $4d^85s^1$	46 Pd □ 钯 $4d^{10}$	47 Ag 2.88 □ 银 $4d^{10}5s^1$	48 Cd 3.04 ⬢ 镉 $4d^{10}5s^2$	49 In 3.14 ▯ 铟 $5s^25p^1$	50 Sn 3.16 ▯ 锡 $5s^25p^2$	51 Sb 3.23 ◇ 锑 $5s^25p^3$	52 Te ⬡ 碲 $5s^25p^4$
6	55 Cs ⊡ 铯 $6s^1$	56 Ba ⊡ 钡 $6s^2$	57～71 La～Lu 镧系	72 Hf ⬢ ⊡ 铪 $5d^26s^2$	73 Ta 2.94 ⊡ 钽 $5d^36s^2$	74 W 2.82 ⊡ ⊠ 钨 $5d^46s^2$	75 Re 2.75 ⬢ 铼 $5d^56s^2$	76 Os 2.7 ⬢ 锇 $5d^66s^2$	77 Ir 2.7 □ 铱 $5d^76s^2$	78 Pt 2.77 □ 铂 $5d^96s^1$	79 Au 2.88 □ 金 $5d^{10}6s^1$	80 Hg 3.10 ◇ 汞 $5d^{10}6s^2$	81 Tl 3.42 ⬢ 铊 $6s^26p^1$	82 Pb 3.49 □ 铅 $6s^26p^2$	83 Bi 3.64 ◇ 铋 $6s^26p^3$	84 Po □ 钋 $6s^26p^4$
7	87 Fr 钫 $7s^1$	88 Ra 镭 $7s^2$	89～103 Ac～Lr 锕系	101 * $(6d^27s^2)$	105 * $(6d^37s^2)$											

原子序数—26 Fe—元素符号；2.54—原子直径；晶体结构—⊡ □；铁 $3d^64s^2$—核外电子的分布

元素晶格代表符号

□面心立方　⬢密排六方
⊡体心立方　▯正方
⊠金刚石型立方
田复杂立方　◇菱形
▯正交　▱单斜
⬡六方

图1-11　元素周期表中元素的晶体结构

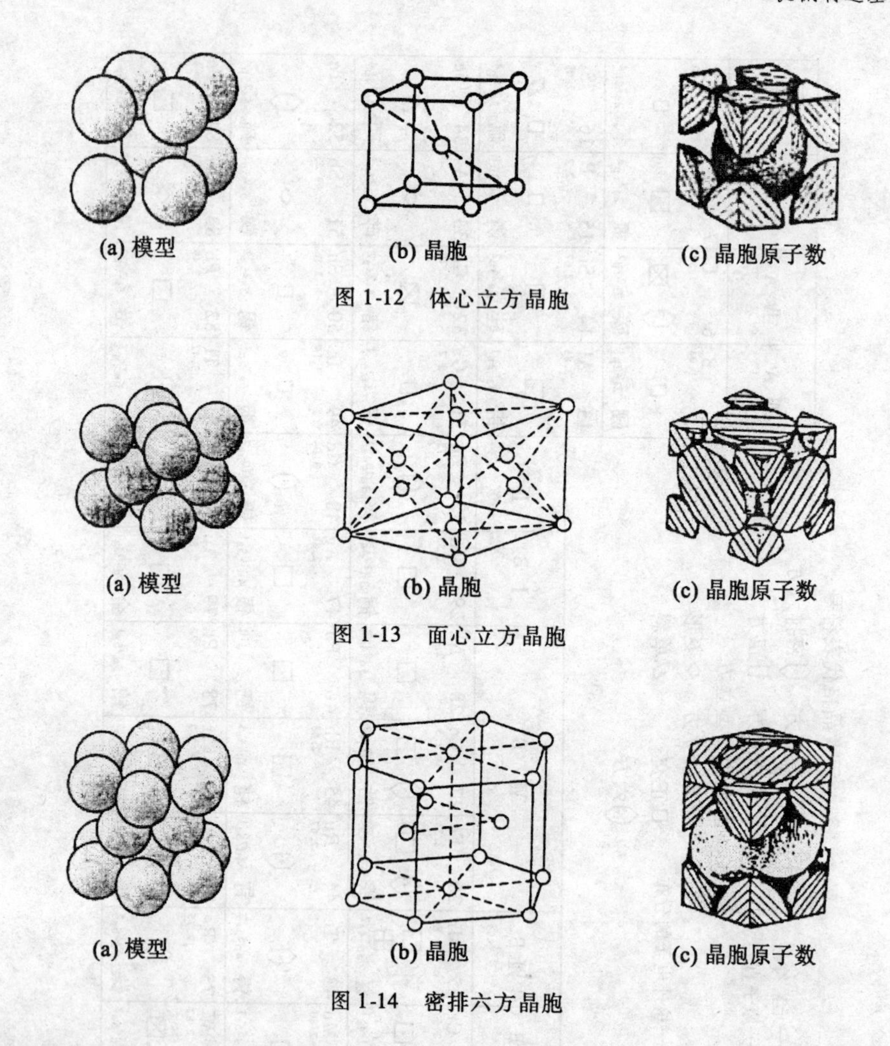
(a) 模型　(b) 晶胞　(c) 晶胞原子数

图 1-12　体心立方晶胞

(a) 模型　(b) 晶胞　(c) 晶胞原子数

图 1-13　面心立方晶胞

(a) 模型　(b) 晶胞　(c) 晶胞原子数

图 1-14　密排六方晶胞

3）密排六方晶格（close-packed hexagonal lattice，c. p. h）

密排六方晶格的晶胞与简单六方晶胞不同，在由 12 个原子所构成的正六面体的上下两个六边形的中心各有一个原子，在上下底中间有三个原子，如图 1-14 所示。这种晶胞中，其晶格常数用正六边形边长 a 和立方体的高 c 来表示，两者的比值 $c/a \approx 1.663$，其原子半径 $r = a/2$；每个晶胞所包含的原子数为 $12 \times \frac{1}{6} + 2 \times \frac{1}{2} + 3 = 6$ 个。属于这类晶格的金属有 Mg、Zn、Be、Cd 等。

3. 晶格的致密度及其晶面和晶向

1）晶格的致密度

晶格的致密度是指其晶胞中所包含的原子所占的体积与该晶胞体积之比。例如，在体心立方晶格中，每个晶胞含有 2 个原子，原子半径 $r = \frac{\sqrt{3}}{4}a$，晶胞体积为 a^3，故体心立方晶格的致密度为：$2 \times \frac{4}{3}\pi r^3 / a^3 = 2 \times \frac{4\pi}{3}\left(\frac{\sqrt{3}}{4}a\right)^3 / a^3 = 0.68$，即晶格中有 68% 的体积被原子所占据，其余为空隙。致密度用来评定晶体中原子排列的紧密程度。在定性评定晶体中原子排列的紧密程度时，还常应用“配位数”这一概念。所谓配位数即指晶格中任一原子周围所紧邻的最近且等距离的原子数。显然，配位数越大，原子排列也就越紧密。据此定义，体心立方晶格的配位数应为 8，这从该晶胞体心位置上的那个原子很容易看出来；当然，这对体心立方中任一顶点上的原子也应毫无例外，因为，立方体每个顶点上的原子都是同时属于它周围的 8 个晶胞所公有，即它周围 8 个晶胞中每个体心的原子与它都是最近邻且等距。三种典型金属晶格的各种数据总结于表 1-2。

表 1-2　　**三种典型金属晶格的数据**

晶格类型	晶胞中的原子数	原子半径	配位数	致密度
体心立方	2	$\frac{\sqrt{3}}{4}a$	8	0.68
面心立方	4	$\frac{\sqrt{2}}{4}a$	12	0.74
密排六方	6	$\frac{1}{2}a$	12	0.74

2) 晶面指数及晶向指数

晶体中各种方位上的原子面叫晶面；各种方向上的原子列叫晶向。在研究金属晶体结构的细节及其性能时，往往需要分析它们的各种晶面和晶向中原子分布的特点，因此有必要给各种晶面和晶向定出一定的符号，以表示出它们在晶体中的方位或方向。晶面的这种符号叫“晶面指数”，晶向的符号叫“晶向指数”。

下面对立方晶系中的晶面与晶向进行讨论。

确定晶面指数的步骤如下：

(1) 设晶格中某一原子为原点，通过该点平行于晶胞的三棱边作 OX、OY、OZ 三个坐标轴，以晶格常数 a、b、c 分别作为相应的三个坐标轴上的量度单位，求出所需确定的晶面在三坐标轴上的截距(见图 1-15)。

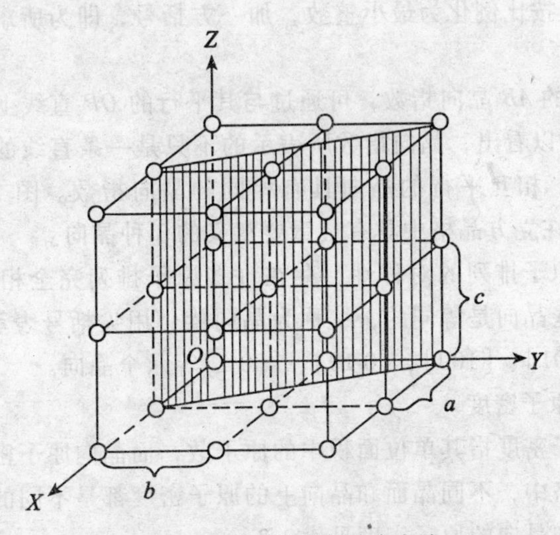

图 1-15　晶面指数的确定方法

(2)将所得三截距之值变为倒数；

(3)再将这三个倒数按比例化为最小整数，并加上一圆括号，即为晶面指数。晶面指数的一般形式用(*hkl*)表示。

例如图 1-16 中所示带影线的晶面，其晶面指数的确定步骤为：(1)取它与 *OX*、*OY*、*OZ* 三坐标轴的截距为 1、2、∞；(2)三截距的倒数是：1、1/2、0；(3)化为最小整数后的晶面指数为：(210)。

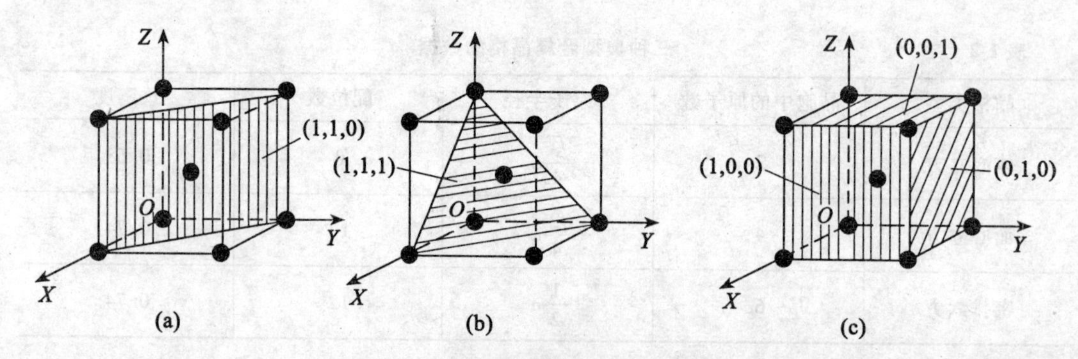

图 1-16 立方晶格中的晶面及指数

图 1-16 为立方晶格中的晶面及指数。一个晶面指数(*hkl*)不是指一个晶面，而是指一组相互平行的晶面。这些晶面的指数相同，或数字相同，或正负号相反，如(010)与$(0\underline{1}0)$两个平行晶面。在立方晶系中还存在有许多原子排列完全相同且面间距相等、但相互并不平行的晶面组。这些晶面可以看成是性质相同的等同晶面，在晶体学上称为晶面族，用花括号表示{*hkl*}。如晶面族{100}包括了(100)、(010)、(001)等晶面。

晶向指数的确定方法是：

(1)以格中某一原子为原点，通过该点平行于晶胞的三棱边作 *OX*、*OY*、*OZ* 三个坐标轴，通过坐标原点引一直线，使其平行于所求的晶向；

(2)求出该直线上任意一点的三个坐标来；

(3)将三个坐标值按比例化为最小整数，加一方括号，即为所求的晶面指数，其一般形式为[*uvw*]。

如欲求图 1-17 中的 *AB* 晶向指数，可通过与其平行的 *OP* 直线上的任意一点的坐标化简而求出为[110]。可以看出，晶向指数所表示的不只是一条直线的位向，而是一组平行线的位向。换句话说，相互平行的晶向具有相同的晶向指数。图 1-17 中所示的[100]、[110]和[111]晶向为在立方晶格中具有最重要意义的 3 种晶向。

在晶体中，由于原子排列的对称性，存在许多原子排列完全相同但彼此不平行的晶向，在晶体学上，这些晶向是等同的，统称为晶向族，用尖括号表示<*uvw*>，如晶向族包括[100]、[010]、[001]、$[\underline{1}00]$、$[0\underline{1}0]$、$[00\underline{1}]$等六个晶向。

3)晶面及晶向的原子密度

所谓某晶面的原子密度指其单位面积中的原子数，而晶向原子密度则指其单位长度上的原子数。在各种晶格中，不同晶面和晶向上的原子密度都是不同的。例如，在体心立方晶格中的各主要晶面和晶向的原子密度见表 1-3。

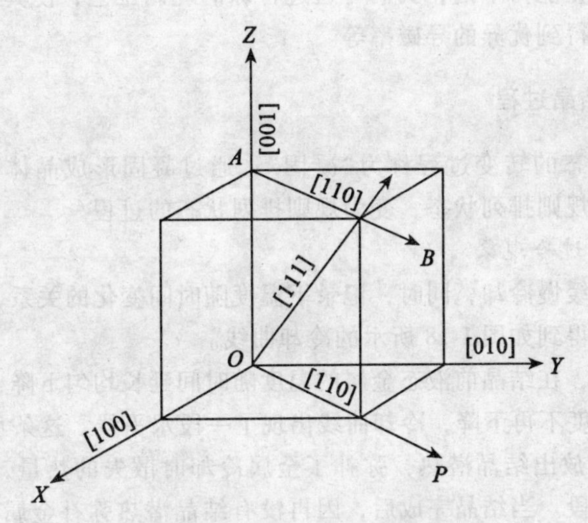

图 1-17　立方晶格中的三个重要晶向

表 1-3　体心立方晶格中各主要晶面和晶向的原子密度

晶面指数	晶面密度(原子数/面积)	晶向指数	晶向密度(原子数/长度)
(100)	$\dfrac{\frac{1}{4}\times 4}{a^2}=\dfrac{1}{a^2}$	[100]	$\dfrac{\frac{1}{2}\times 2}{a}=\dfrac{1}{a}$
(110)	$\dfrac{\frac{1}{4}\times 4+1}{\sqrt{2}a^2}=\dfrac{1.4}{a^2}$	[110]	$\dfrac{\frac{1}{2}\times 2}{\sqrt{2}a}=\dfrac{0.7}{a}$
(111)	$\dfrac{\frac{1}{6}\times 3}{\frac{\sqrt{3}}{2}a^2}=\dfrac{0.58}{a^2}$	[111]	$\dfrac{\frac{1}{2}\times 2+1}{\sqrt{3}a}=\dfrac{1.16}{a}$

由表 1-3 中可见，在体心立方晶格中，原子密度最大的晶面是(110)，原子密度最大的晶向是[111]。

4. 晶体的各向异性

由于晶体中不同晶面和晶向上的原子密度不同，因而便造成了它在不同方向上的性能差异，晶体的这种“各向异性”的特点是它区别于非晶体的重要标志之一。例如，体心立方的 Fe 晶体，由于它在不同晶向上的原子密度不同，原子结合力不同，因而其弹性模量 E 便不同。在[111]方向 $E=290000\text{MN/m}^2$，在[100]方向 $E=135000\text{MN/m}^2$。许多晶体物质如石膏、云母、方解石等常沿一定的晶面易于破裂，具有一定的解理面，也都是这个道理。

晶体的各向异性不论在物理、化学或机械性能方面，即不论在弹性模量、破断抗力、屈服强度，或电阻、导磁率、线胀系数，以及在酸中的溶解速度等许多方面都会表现出来，并在工业上得到应用，指导生产，获得优异性能的产品。如制作变压品的硅钢片，因它在不同的晶向的磁化能力不同，我们可通过特殊的轧制工艺，使其易磁化的[100]晶向平行于轧制方向从而得到优异的导磁率等。

1.2.2 金属的结晶过程

物质从液态到固态的转变过程称为“凝固”；通过凝固形成晶体的过程，称为结晶。所以结晶是原子由不规则排列状态，变为规则排列状态的过程。

1. 金属结晶时的过冷现象

将熔化的纯金属缓慢冷却，同时，记录下温度随时间变化的关系，把得到的温度、时间绘制成曲线图，则得到如图 1-18 所示的冷却曲线。

从图中可以看出，在结晶前液态金属的温度随时间延长均匀下降，当冷却到某一温度 T_1时，随时间延长温度不再下降，冷却曲线出现了一段水平线。这条水平线就是实际结晶温度 T_1。因为结晶时放出结晶潜热，弥补了金属冷却时散失的热量，温度不再下降，冷却曲线出现了水平线段。当结晶完成后，因再没有结晶潜热弥补金属冷却时散失的热量，金属的温度又会随时间变化均匀下降。

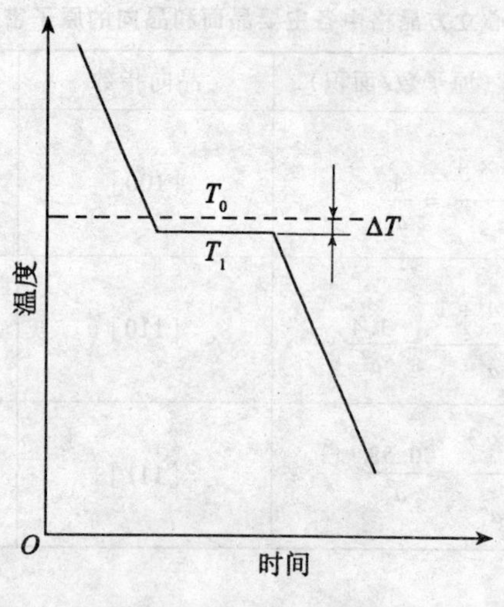

图 1-18 金属冷却曲线

图中的 T_0为理论结晶温度，它是液态金属在无限缓慢冷却条件下的结晶温度。而实际生产中，液态金属都是以较快的速度冷却的，液态金属只能在理论结晶温度以下才开始结晶，这种实际结晶温度低于理论结晶温度的现象称为过冷，与 T_0之差为过冷度 ΔT，即 $\Delta T = T_0 - T_1$。冷却速度越快，ΔT 越大。特定金属的过冷度不是一个定值，它随冷却速度的变化而变化，冷却速度越大，过冷度越大，金属的实际结晶温度也就越低。

2. 结晶时的能量条件

为什么纯金属的结晶都具有一个严格不变的平衡结晶温度呢？这是因为它们的液体和晶体两者之间的能量在该温度下能够达到平衡的缘故。物质中能够自动向外界释放出其多余的或能够对外做功的这一部分能量叫做“自由能(G)”。自由能可表示为

$$G = U - TS$$

式中：U 为系统内能，即系统中各种能量的总和；T 为势力学温度；S 为熵（系统中表征原子排列混乱程度的参数）。

对于固态金属和液态金属可将它们的自由能分别用 $G_{固}$（$G_{固}=U_{固}-TS_{固}$）和 $G_{液}$（$G_{液}=U_{液}-TS_{液}$）来表示。由于液体与晶体的结构不同，同一物质中它们在不同温度下的自由能变化是不同的，如图 1-19 所示，因此它们便会在一定的温度下出现一个平衡点，即理论结晶温度（T_0）。低于理论结晶温度时，由于液相的自由能（$G_{液}$）高于固相晶体的自由能（$G_{固}$），液体向晶体的转变便会使能量降低，于是便发生结晶；高于理论结晶温度时，由于液相的自由能（$G_{液}$）低于固相晶体的自由能（$G_{固}$），晶体将要熔化。换句话说，要使液体进行结晶，就必须使其温度低于理论结晶温度，造成液体与晶体间的自由能差（$\Delta G=G_{液}-G_{固}>0$），即具有一定的结晶推动力才行。可见过冷度是金属结晶的必要条件。

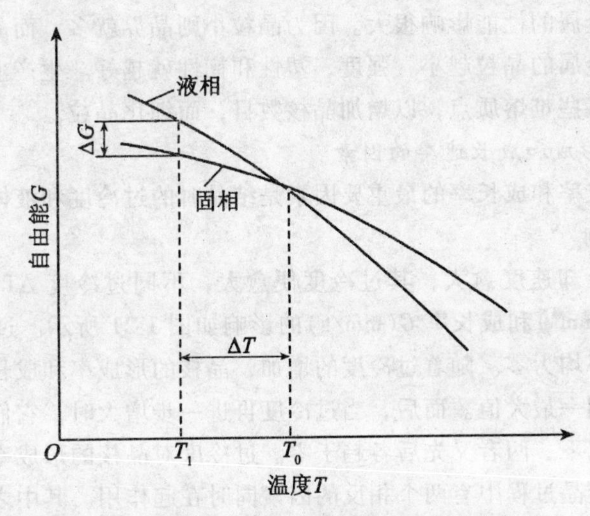

图 1-19　液体与晶体在不同温度下的自由能变化

3. 结晶的过程

液态金属的结晶过程分为晶核形成和晶核的成长两个阶段。晶核的形成，一是由液态金属中一些原子自发地聚集在一起，按金属晶体的固有规律排列起来称为自发晶核；二是由液态金属中一些外来的微细固态质点而形成的，称为外来晶核。

图 1-20 为金属结晶过程示意图。当液体冷却到结晶温度后，一些短程有序的原子团开始变得稳定，成为极细小的晶体，称之为晶核。随后，液态金属的原子就以它为中心，按一定的几何形状不断地排列起来，形成晶体。晶体在各个方向生长的速度是不一致的，在长大初期，小晶体保持规则的几何外形，但随着晶核的长大，晶体逐渐形成棱角，由于棱角处散热条件比其他部位好，晶体将沿棱角方向长大，从而形成晶轴，称为一次晶轴；晶轴继续长大，且长出许多小晶轴，二次晶轴、三次晶轴、……成树枝状，当金属液体消耗完时，就形成晶粒。

在晶体成长的同时，又有新的晶核出现，它们也同样形成晶体。这样就有许多晶体同时在不同程度上长大着，当全部长大的晶体都互相抵触时，结晶过程就完成了。

由每个晶核长成的晶体称为晶粒，晶粒之间的接触面称为晶界。晶粒的外形是不规则

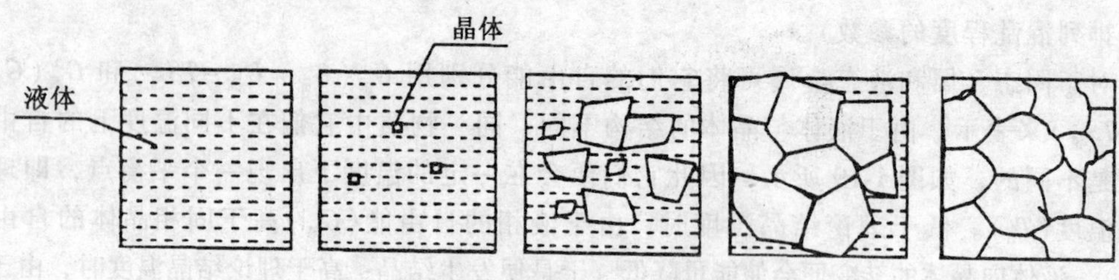

图 1-20 金属结晶过程示意图

的。因此，金属实际上是由很多大小、外形和晶格排列方向均不相同的晶粒所组成的多晶体。

晶粒的大小对金属的性能影响很大。因为晶粒小则晶界就多，而晶界增强了金属的结合力。因此，一般金属的晶粒越小，强度、塑性和韧性就越好。生产上常用增加冷却速度或向液态金属加入某些难熔质点，以增加晶核数目，而细化晶粒。

4. 影响晶核的形成和成长速率的因素

影响晶核的形成率和成长率的最重要因素是结晶时的过冷度和液体中的不熔杂质。

1)过冷度的影响

金属结晶时的冷却速度愈大，其过冷度便愈大，不同过冷度 ΔT 对晶核的形成率 N(晶核形成数目/s · mm^3)和成长率 G(mm/s)的影响如图 1-21 所示。过冷度等于零时，晶核的形成率和成长率均为零。随着过冷度的增加，晶核的形成率和成长率都增大，并各在一定的过冷度时达到一最大值。而后，当过冷度再进一步增大时，它们又逐渐减小，直到在很大过冷度的情况下，两者又先后各趋于零。过冷度对晶核的形成率和成长率的这些影响，主要是因为在结晶过程中有两个相反的因素同时在起作用。其中之一即如前所述的晶体与液体的自由能差(ΔG)，它是晶核形成和成长的推动力；另一相反因素便是液体中原子迁移能力或扩散系数(D)，这是形成晶核及其成长的必需条件，因为原子的扩散系数太小，晶核的形成和成长就难以进行。如图 1-22 所示，随着过冷度的影响，晶体与液体的自由能差便愈大，而液体中的原子扩散系数却迅速减小。由于这两种随过冷度不同而作相反变化的因素的综合作用，便使晶核的形成率和成长率与过冷度的关系上出现一个极大值。当过冷度较小时，虽然原子的扩散系数较大，但因为作为结晶推动力的自由能差较小，以致晶核的形成率和成长率便都较小；当过冷度较大时，虽然作为结晶推动力的自由能差很大，但由于原子的扩散在此情况下相当困难，故也难使晶核形成和成长；而只有两种因素在中等过冷情况下都不存在明显不利的影响时，晶核的形成率和成长率才会达到其极大值。

在图 1-21 中，我们还从晶核的形成率与成长率之间的相对关系示意地表达出了几种不同过冷度下所得到的晶粒度的对比，从中可以得到一个十分重要的结论即在一般工业条件下(图中曲线的前半部实线部分)，结晶时的冷却速度越大或过冷度越大时，金属的晶粒度便越细。至于图 1-21 中曲线的后半部分，因为在工业实际中金属的结晶一般达不到这样的过冷度，故用虚线表示，但近年来通过对金属液滴施以每秒上万度的高速冷却发现，在高度过冷的情况下，其晶核的形成率和成长率确能再度减小为零，此时金属将不再通过结晶的方式发生凝固，而是形成非晶质的固态金属。

2)未熔杂质的影响

任何金属中总不免含有或多或少的杂质，有的可与金属一起熔化，有的则不能，而是呈未熔的固体质点悬浮于金属液体中。这些未熔的杂质，当其晶体结构在某种程度上与金属相近时，常可显著地加速晶核的形成，使金属的晶粒细化。因为当液体中有这种未熔杂质存在时，金属可以沿着这些现成的固体质点表面产生晶核，减小它暴露于液体中的表面积，使表面能降低，其作用甚至会远大于加速冷却增大过冷度的影响。

在金属结晶时，从为向液态金属中加入某种难溶杂质来有效地细化金属的晶粒，以达到提高其力学性能的目的，这种细化晶粒的方法叫做“变质处理”，所加入的难溶杂质叫“变质剂”或“人工晶核”。

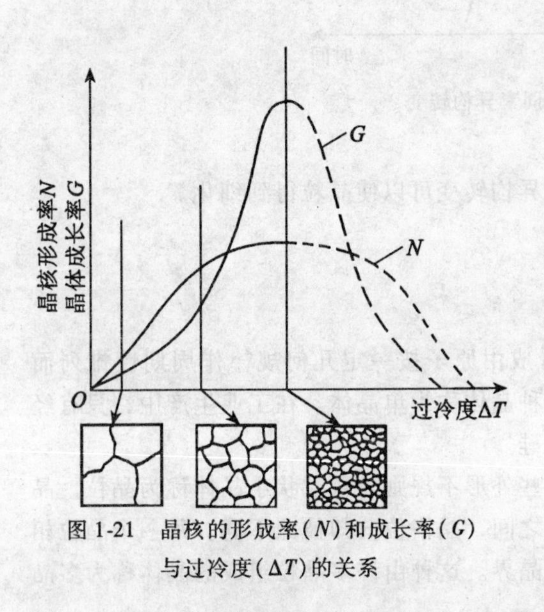

图1-21 晶核的形成率(N)和成长率(G)与过冷度(ΔT)的关系

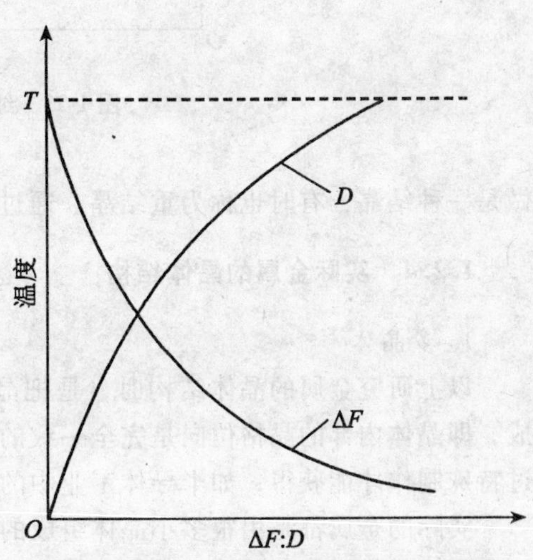

图1-22 液体与晶体的自由能差(ΔF)和扩散系数(D)与过冷度(ΔT)的关系

1.2.3 金属的同素异构转变

某些金属在不同温度和压力下呈不同的晶体结构，同一种固态的纯金属(或其他单相物质)，在加热或冷却时发生由一种稳定状态转变成另一种晶体结构不同的稳定状态的转变，称为同素异构转变。此时除体积变化和热效应外还会发生其他性质改变。例如Fe、Co、Sn、Mn等元素都具有同素异构特性。

铁在结晶后继续冷却至室温的过程中，将发生两次晶格转变，其转变过程如图1-23所示。铁在1394℃以上时具有体心立方晶格，称为δ-Fe；冷却至1394～912℃之间，转变为面心立方晶格称为γ-Fe；继续冷却至912℃以下又转变为体心立方晶格，称为α-Fe。

由于面心立方晶格比体心立方晶格排列紧密，所以由γ-Fe转变为同质量的α-Fe时，体积要膨胀而引起内应力，这是钢在淬火时变形开裂的原因之一。

金属的同素异构转变与液态金属的结晶过程类似。转变时遵循结晶的一般规律，如具有一定的转变温度，转变过程包括形核、长大两个阶段等。因此，同素异构转变也可以看

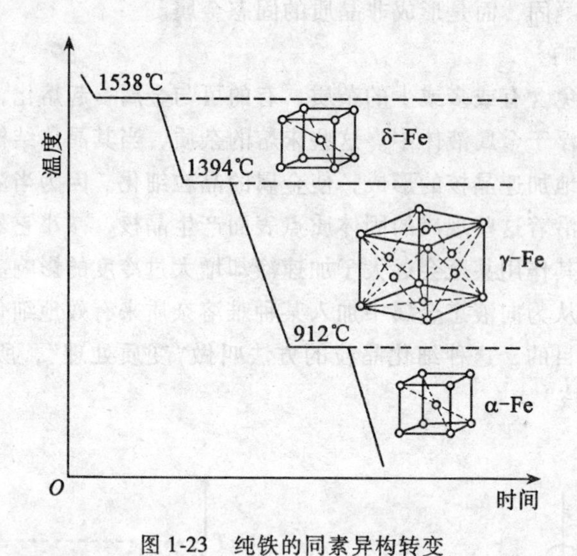

图 1-23 纯铁的同素异构转变

做是一种结晶，有时也称为重结晶。通过同素异构转变可以使晶粒得到细化。

1.2.4 实际金属的晶体结构

1. 多晶体

以上研究金属的晶体结构时，是把晶体看成由原子按一定几何规律作周期性排列而成，即晶体内部的晶格位向是完全一致的，这种晶体称为单晶体。在工业生产中，只有经过特殊制作才能获得，如半导体工业中的单晶硅。

实际的金属都是由很多小晶体组成的，这些外形不规则的颗粒状小晶体称为晶粒。晶粒内部的晶格位向是均匀一致的，晶粒与晶粒之间，晶格位向却彼此不同。每一个晶粒相当于一个单晶体。晶粒与晶粒之间的界面称为晶界。这种由许多晶粒组成的晶体称为多晶体，如图 1-24 所示。

图 1-24 多晶体结构

多晶体的性能在各个方向基本是一致的，这是由于多晶体中虽然每个晶粒都是各向异性的，但它们的晶格位向彼此不同，晶体的性能在各个方向相互补充和抵消，再加上晶界的作用，因而表现出各向同性。这种各向同性被称为各向同性。

晶粒的尺寸很小，如钢铁材料的晶粒尺寸一般为 $10^{-1} \sim 10^{-3}$mm 左右，必须在显微镜下才能观察到。在显微镜下才能观察到的金属中晶粒的种类、大小、形态和分布称显微组织，简称组织。金属的组织对金属的力学性能有很大的影响。

2. 晶体缺陷

实际上每个晶粒内部，其结构也不是那么理想，存在着一些原子偏离规则排列的不完整性区域，这就是晶体缺陷。

根据晶体缺陷的几何形态特征，一般将它们分为以下三类：

1）点缺陷

点缺陷的具体形式有如下三种。

（1）空位。晶格中某个原子脱离了平衡位置，形成空结点，称为空位。当晶格中的某些原子由于某种原因（如热振动等）脱离其晶格节点将产生此类点缺陷。这些点缺陷的存在会使其周围的晶格产生畸变。

（2）间隙原子。在晶格节点以外存在的原子，称为间隙原子。在金属的晶体结构中都存在者间隙，一些尺寸较少的原子容易进入晶格的间隙形成间隙原子。

3）置换原子。杂质元素占据金属晶格的结点位置称为置换原子。当杂质原子的直径与金属原子的半径相当或较大时，容易形成置换原子。

三种点缺陷的形态如图 1-25 所示。

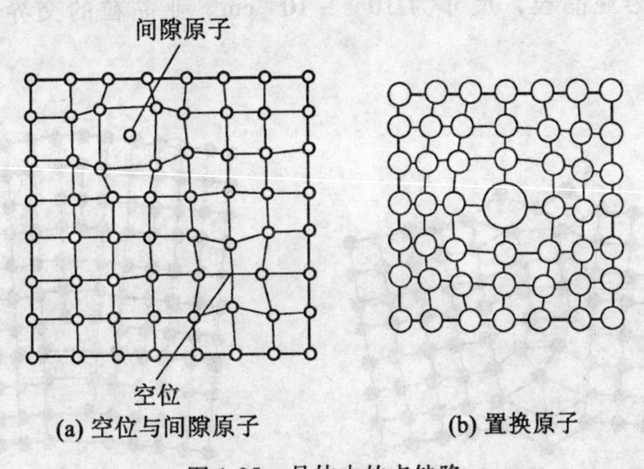

(a) 空位与间隙原子　(b) 置换原子

图 1-25　晶体中的点缺陷

2）线缺陷

晶体中最普通的线缺陷就是位错，它是在晶体中某处有一列或若干列原子发生了有规律的错排现象。这种错排现象是晶体内部局部滑移造成的，根据局部滑移的方式不同，可形成不同类型的位错，如图 1-26 所示为常见的一种刃型位错。由于该晶体的右上部分相对于右下部分局部滑移，结果在晶格的上半部中挤出了一层多余的原子面 *EFGH*，好像在晶格中额外插入了半层原子面一样，该多余半原子面的边缘 *EF* 便是位错线。沿位错线的周围，晶格发生了畸变。

金属晶体中的位错很多，相互连接成网状分布。位错线的密度可用单位体积内位错线的总长度表示，通常为 104 ~ 1012cm/cm^3 之间。位错密度愈大，塑性变形抗力愈大，因

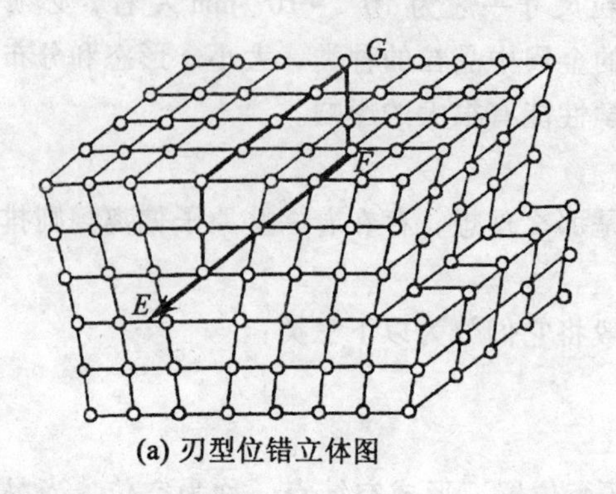

(a) 刃型位错立体图

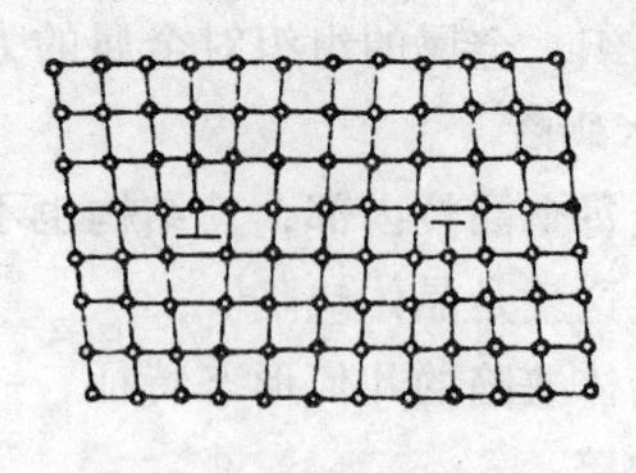
(a) 正刃型位错和负刃型位错

图 1-26 刃型位错示意图

此，目前通过塑性变形，提高位错密度，是强化金属的有效途径之一。

3)面缺陷

面缺陷包括晶界和亚晶界。如前所述，晶界是晶粒与晶粒之间的界面，由于晶界原子需要同时适应相邻两个晶粒的位向，就必须从一种晶粒位向逐步过渡到另一种晶粒位向，成为不同晶粒之间的过渡层，因而晶界上的原子多处于无规则状态或两种晶粒位向的折中位置上(见图 1-27)。另外，晶粒内部也不是理想晶体，而是由位向差很小的称为嵌镶块的小块所组成，称为亚晶粒，尺寸为 $10^{-4} \sim 10^{-6}$ cm。亚晶粒的交界称为亚晶界(见图 1-28)。

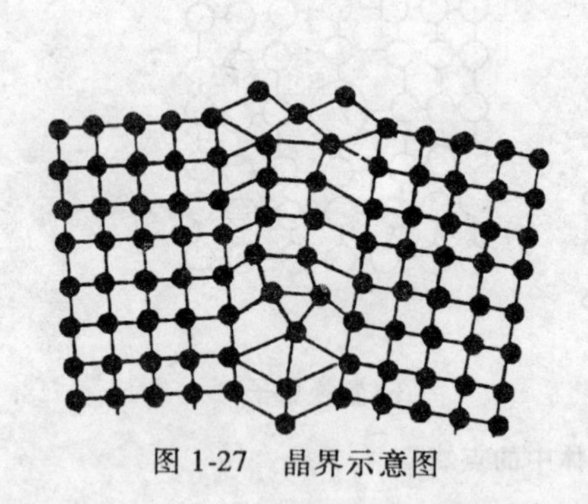
图 1-27 晶界示意图

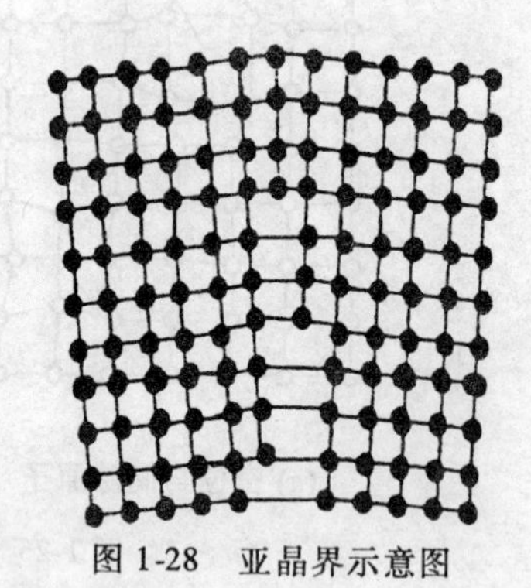
图 1-28 亚晶界示意图

实际金属中的缺陷对材料力学性能的影响如下：

点缺陷的存在，提高了材料的硬度和强度，降低了材料的塑性和韧性，增加位错密度可提高金属强度，但塑性随之降低。面缺陷能提高金属材料的强度和塑性。细化晶粒是改善金属力学性能的有效手段。

思考练习题 1

1. 说明下列力学性能指标的名称、单位及其含义：

(1) σ_e；(2) $\sigma_s(\sigma_{0.2})$；(3) δ；(4) σ_b；(5) ψ；(6) σ_{-1}

2. 弹性模量 E 的工程含义是什么？它和零件的刚度有什么关系？

3. δ 与 ψ 相比，这两个性能指标哪个能更准确地表达材料的塑性？

4. 何谓硬度？简述布氏硬度、洛氏硬度、维氏硬度的试验原理及应用范围。

5. 材料的断裂韧性 K_I 与冲击韧性 a_k 有什么不同？a_k 在加工生产中的实际用途？

6. 一紧固螺栓使用后发现有塑性变形(伸长)，试分析材料的哪些性能指标没有达到要求？

7. 试绘出低碳钢的应力-应变曲线，指出在曲线上哪点出现颈缩现象？如果拉断后试棒上没有颈缩，是否表示它没有发生塑性变形？

8. 疲劳破坏是怎样产生的？提高零件疲劳强度的方法有哪些？

9. 何谓晶体、晶胞、晶格的致密度、凝固、结晶、亚晶界、匀晶相图、枝晶偏析、共相晶图？

10. 简述金属常见的三种晶体结构基本特征。

11. 简述金属结晶时的过冷现象以及结晶过程。

12. 简述影响晶核的形成和成长速率的因素。

13. 什么是金属的同素异构转变？

14. 常见的几种晶体缺陷？简述晶体缺陷对材料力学性能的影响。

第2章 合金相图及金属材料热处理

纯金属在生活和生产中的应用十分广泛。主要的应用都是利用纯金属的导电性、导热性、化学稳定性等性能。但由于纯金属种类有限，而且几乎所有的纯金属的强度、硬度、耐磨性等力学、物理性能都比较差，不能满足人们对材料多样性的需要。通过合金化过程，可以显著地改变金属材料的结构、组织和性能，从而极大地提高了金属材料的力学、物理性能，同时其电、磁、耐蚀性等物理化学性能也得到了保持或提高。因此，同纯金属相比，合金的应用更为广泛。

由两种或两种以上的金属元素或金属元素和非金属元素组成的具有金属特性的物质称为合金，工业上使用的金属材料以合金为主。

2.1 合金中的相结构

合金的结晶与纯金属一样，也是通过晶核的形成及长大来完成的。由于合金中含有两种或两种以上元素的原子，使生成的结晶物中往往含有不止一种组元的晶粒。在材料中，凡是化学成分相同、结构相同并与其他部分以界面分开的均匀组成部分称为相。合金结晶后可以是一种相，也可以是由若干种相所组成的。合金中的组织是指合金中用肉眼或显微镜所观察到的材料的微观形貌，也称为显微组织。

不同的相形成不同的显微组织，不同的显微组织导致合金不同的性质。故要了解合金的性能首先必须了解合金中的相结构。固态合金中的相，按其晶格结构的基本属性来分，可以分为固溶体和化合物两大类。

2.1.1 固溶体

固态合金中，在一种元素的晶格结构中包含有其他元素的合金相称为固溶体。前一种元素称为溶剂元素，后一种元素称为溶质元素。固溶体的晶体结构仍保持溶剂金属的结构，只引起晶格参数的改变。

溶质原子溶于固溶体中的量，称为固溶体的浓度。在一定条件下溶质元素在固溶体中的极限浓度称为溶质在固溶体中的溶解度。

1. 固溶体的分类

按照溶质原子在固溶体中所处的位置，固溶体可分为间隙固溶体和置换固溶体。

(1)置换固溶体。当溶质原子代替了一部分溶剂原子而占据溶剂晶格的某些结点位置时，所形成的固溶体称为置换固溶体，如图2-1所示。按照溶质原子在溶剂中的溶解度是否有限制，置换固溶体可以分为有限固溶体和无限固溶体。当溶质原子和溶剂原子直径差别不大时，易形成置换固溶体。当两者直径差别增大时，则溶质原子在溶剂晶格中的溶解度减小。如果溶质原子和溶剂原子直径差别很小，两个元素在周期表中位置又靠近，且两者晶格类型又相同，则这两个组元往往能互相无限溶解，即可以任何比例形成置换固溶体，这种固溶体称为无限固溶体。如铁和铬形成具有体心立方晶格的无限固溶体，铁和镍形成具有面心立方晶格的无限固溶体。反之，则溶质在溶剂中的溶解度是有限的，这种固溶体称为有限固溶体。如铜和锌、铜和锡都是形成有限固溶体。有限固溶体的溶解度还与合金相所处的环境，如温度和压力有关，一般情况下温度愈高，溶解度愈大。

(2)间隙固溶体。若溶质原子分布于溶剂晶格各结点之间的空隙中，所形成的固溶体称为间隙固溶体，如图 2-2 所示。

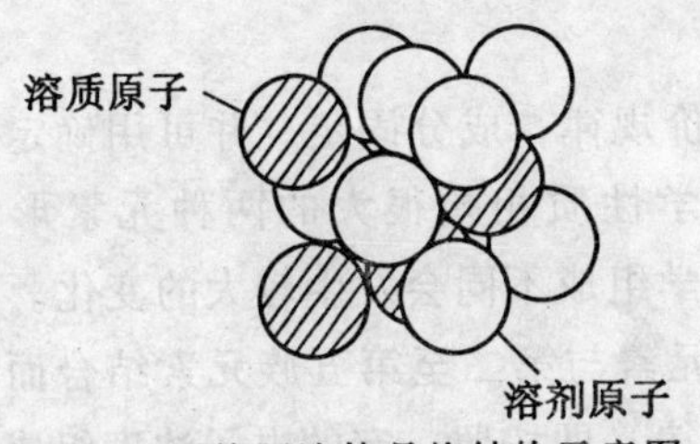

图 2-1　置换固溶体晶格结构示意图

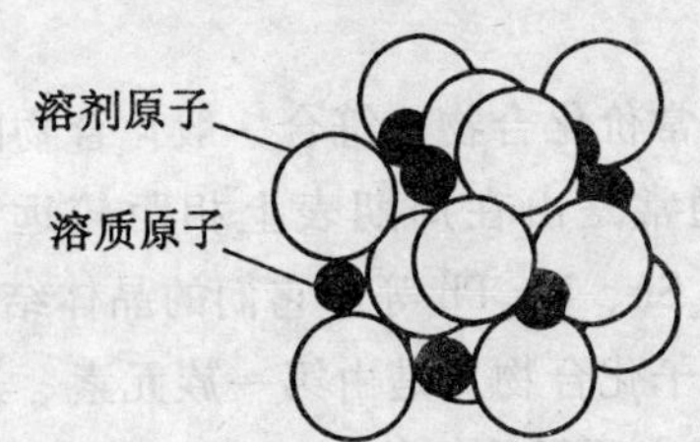

图 2-2　间隙固溶体晶格结构示意图

由于溶剂晶格的空隙有限，通常只有当溶质原子直径与溶剂原子直径之比小于 0.59 时，才能形成间隙固溶体。因此形成间隙固溶体的溶质原子都是原子直径较小的非金属元素，如氢、氧、氮、硼、碳等。例如，碳钢中的铁素体和奥氏体就是碳原子溶入 α-Fe 和 γ-Fe 中所形成的两种间隙固溶体。

溶剂晶格中的间隙是有限的，故间隙固溶体只能形成有限固溶体。且间隙固溶体的溶解度一般都不大。

2. 固溶体的性能

由于溶质原子与溶剂原子的半径不同，会使固溶体的晶格发生畸变，如图 2-3 所示。这就使得位错移动阻力增大，表现为固溶体的强度和硬度升高、塑性和韧性有所下降。通过形成固溶体而使金属强度和硬度增加的现象称为固溶强化。固溶强化是提高合金机械性能的一种重要途径，在金属材料的生产和研究中得到了极为广泛的应用。对综合力学性能要求较高，即强度、韧性和塑性之间有较好配合的结构材料，常以固溶体作为基本相。

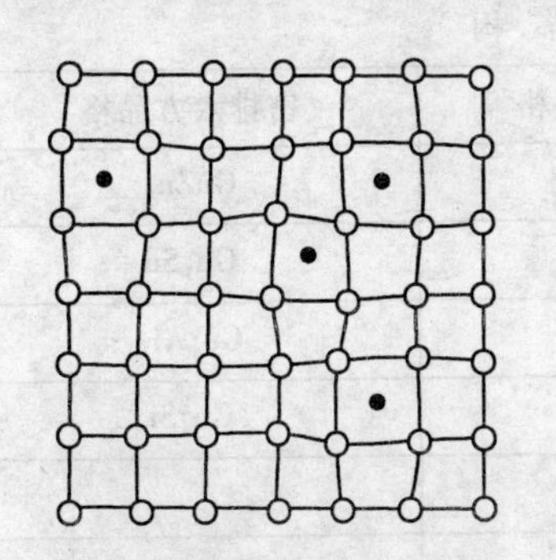

(a) 置换固溶体及其晶格畸变

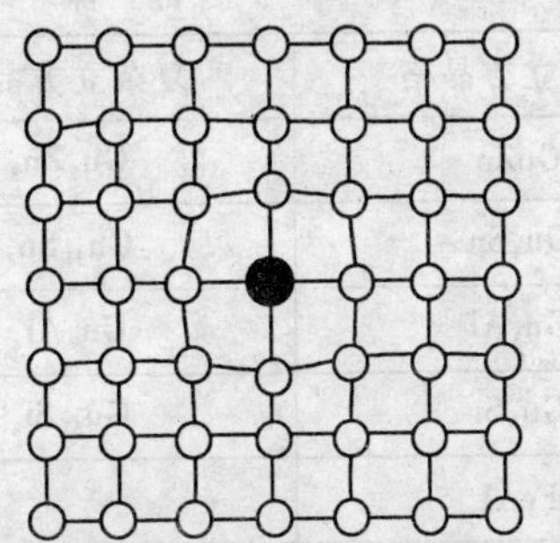
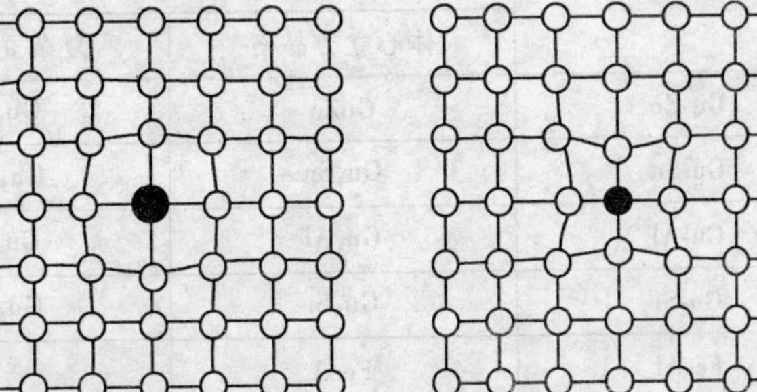

(b) 间隙固溶体及其晶格畸变

图 2-3　形成固溶体时的晶格畸变

2.1.2 金属化合物及其性能

金属化合物是合金组元间发生相互作用而生成的一种新固相，其晶格类型和性质完全不同于原来的任一组元。金属化合物的特点是，除有离子键和共价键作用外，还有一定程度的金属键参与作用，从而使化合物具有明显的金属特性。金属化合物可以成为合金的组成相，如碳钢中的渗碳体 Fe_3C。除金属化合物外，合金中还有另一类为非金属化合物，没有金属键作用，没有金属特性，如 FeS、MnS。这里我们只研究金属化合物。

1. 金属化合物的种类

金属化合物的种类很多，常见的金属化合物可根据其形成条件及晶体结构分为以下三类：

(1)正常价化合物。符合一般化合物的原子价规律，成分固定，并可用确定的化学式表示。它通常是由在周期表上相距较远、电化学性质相差很大的两种元素形成的。如 Mg_2Si、Mg_2Sn、Mg_2Pb 等。它们的晶体结构随化学组成不同会发生较大的变化。

(2)电子化合物。是由第一族元素、过渡族元素与第二至第五族元素结合而成。此类化合物不遵守原子价规律，而是服从电子浓度规律，即按照一定的电子浓度组成一定的晶格结构的化合物。电子浓度是化合物中价电子数与原子数之比。如 CuZn 化合物，其原子数为 2，Cu 的价电子数为 1，Zn 价电子数为 2，故其电子浓度为$\frac{3}{2}$。

在电子化合物中，当电子浓度为 $\frac{3}{2}\left(\frac{21}{14}\right)$ 时，形成体心立方晶格，称为 β 相；当电子浓度为 $\frac{21}{13}$ 时，形成复杂立方晶格，称为 γ 相；当电子浓度为 $\frac{7}{4}\left(\frac{21}{12}\right)$ 时，形成密排六方晶粒格，称为 ε 相。合金中常见电子化合物及其结构类型见表 2-1。

表 2-1 合金中常见电子化合物及其结构类型

合金系	电子浓度		
	$\frac{3}{2}\left(\frac{21}{14}\right)\beta$ 相	$\frac{21}{13}\gamma$ 相	$\frac{7}{4}\left(\frac{21}{12}\right)\varepsilon$ 相
	晶体结构		
	体心立方晶格	复杂立方晶格	密排六方晶格
Gu-Zn	GuZn	Gu_5Zn_8	$GuZn_3$
Gu-Sn	Gu_5Sn	$Gu_{31}Sn_8$	Gu_3Sn
Gu-Al	Gu_3Al	Gu_9Al_4	Gu_5Al_3
Gu-Si	Gu_5Si	$Gu_{31}Si_8$	Gu_3Si
Fe-Al	FeAl		
Ni-Al	NiAl		

电子化合物虽然可用化学式表示，但实际上它是一个成分可变的相，在电子化合物的基础上可以再溶解一定量的组元，形成以该化合物为基的固溶体，如在Cu-Zn合金中，β相的含Zn量可在36.8%～56.5%的范围内变动。

(3)间隙化合物。间隙化合物一般是由原子直径较大的过渡族金属元素(Fe、Cr、Mo、W、V等)和原子直径较小的非金属元素(C、N、B、H等)所组成。

根据晶体结构特点，间隙化合物又可分成简单结构的间隙化合物和复杂结构的化合物两类。

①简单结构的间隙化合。当非金属原子半径与金属原子半径之比小于0.59时，形成的间隙化合物，具有体心立方、面心立方等简单晶格，称为间隙化合物，又称为间隙相。具有简单结构的间隙化合物有VC、WC、TiC等。图2-4是VC的晶格示意图。VC为面心立方晶格，V原子占据晶格的正常位置，而C原子则规则地分布在晶格的空隙之中。

②具有复杂结构的间隙化合物。当非金属原子半径与金属原子半径之比大于0.59时，形成的间隙化合物，具有十分复杂的晶体结构，如Fe_3C、$Cr_{23}C_5$、Cr_7C_3、Fe_4W_2C等。图2-5是Fe_3C的晶格结构，碳原子构成一个正交晶格（即三个轴间夹角$\alpha=\beta=\gamma=90°$，三个晶格常数$a\neq b\neq c$），在每个碳原子周围都有六个铁原子构成八面体，各个八面体的轴彼此倾斜一角度，每个八面体内都有一个碳原子，每个铁原子为两个八面体所共有。故Fe_3C中Fe与C原子数的比例为

$$\frac{Fe}{C}=\frac{\frac{1}{2}\times 6}{1}=\frac{3}{1}=3$$

因此可用Fe_3C这一化学式表示。Fe_3C又称为渗碳体。

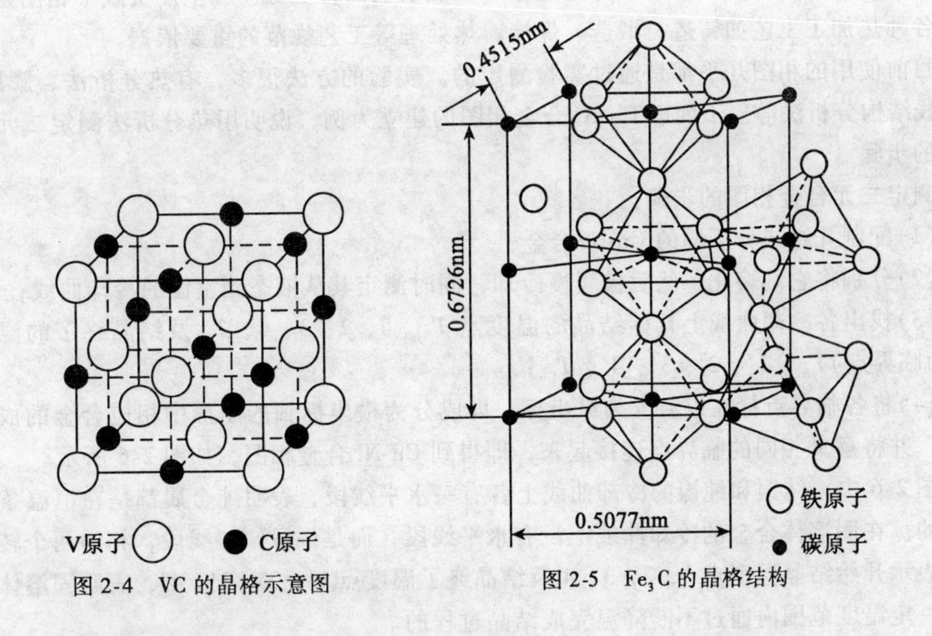

图2-4 VC的晶格示意图　　图2-5 Fe_3C的晶格结构

2. 金属化合物的性能

由于金属化合物一般具有复杂的化合键和晶格结构，其熔点高，硬而脆。合金中的金

属化合物使合金的强度、硬度和耐磨性提高，但会降低塑性和韧性。因此，它是碳钢、合金钢、硬质合金和许多有色合金的重要强化相。与固溶体适当配合，可以满足材料所需要的性能要求。如碳钢中的 Fe_3C、工具钢中的 VC、高速钢中的 W_2C、硬质合金中的 WC 和 TiC 等，提高了材料的强度、硬度、耐磨性和热硬性等。

2.1.3 二元合金相图的建立

合金结晶后得到何种组织与合金的成分、结晶过程等因素有关。不同成分的合金，在不同的温度条件下，得到的合金组织不同。可以是单相的固溶体或化合物，也可以是由几种不同的固溶体或由固溶体和化合物组成的多相组织。与纯金属的结晶相比，合金的结晶有如下特点：一是合金的结晶在很多情况下是在一个温度范围内完成的；另一个特点是合金的结晶不仅会发生晶体结构的变化，还会伴有成分的变化。

在下面的讨论中将用到以下这些概念：

组元：组成合金的最简单、最基本、能独立存在的物质称为组元。元素是组元。此外，在研究问题范围内既不分解也不发生任何化学反应的稳定的化合物也是组元。

合金系：由两个或两个以上组元按不同比例配制成的一系列不同成分的合金，称为合金系。

相图：表示合金系在平衡条件下，合金的状态与成分、温度之间相互关系的图形。所谓平衡，也称为相平衡。是指合金在相变过程中，原子能充分扩散，各相的成分相对质量保持稳定，不随时间改变的状态。在实际的加热或冷却过程中，控制十分缓慢的加热或冷却速度，就可以认为是接近了相平衡条件。

利用相图可以表示不同成分的合金、在不同温度下，由哪些相组成、相的成分和相的相对量如何，以及合金在加热或冷却过程中可能发生的转变等。在生产实践中相图是制订合金各种热加工工艺如铸造、锻造、焊接、热处理等工艺规范的重要依据。

目前使用的相图几乎都是通过实验测定的。实验的方法很多，有热分析法、膨胀法、X 射线结构分析法等。下面以 Cu-Ni 合金相图的建立为例，说明用热分析法测定二元合金相图的步骤。

测定二元合金相图的步骤：

(1)配制几组成分不同的 Cu-Ni 合金；

(2)分别将它们熔化，然后极缓慢冷却，同时测定其从液态到室温的冷却曲线；

(3)找出各冷却曲线上开始结晶的温度点 T_{Ni}、1、2、3、4、T_{Cu} 及结晶终了的温度点(称为临界点)T_{Ni}、1′、2′、3′、4′、T_{Cu}；

(4)将各临界点标在以温度为纵坐标，以成分为横坐标轴的图形中相应合金的成分垂线上，并将意义相同的临界点连接起来，即得到 Cu-Ni 合金相图，如图 2-6 所示。

图 2-6 中，纯铜和纯镍的冷却曲线上各有一水平线段，表明纯金属都是在恒温条件下结晶的。在固溶体合金的冷却曲线上没有水平线段，而是一段倾斜线段，相的两个转折点分别表示开始结晶温度点 1，2，3，4 及结晶终了温度点 1′，2′，3′，4′，表明固溶体合金是在一定温度范围内通过不断降温完成结晶过程的。

在图 2-6 所示的 Cu-Ni 相图中，开始结晶温度点的连线称液相线，表示不同成分的 Cu-Ni 合金开始结晶温度，结晶终了温度点连线称固相线，表示不同成分合金结晶终了的

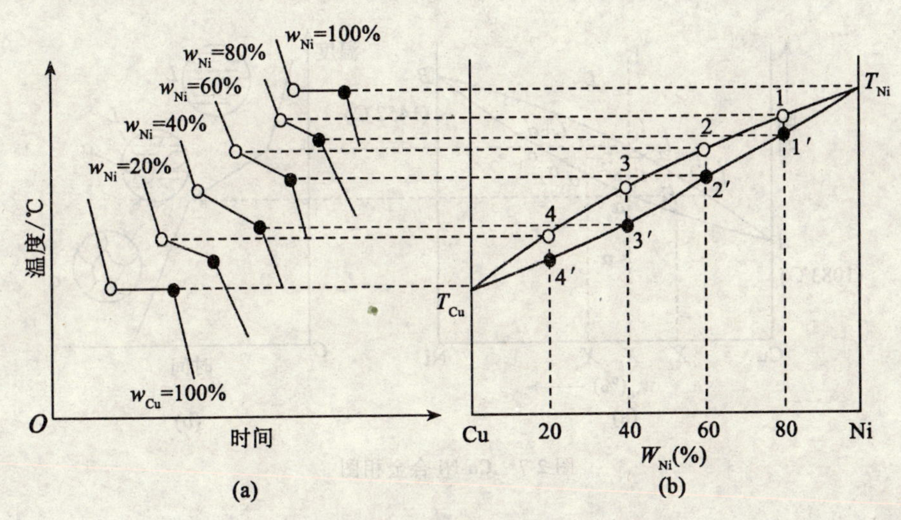

图 2-6 用热分析法建立 Cu-Ni 合金相图

温度。

下面对几类最基本的二元合金相图进行分析。

1. 匀晶相图

组成二元合金的两组元在液态和固态均能无限互溶的合金系所形成的相图称二元匀晶相图。例如，Cu-Ni，Ag-Au，Fe-Cr，Fe-Ni，Cr-Mo，Mo-W 合金的相图都属于这类相图。下面以 Cu-Ni 合金相图为例分析这类相图的图形及结晶过程特点。

1)相图分析

Cu-Ni 相图如图 2-7 所示。*A* 点为 Cu 的熔点(1083℃)、*B* 点为 Ni 的熔点(1452℃)。匀晶相图的图形较简单，只有两条曲线，即液相线 Al_1B，表示合金开始结晶温度，和固相线 $A\alpha_4B$ 表示合金结晶终了温度。液相线代表各种成分的合金在缓慢冷却时开始结晶的温度；或是在缓慢加热时合金熔化终了温度。固相线则代表各种成分的合金冷却时结晶的终了线，或加热时开始熔化的温度。两条线将相图分隔成三个相区，液相线以上是液相区(L)，在液相区内各种成分的合金均为液态；固相线以下是单相 α 固溶体区(α)，在此区域内各种成分的合金呈单相 α 固溶体状态；液、固两线之间是 L，α 两相并存区($L+\alpha$)，在此区域内各种成分的合金正在进行结晶，由液相中结晶出 α 固溶体。其中，L 是铜与镍两组元形成的均匀的液相，α 则是铜与镍在固态下互溶形成的固溶体。

如果两组元之间能形成无限互溶，则由它们组成的二元合金均具有匀晶相图。

2)合金的平衡结晶过程

形成匀晶相图的合金，结晶时都是从液相中结晶出单相固溶体，其转变可用 $L\Leftrightarrow\alpha$，表示，从图 2-7 图中可看出，合金自液态缓冷至 1 点温度时，开始从 L 相中结晶出 α 相。随着温度下降，α 相不断增多，L 相不断减少，与此同时两相的成分也通过原子扩散不断改变，L 相成分沿液相线变化，α 相成分则沿固相线变化。如图 2-7 所示，t_1 温度时 L 相成分为 l_1，α 相的成分为 α_1，t_2 温度时 L、α 相的成分为 l_2、α_2、…。当温度降至固相线温度 2 时，结晶过程结束，可得到与原合金成分完全相同的单相 α 固溶体组织。

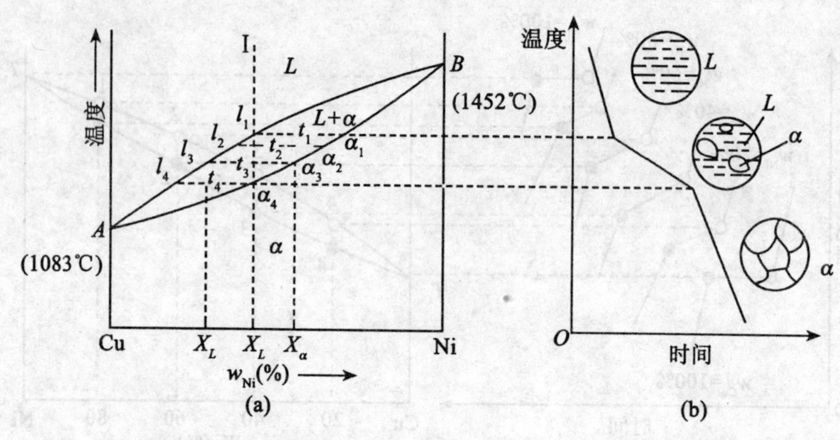

图 2-7 Cu-Ni 合金相图

2. 共晶相图

组成合金的两组元在液态时无限互溶，固态时有限互溶，结晶时发生共晶转变的合金系所形成的二元合金相图称为共晶相图。例如，Pb-Sn、Pb-Sb、Ag-Cu、Al-Si 合金相图均属于这类相图。下面以 Pb-Sb 合金相图为例分析其图形及结晶过程特点。

1)相图分析

(1)图中的点和线。

Pb-Sb 相图如图 2-8 所示。*A* 为 Pb 的熔点，*B* 为 Sn 的熔点，*E* 点为共晶点。*AEB* 为液相线，*AMENB* 为固相线、*MEN* 线为共晶线、*MF* 为 Sn 在 Pb 中的溶解度曲线，*NG* 为 Pb 在 Sn 中的溶解度曲线，这两条曲线也称为固溶线。

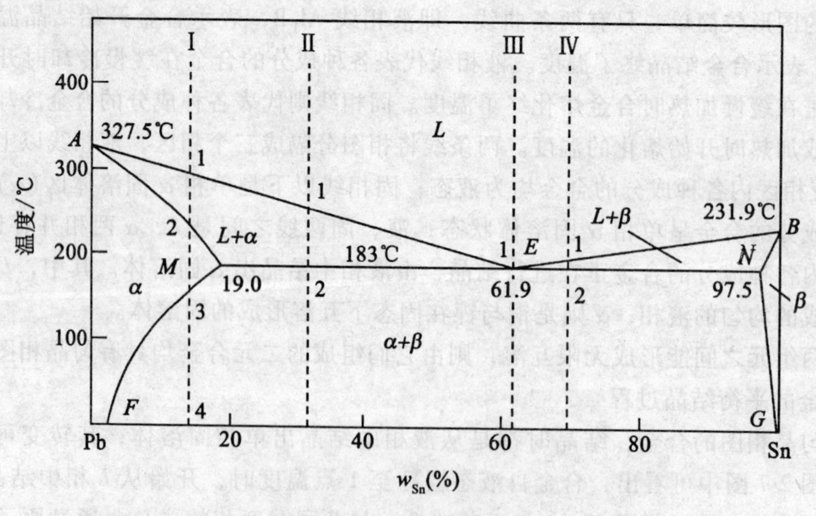

图 2-8 Pb-Sn 相图

Pb-Sn 合金系有三个基本相，*L* 是 Pb 与 Sn 两组元形成的均匀的液相，*α* 是 Sn 溶于 Pb

的固溶体，β是Pb溶于Sn的固溶体。

相图中有三个单相区，即L、α、β相区。在这些单相区之间，相应的有三个两相区，即$L+\alpha$、$L+\beta$、$\alpha+\beta$相区。在三个两相区之间有一根水平线MEN，是$L+\alpha+\beta$三相并存区。

(2)共晶反应。

成分位于E点的合金，在温度达到水平线MEN所对应的温度($t_E=183℃$)时，将同时结晶出成分为M点的α相及成分为N点的β相。其转变式为

$$L_E \xleftrightarrow{\text{恒温}(183℃)} \alpha_M + \beta_N$$

这种在一定温度下，由一定成分的液相同时结晶出一定成分的两个固相的转变过程，称为共晶转变或共晶反应。共晶转变的产物($\alpha_M+\beta_N$)是由两个固相组成的机械混合物，称为共晶组织。

成分在M点至N点之间的所有合金在共晶温度时都要发生共晶反应。成分位于E点以左，M点以右的合金称为亚共晶合金，成分位于E点以右，N点以左的合金，称为过共晶合金。

2)合金的平衡结晶过程及其组织

(1)固溶体合金(合金Ⅰ)。

成分位于M点以左(即$w_{Sn}\leqslant 19\%$)或N点以右(即$w_{Sn}\geqslant 97.5\%$)的合金称为固溶体合金。合金Ⅰ的冷却曲线和结晶过程如图2-9所示。

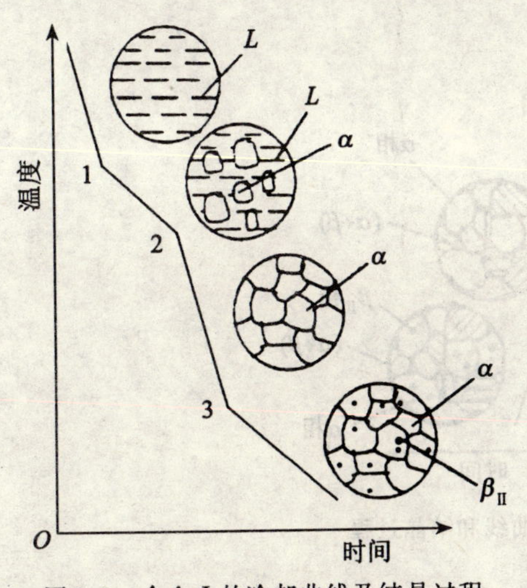

图2-9 合金Ⅰ的冷却曲线及结晶过程

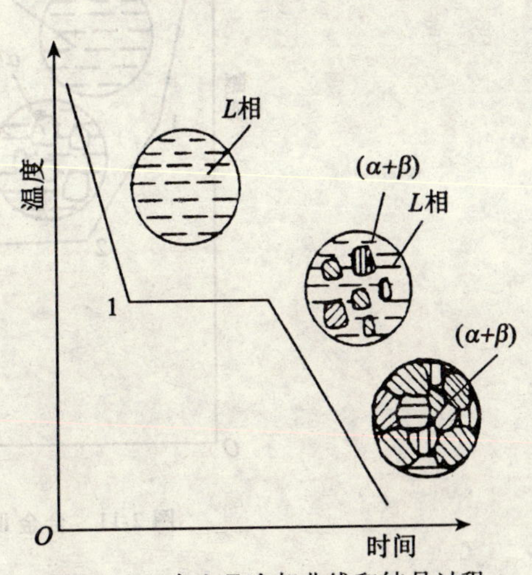

图2-10 合金Ⅱ冷却曲线和结晶过程

液态合金缓冷至温度1，开始从L相中结果出α固溶体。随温度的降低，液相的数量不断减少，α固溶体的数量不断增加，至温度2合金全部结晶成α固溶体。温度2~3范围内合金无任何转变，这是匀晶转变过程。冷却至温度3时，Sn在α中的溶解度减小，从α中析出β是二次相($\beta_{Ⅱ}$)。A成分沿固溶线MF变化，这一过程一直进行至室温，所以合金Ⅰ室温平衡组织为($\alpha+\beta_{Ⅰ}$)。

(2)共晶合金(合金Ⅱ)。

成分为$w_{Sn}=61.9\%$的合金Ⅱ即为共晶合金，其冷却曲线和结晶过程如图2-10所示。

合金缓冷至温度 1(即 $t_E=183℃$)时，发生共晶转变，在恒温下进行，所以冷却曲线上相应温度出现一水平线段。

共晶转变完成后合金全部成为共晶组织($\alpha_M+\beta_N$)。继续冷却，随着温度下降 α、β 相的成分将分别沿固溶度曲线 *MF*、*NG* 变化，α 将析出 $\beta_{Ⅱ}$，β 相则析出 $\alpha_{Ⅱ}$。由于 $\alpha_{Ⅱ}$、$\beta_{Ⅱ}$ 与共晶组织中的 α、β 连接在一起且量小难以分辨。所以共晶组织的二次析出一般可忽略不计。所以共晶合金的室温平衡组织为共晶组织(α+β)。其组织组成物只有 1 个，即共晶体，相组成物有两个，即 α 相和 β 相。

(3)亚共晶合金(合金Ⅲ)。

成分位于 *M*、*E* 点之间(即 $w_{Sn}=19\%\sim61.9\%$之间)的合金即为亚共晶合金，以 $w_{Sn}=50\%$ 的合金Ⅲ为例，分析亚共晶合金的结晶过程及其组织。

合金Ⅲ的冷却曲线及结晶过程如图 2-11 所示。液态合金缓冷至温度 1 时开始从液相中结晶出初生的 α 固溶体。随着温度下降 α 相不断增加，温度 1~2 范围内的结晶过程与合金Ⅰ的匀晶转变完全相同。*L* 相不断减少，α 的成分沿固相线 *AM* 变化；*L* 的成分沿液相线 *AE* 变化。冷至温度 2(即 $t_E=183℃$)时，α 相为 *M* 点处成分，*L* 相则为 *E* 点处成分。液相 t_E发生共晶转变形成共晶组织(α+β)，α_M固溶体保持不变。所以合金在共晶转变刚结束时，其组织为 $\alpha_M+(\alpha_M+\beta_N)$。

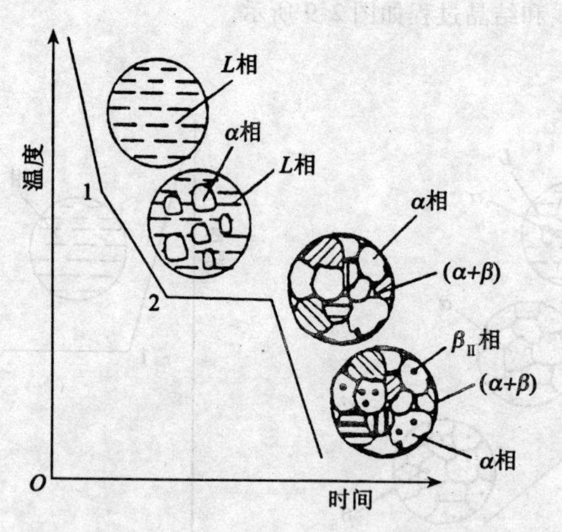

图 2-11　合金Ⅲ冷却曲线和结晶过程

从共晶温度继续冷却时，α_M、β_N将分别析出 $\beta_{Ⅱ}$、$\alpha_{Ⅱ}$，共晶组织的二次析出如前所述可忽略不计。所以，合金Ⅲ冷却至室温时其平衡组织为 $\alpha+(\alpha+\beta)+\beta_{Ⅱ}$。图 2-12 为标明了组织组成物的 Pb-Sn 相图。

(4)过共晶合金(合金Ⅳ)。

成分位于 *E*、*N* 点之间(即 $w_{Sn}=61.9\%\sim97.5\%$之间)的合金为过共晶合金，其结晶过程与亚共晶合金相似，不同的是初生相是 β 固溶体，二次相是 $\alpha_{Ⅱ}$。所以，合金Ⅳ的室温平衡组织为 $\beta+\alpha_{Ⅱ}+(\alpha+\beta)$，其组织组成物有三，即 β、$\alpha_{Ⅱ}$、(α+β)相组成物仍为两种，即 α 相 β 相。

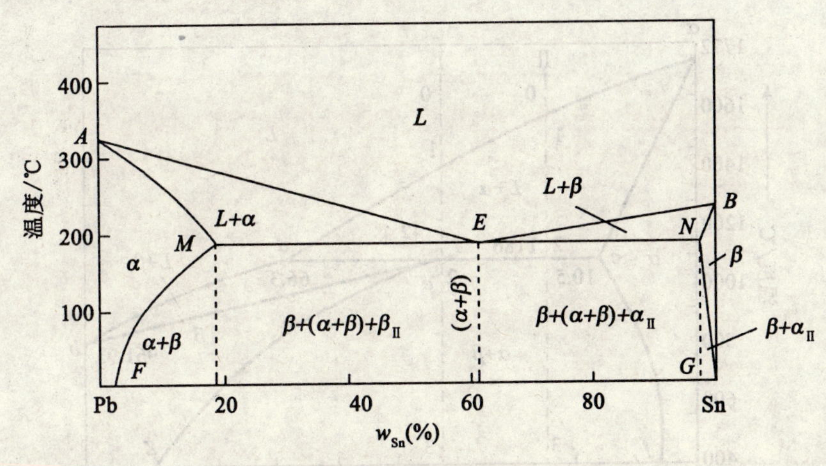

图 2-12　标明了组织组成物的 Pb-Sn 相图

3. 包晶相图

两组元在液态无限互溶，在固态有限互溶，冷却时发生包晶反应的合金系，称为包晶系并构成包晶相图。例如 Pt-Ag、Ag-Sn、Sn-Sb 合金相图等。

现以 Pt-Ag 合金相图为例，对包晶相图及其合金的结晶过程进行分析。

1)相图分析

Pt-Ag 合金相图(图 2-13)中存在三种相：Pt 与 Ag 形成的液溶体 L 相；Ag 溶于 Pt 中的有限固溶体 α 相；Pt 溶于 Ag 中的有限固溶体 β 相。e 点为包晶点。e 点成分的合金冷却到 e 点所对应的温度(包晶温度)时发生以下反应：

$$\alpha_e + L_d \xrightarrow{\text{恒温}} \beta_e$$

这种由一种液相与一种固相在恒温下相互作用而转变为另一种固相的反应叫做包晶反应。发生包晶反应时三相共存，它们的成分确定，反应在恒温下平衡地进行。水平线 ced 为包晶反应线。cf 为 Ag 在 α 中的溶解度线，eg 为 Pt 在 β 中的溶解度线。

2)典型合金的结晶过程

(1)合金Ⅰ。

合金Ⅰ的结晶过程如图 2-14 所示。液态合金冷却到 1 点温度以下时结晶出 α 固溶体，L 相成分沿 ad 线变化，α 相成分沿 ac 线变化。合金钢冷到 2 点温度而尚未发生包晶反应前，由 d 点成分的 L 相与 c 点成分的 α 相组成，此两相在 e 点温度时发生包晶反应，β 相包围 α 相而形成。反应结束后，L 相与 α 相正好全部反应耗尽，形成 e 点成分的 β 固溶体。温度继续下降时，从 β 中析出 $\alpha_{\text{Ⅱ}}$。最后室温组织为 $\beta+\alpha_{\text{Ⅱ}}$。其组成相和组织组成物的成分和相对重量可根据杠杆定律来确定。

在合金结晶过程中，如果冷速较快，包晶反应时原子扩散不能充分进行，则生成的 β 固溶体中会发生较大的偏析。原 α 处 Pt 含量较高，而原 L 区含 Pt 量较低。这种现象称为包晶偏析。包晶偏析可通过扩散退火来消除。

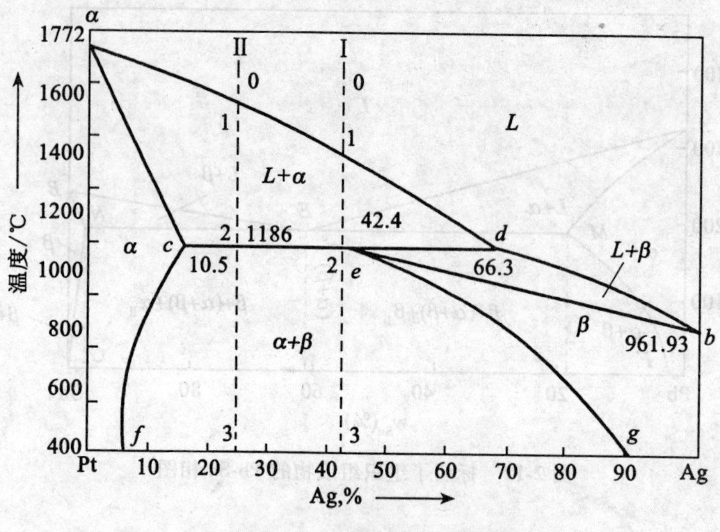

图 2-13 Pt-Ag 合金相图

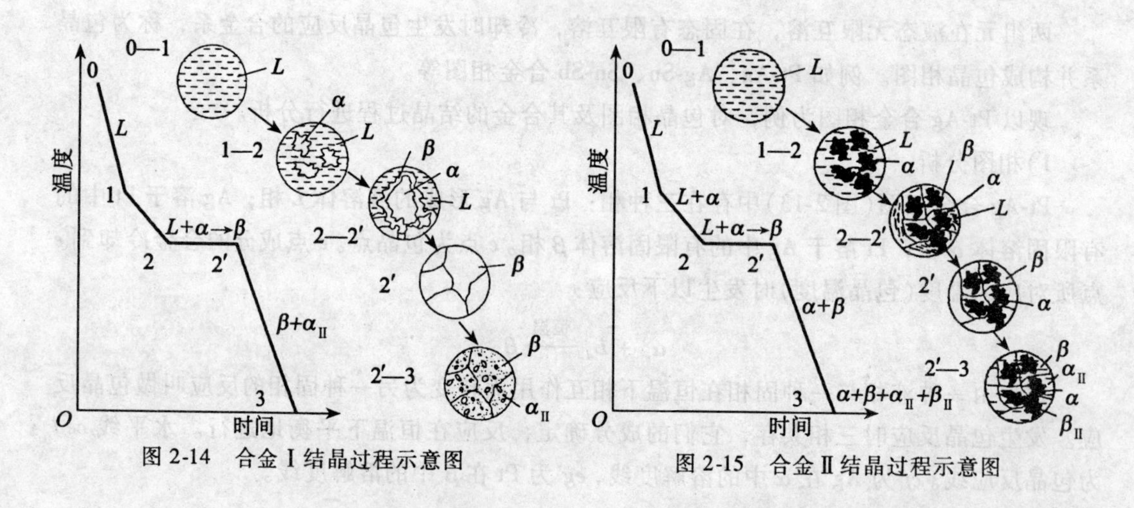

图 2-14 合金 I 结晶过程示意图

图 2-15 合金 II 结晶过程示意图

(2)合金Ⅱ。

合金Ⅱ的结晶过程如图 2-15 所示。液态合金冷却到 1 点温度以下时结晶出 α 相，刚至 2 点温度时合金由 d 点成分的液相 L 和 c 点成分的 α 相组成，两相在 2 点温度发生包晶反应，生成 β 固溶体。与合金 I 不同，合金Ⅱ在包晶反应结束之后，仍剩余有部分 α 固溶体。在随后的冷却过程中，β 和 α 中将分别析出 α_{II} 和 β_{II}，所以最终室温组织为 $\alpha+\beta+\alpha_{\text{II}}+\beta_{\text{II}}$。

2.1.4 铁碳合金

铁碳合金是以铁和碳为组元的二元合金，是机械制造中应用最广泛的金属材料。不同铁碳合金从液态缓慢冷却至室温后，会结晶成不同的平衡组织，并表现出不同的性能。

1. 铁碳合金的基本组织

铁碳合金中铁和碳的结合方式为固溶体、化合物、固溶体和化合物形成的机械混合物。铁碳合金的基本组织有铁素体、奥氏体、渗碳体、珠光体、莱氏体等。

1)铁素体

碳溶解在 α-Fe 中形成的间隙固溶体，以符号“F”或“α”表示。铁素体中溶解碳的能力很小，最大溶解度在 727℃时，为 0.0218%，随着温度的降低，其溶解度逐渐减小，室温时铁素体中只能溶解 0.0008% 的碳。

铁素体的力学性能以及物理、化学性能与纯铁极相近，塑性、韧性很好($\delta=30\% \sim 50\%$)，强度、硬度很低($\sigma_b=180 \sim 280$MPa)。

2)奥氏体

碳溶解在 γ-Fe 形成的间隙固溶体，以符号“A”或“γ”表示。

奥氏体的溶碳能力比铁素体大，在 1148℃时，碳在 γ-Fe 中的最大溶解度为 2.11%，随着温度降低，其溶解度也减小，在 727℃时，为 0.77%。

奥氏体的强度、硬度低，塑性、韧性高。在铁碳合金平衡状态时，奥氏体为高温下存在的基本相，也是绝大多数钢种进行锻压、轧制等加工变形所要求的组织。

3)渗碳体

渗碳体是具有复杂晶格的铁与碳的间隙化合物，每个晶胞中有一个碳原子和三个铁原子。渗碳体一般以“Fe_3C”表示，其含碳量为 6.69%。

渗碳体的硬度很高，为 800HB，塑性、韧性很差，几乎等于零，所以渗碳体的性能特点是硬而脆。

渗碳体在钢与铸铁中，一般呈片状、网状或球状存在。渗碳体是钢中重要的硬化相，它的数量、形状、大小和分布对钢的性能有很大的影响。

渗碳体是一个亚稳定化合物，它在一定的条件下，可以分解而形成石墨状态的自由碳：$Fe_3C \longrightarrow 3Fe+C$(石墨)，这种反应在铸铁中有重要意义。

4)珠光体

珠光体是铁素体与渗碳体的机械混合物，用符号“P”表示。其含碳量为 0.77%。珠光体由渗碳体片和铁素体片相间组成，其性能介于铁素体和渗碳体之间，强度、硬度较好、脆性不大。

5)莱氏体

莱氏体是奥氏体和渗碳体的机械混合物，用符号“L_d”表示，其含碳量为 4.3%。莱氏体由含碳量为 4.3% 的金属液体在 1148℃时发生共晶反应时生成。在室温时变为变态莱氏体，用称号“$L_{d'}$”表示。莱氏体硬度很高，塑性很差。

2. 铁碳合金状态图

图 2-16 为铁碳合金状态图。由于当 w_C 为 6.69% 时，铁与碳全部形成硬而脆的 Fe_3C，所以实际使用的铁碳合金的 w_C 一般不超过 5%。因此铁碳合金状态图只研究 Fe-Fe_3C 部分。

1)铁碳合金状态图中的各特性点的意义

Fe-Fe_3C 相图中 14 个特性点及具体意义如下：

A——纯铁的熔点。温度为 1538℃，$w_C \times 100$ 为 0。

B——包晶转变时液态合金的成分。温度为 1495℃，$w_C \times 100$ 为 0.53。

C——共晶点 $L_C \Leftrightarrow A_E+Fe_3C$。温度为 1148℃，$w_C \times 100$ 为 4.3。

D——Fe_3C 的熔点。温度为 1227℃，w_C×100 为 6.6900。

E——碳在 γ-Fe 中的最大溶解度。温度为 1148℃，w_C×100 为 2.11。

F——Fe_3C 的成分。温度为 1148℃，w_C×100 为 6.69。

G——α-Fe ⇔ γ-Fe 同素异构转变点(A_3)。温度为 912℃，w_C×100 为 0。

H——碳在 δ-Fe 中的最大溶解度。温度为 1495℃，w_C×100 为 0.09。

J——包晶点 $L_B+\delta_H \Leftrightarrow A_J$。温度为 1495℃，$w_C$×100 为 0.17。

K——Fe_3C 的成分。温度为 727℃，w_C×100 为 6.69。

N——γ-Fe ⇔ δ-Fe 同素异构转变点(A_4)。温度为 1394℃，w_C×100 为 0。

P——碳在 α-Fe 中的最大溶解度。温度为 727℃，w_C×100 为 0.0218。

S——共析点(A_1)$A_S \Leftrightarrow F_P+Fe_3C$。温度为 727℃，$w_C$×100 为 0.77。

Q——600℃(或室温)时碳在 α-Fe 中的溶解度。温度为 600℃，w_C×100 为 0.0057 (0.0008)。

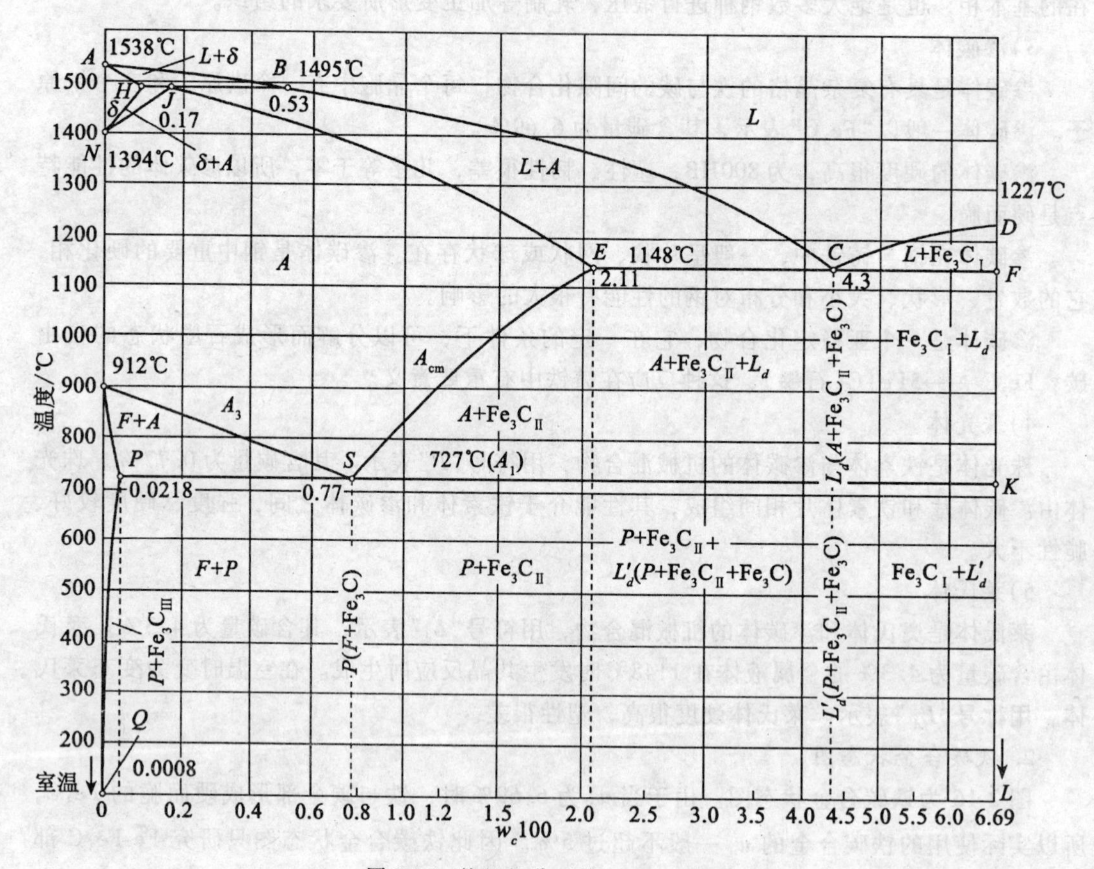

图 2-16 按组织分区的 Fe-Fe_3C 相图

2)铁碳合金状态图中各特性线的意义

$ABCD$ 线——液相线，此线以上合金呈液态，冷却至该线合金开始结晶。

$AHJECF$ 线——固相线，此线以下合金均呈固态，冷却至该线合金全部结晶完毕。

HJB 线——包晶线，含碳量为 0.09% ~0.53% 的铁-铁碳合金，在 1495℃ 的恒温下均发生包晶反应，即 $L_B+\delta_H \xrightarrow[恒温]{1495℃} A_J$。

ECF 线——共晶线，含碳量为 2.11% ~6.69% 的铁碳合金，在 1148℃ 的恒温下均发生共晶反应，即 $A_C \xrightarrow[恒温]{1148℃} (A_E+Fe_3C)$。共晶反应的产物是奥氏体与渗碳体（或共晶渗碳体）的机械混合物，称为莱氏体。用字母 L_d 表示，冷至室温的莱氏体称为变态莱氏体（或低温莱氏体），用 L'_d 表示。

PSK 线——共析线，含碳量为 2.11% ~6.69% 的铁碳合金，在 727℃ 的恒温下均发生共析反应，即 $A_S \xrightarrow[恒温]{727℃} (F_P+Fe_3C)$。共析反应的产物是铁素体与渗碳体（或共析渗碳体）的机械混合物，称为珠光体。用字母 *P* 表示。*PSK* 线又称 A_1 线。

ES 线——碳在奥氏体中溶解度曲线。由于在 1148℃ 时 *A* 中溶解碳量最大可达 2.11%，而在 727℃ 时仅为 0.77%，因此含碳量大于 0.77% 的铁碳合金自 1148℃ 至 727℃ 的过程中，均将从奥氏体中析出渗碳体。此时的渗碳体称为二次渗碳体（$Fe_3C_{Ⅱ}$）。*ES* 线又称 A_{cm} 线。亦即从奥氏体中开始析出 $Fe_3C_{Ⅱ}$ 的临界温度线。

PQ 线——碳在铁素体中的溶解度曲线。由于在 727℃ 时铁素体溶碳量最大可达 0.02%，而在室温时仅为 0.0008%，因此含碳量大于 0.0008% 的铁碳合金自 727℃ 冷至室温的过程中均将从铁素体中析出渗碳体，此时析出的渗碳体称为三次渗碳体（$Fe_3C_{Ⅲ}$）。*PQ* 线亦从铁素体中开始析出 $Fe_3C_{Ⅲ}$ 的临界温度线，由于 $Fe_3C_{Ⅲ}$ 数量极少，往往予以忽略。

GS 线——合金冷却时自奥氏体中开始析出铁素体的临界温度线，通常称为 A_3 线。

此外，*CD* 线是从液体中结晶出渗碳体的起始线。从液体中结晶出的渗碳体称为一次渗碳体（$Fe_3C_{Ⅰ}$）；*GP* 线是含碳量小于 0.77% 的各铁碳合金冷却时，从奥氏体中析出铁素体的终了线。

值得说明的是，本节讲述的一次渗碳体（$Fe_3C_{Ⅰ}$）、二次渗碳体（$Fe_3C_{Ⅱ}$）、三次渗碳体（$Fe_3C_{Ⅲ}$）以及共晶渗碳体，共析渗碳体，它们的化学成分、晶体结构、力学性能都是一致的，并没有本质上的差异，不同的命名仅只表示它们的来源、结晶形态及在组织中分布情况有所不同而已。

3）铁碳合金状态图中的相区

$Fe\text{-}Fe_3C$ 相图可划分为以下相区，即：

（1）五个单相区。

ABCD 线以上的液相区（*L*）；*AHNA* 线围着的 δ 固溶体相区（δ）；*NJESGN* 线围着的奥氏体相区（*A*）；*GPQG* 线围着的铁素体相区（*F*）；*DFKL* 线垂线代表的渗碳体相区（Fe_3C）。

（2）七个双相区。

ABHA 线围着的 $L+\delta$ 相区；*JBCEJ* 线围着的 $L+A$ 相区；*DCFD* 线围着的 $L+Fe_3C_{Ⅰ}$ 相区；*HJNH* 线围着的 $\delta+A$ 相区；*EFKSE* 线围着的 $A+Fe_3C$ 相区；*GSPG* 线围着的 $A+F$ 相区；*QPSKLQ* 线围着的 $F+Fe_3C$ 相区。

（3）三个三相共存区。

HJB 线为 *F*、δ、*A* 三相区；*ECF* 线为 *L*、*A*、Fe_3C 三相区；*PSK* 线为 *A*、*F*、Fe_3C 三相区。

3. 铁碳合金的平衡结晶过程与组织元素

1)铁碳合金分类

根据铁碳合金的含碳量及组织的不同，可将其分为三类：

(1)工业纯铁(ω_C<0.0218%)。

组织为铁素体和极少量的三次渗碳体；

(2)钢(ω_C=0.0218% ~2.11%)。

根据室温组织的不同，钢又可以分为三类；

亚共析钢(ω_C<0.77%)：组织是铁素体和珠光体；

共析钢(ω_C=0.77%)：组织是珠光体；

过共析钢(ω_C>0.77%)：组织是珠光体和二次渗碳体。

(3)白口铸铁(ω_C=2.11% ~6.99%)。

根据室温组织的不同，白口铸铁又分为三类：

亚共晶白口铸铁(ω_C<4.3%)：组织是珠光体、二次渗碳体和莱氏体；

共晶白口铸铁(ω_C=4.3%)：组织是莱氏体；

过共晶白口铸铁(ω_C>4.3%)：组织是一次渗碳体和莱氏体。

2)典型的铁碳合金平衡结晶过程及组织

下面以几种典型的铁碳合金为例，分析其平衡结晶过程及组织。由于工业纯铁的实际应用较少，所以这里不分析其结晶过程。所选合金的成分如图 2-17 所示。

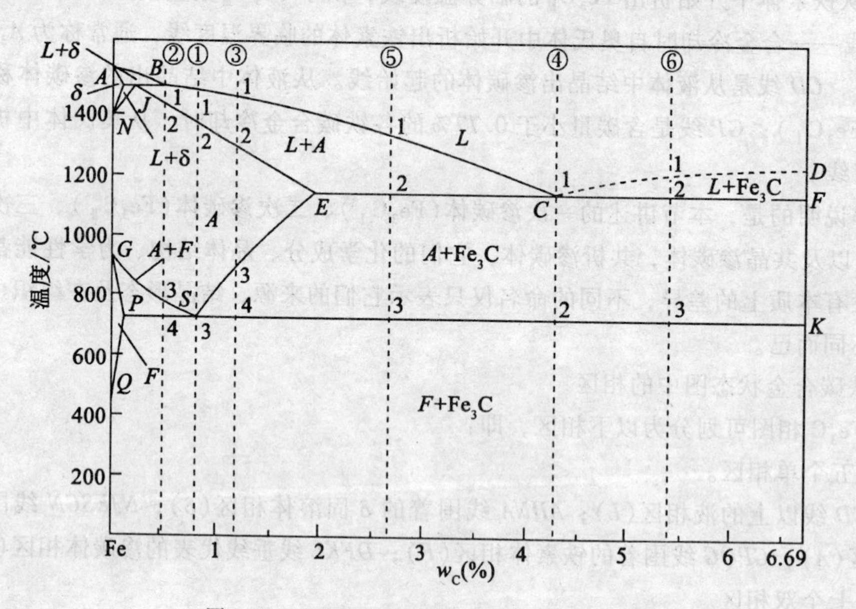

图 2-17　6 种典型的铁碳合金结晶过程分析

(1)共析钢的结晶过程分析。

图 2-17 中，合金①是共析钢，其结晶过程示于图 2-18。

合金①在温度 1 以上全部为液体，降温时，在第 1 点与第 2 点温度之间，从液相(L)中结晶出奥氏体，随着温度的不断降低，液相越来越少，奥氏体越来越多，液相的成分沿

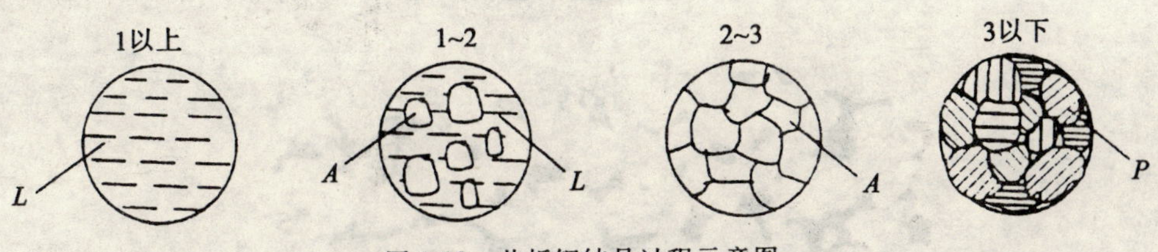

图 2-18　共析钢结晶过程示意图

着 *BC* 线变化，而奥氏体的成分则沿着 *JE* 线变化，在第2点结晶完毕。第2点与3点温度之间，是奥氏体的单相冷却。当温度降到第3点时，奥氏体要发生共析反应：$A_{0.77} \rightleftharpoons P(F_{0.0218}+Fe_3C)$，最终奥氏体全部转变为珠光体。共析钢的显微组织如图 2-19 所示。

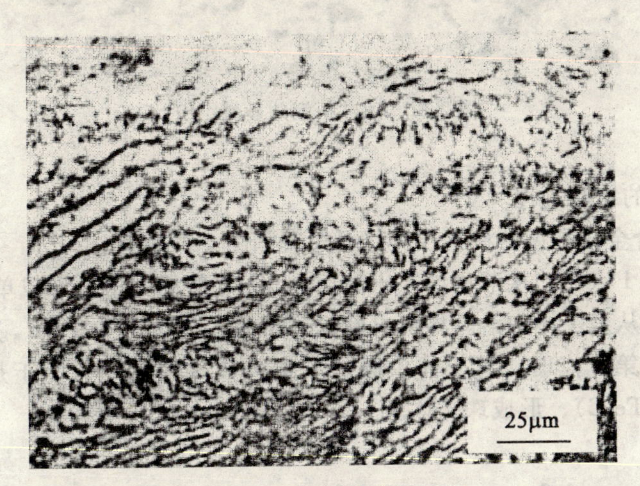

图 2-19　共析钢的显微组织

(2) 亚共析钢的结晶过程。

图 2-17 中的合金②是亚共析钢，共结晶过程如图 2-20 所示。

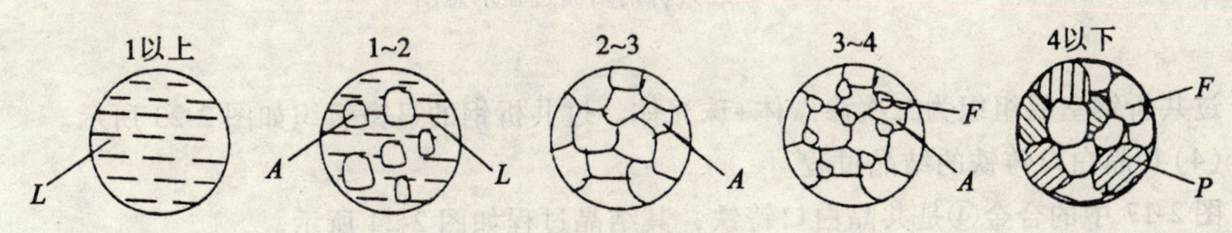

图 2-20　亚共析钢结晶过程示意图

当合金②冷却到第1点时，开始从液相析出奥氏体，至第2点时，全部转变为奥氏体。冷却到第3点，从奥氏体中析出铁素体，同时奥氏体相中碳浓度发生变化。到第4点即727℃时，奥氏体中的含碳量沿 *CS* 线而趋近于 *S* 点，其组织剩余的奥氏体相发生共析反应，转变为珠光体。

所以，亚共析钢先前析出的铁素体保持不变。室温组织为铁素体+珠光体。且随着含碳量的增加，珠光体量也增加。亚共析钢的显微组织如图 2-21 所示。

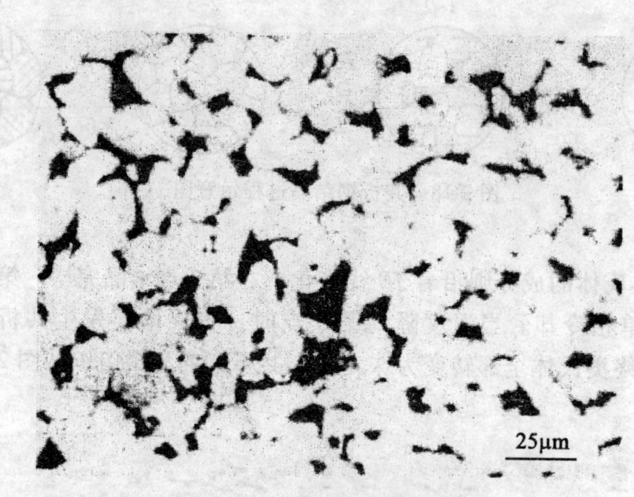

图 2-21 亚共析钢的显微组织

(3)过共析钢的结晶过程。

图 2-17 中的合金③是过共析钢，其结晶过程如图 2-22 所示。

合金③冷却到 1 点时，从液相结晶出奥氏体，2 点凝固完毕，形成单相奥氏体。冷却到第 3 点时，开始从奥氏体中沿晶界析出网状分布的二次渗碳体(Fe_3C_{II})，呈网状包围奥氏体晶粒。冷却到第 4 点时，奥氏体中碳的质量分数降为 0.77%，于是发生共析转变；$A_{0.77} \rightleftharpoons P(F_{0.0218}+Fe_3C)$，形成珠光体。

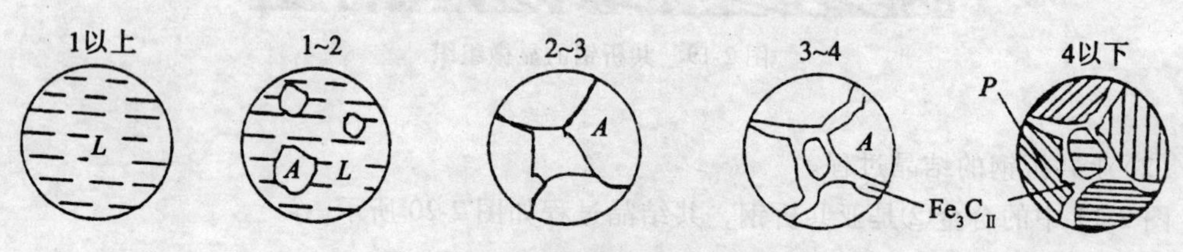

图 2-22 过共析钢结晶过程示意图

过共析钢室温组织为二次渗碳体+珠光体。过共析钢的显微组织如图 2-23 所示。

(4)共晶白口铸铁的结晶过程。

图 2-17 中的合金④是共晶白口铸铁，其结晶过程如图 2-24 所示。

合金④在 1 点发生共晶反应 $L_{4.3} \rightleftharpoons A_{2.11}+Fe_3C$，形成莱氏体 L_d，即由奥氏体和渗碳体组成的共晶体，在 1 ~ 2 点区间，共晶奥氏体会析出二次渗碳体，到第三阶段点即 727℃时，剩余的奥氏体会发生共析反应，转变为珠光体。室温下，共晶白口铸铁的组织是珠光体和共晶渗碳体的混合物，通常把它称为“低温莱氏体”或“变态莱氏体”，以“L_d'”表示。

所以，共晶白口铁的室温组织为低温莱氏体。共晶白口铸铁的显微组织如图 2-25 所示。

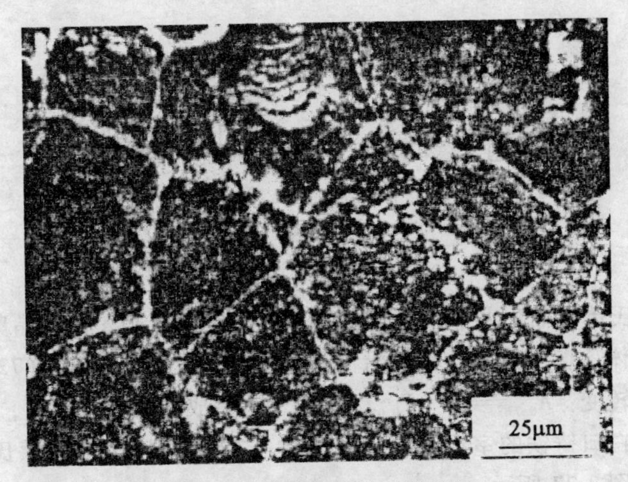

图 2-23　过共析钢的显微组织

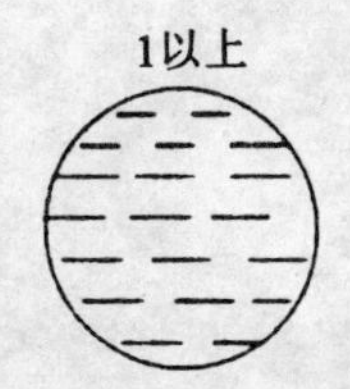

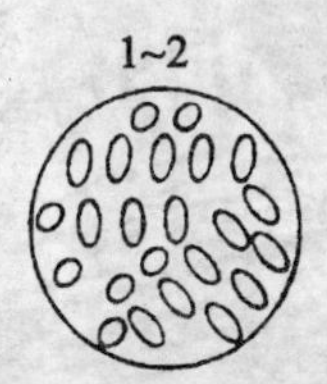

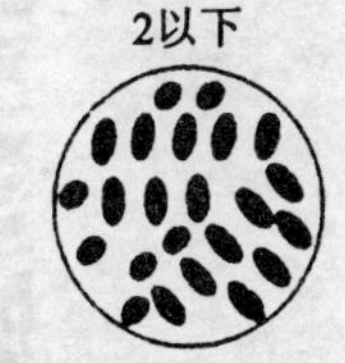

图 2-24　共晶白口铸铁结晶过程示意图

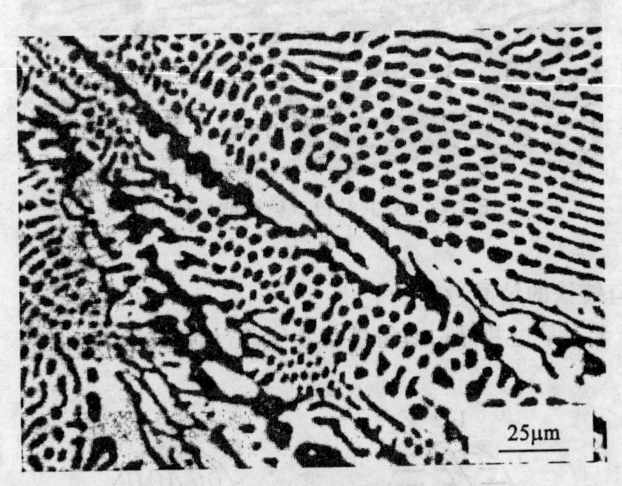

图 2-25　共晶白口铸铁的显微组织

(5)亚共晶白口铸铁的结晶过程。

亚共晶白口铸铁的结晶过程(2.11% < w_C < 4.3%)

图 2-17 中的合金⑤是亚共晶白口铸铁，其结晶过程如图 2-26 所示。

合金⑤从冷却至 1 点时，开始从液相中结晶出“先共晶奥氏体”。随温度的降低，奥氏体不断增多，到第 2 点(1148℃)时，液相中 w_C 为 4.3%，发生共晶反应：$L_{4.3} \rightleftharpoons$

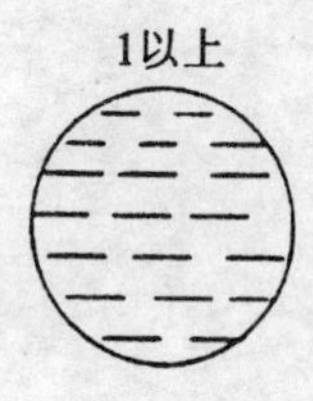

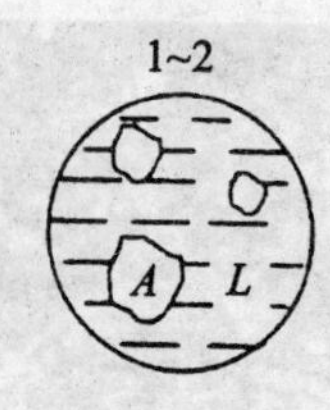

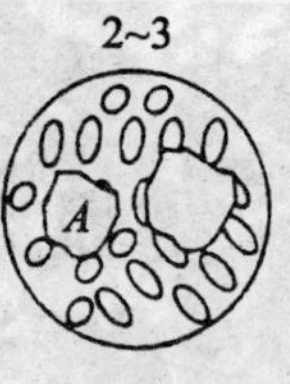

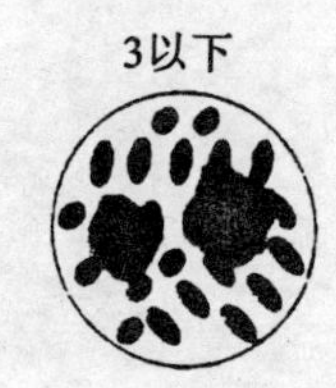

图 2-26 亚共晶白口铸铁结晶过程示意图

$A_{2.11}$+Fe_3C,形成莱氏体，而先共晶奥氏体保持不变。继续冷却，先共晶奥氏体和共晶奥氏体都析出二次渗碳体，奥氏体的含碳量沿 ES 线逐渐降低，到第 3 点(727℃)时，w_C 降为 0.77%，发生共析转变：$A_{0.77} \rightleftharpoons P(F_{0.0218}+Fe_3C)$，生成珠光体，此时，$L_d$ 转变为 $L_{d'}$。

所以，亚共晶白口铸铁的室温组织为珠光体+二次渗碳体+低温莱氏体。亚共晶白口铸铁的显微组织如图 2-27 所示。

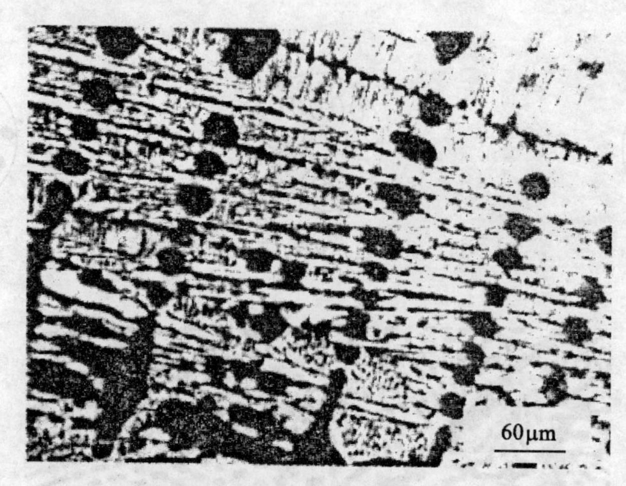

图 2-27 亚共晶白口铸铁的显微组织

(6)过共晶白口铸铁的结晶过程。

图 2-17 中的合金⑥是过共晶白口铸铁，共结晶过程如图 2-28 所示。

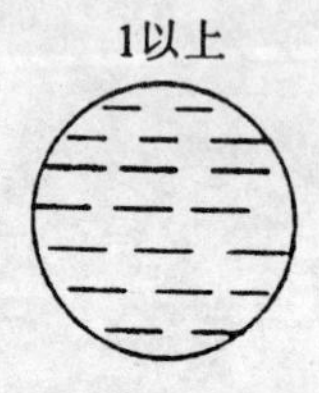

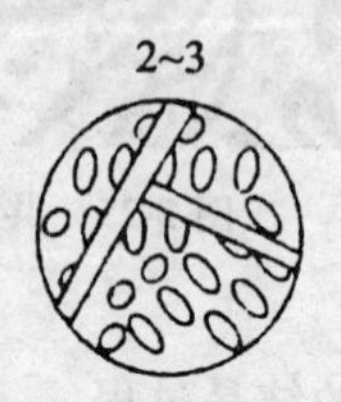

图 2-28 过共晶白口铸铁结晶过程示意图

合金⑥冷至 1 点时，开始从液相中结晶出先共晶渗碳体，也叫一次渗碳体($Fe_3C_Ⅰ$)，一次渗碳体呈粗大片状，在合金继续冷却的过程中不再发生变化。当温度继续下降到 2 点时，剩余液相 w_C 达到 4.3%，这时发生共晶转变，转变为莱氏体。过共晶白口铸铁的室温组织为一次渗碳体与低温莱氏体。过共晶白口铸铁的显微组织如图 2-29 所示。

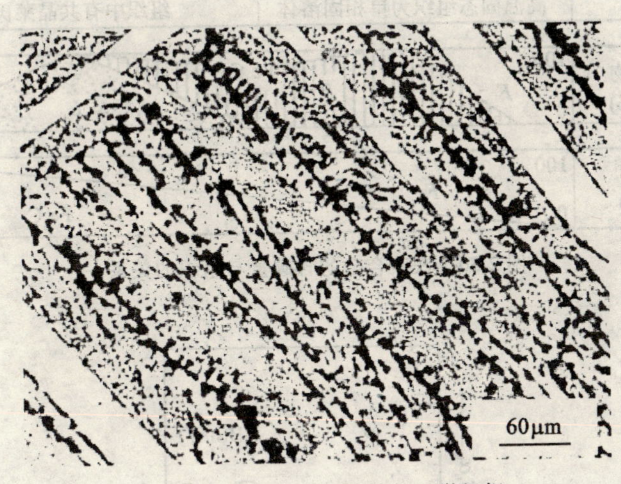

图 2-29　过共晶白口铸铁的显微组织

4. 含碳量对铁碳合金组织和性能的影响

1）含碳量对铁碳合金平衡组织的影响

根据上述对结晶过程的分析，在常温下铁碳合金的平衡组织与含碳量的关系见表2-2。

表 2-2　常温下铁碳合金的平衡组织

合金名称	w_C(%)	室温平衡组织
工业纯铁	<0.0218	$F+Fe_3C_{III}$（少量）
亚共析钢	0.0218～0.77	$F+P$
共析钢	0.77	P
过共析钢	0.77～2.11	$P+Fe_3C_{II}$
亚共晶白口铸铁	2.11～4.3	$P+Fe_3C_{II}+L_{d'}$
共晶白口铸铁	4.3	$L_{d'}$
过共晶白口铸铁	4.3～6.69	$L_{d'}+Fe_3C_I$

按杠杆定律计算，可总结出含碳量与铁碳合金室温时的组织组成物和相组成物间的定量关系如图 2-30 所示。

2）含碳量对力学性能的影响

铁碳合金的力学性能受含碳量的影响很大，含碳量的多少直接决定着铁碳合金中铁素体和渗碳体的相对比例。含碳量越高，渗碳体的相对量越多。由于铁素体是软韧相，而渗碳体是硬脆的强化相，所以渗碳体含量越多，分布越均匀，材料的硬度和强度越高，塑性和韧性越低；但当渗碳体以网状形态分布在晶界或作为基体存在时，会使铁碳合金的塑性和韧性大为下降，且强度也随之降低。这就是平衡状态的过共析钢和白口铸铁脆性高的原因。图 2-31 所示为含碳量对钢的力学性能的影响。

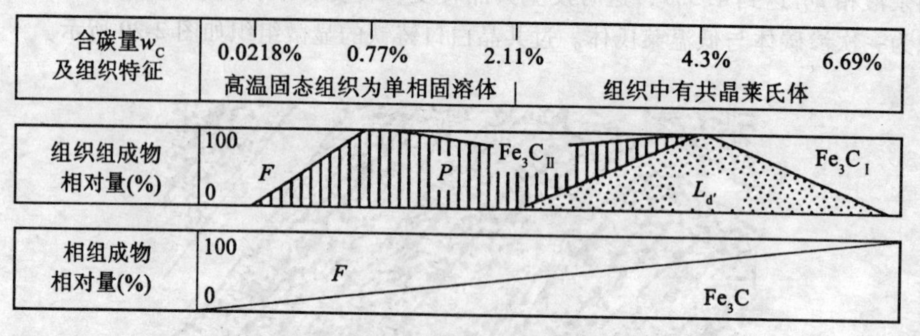

图 2-30 铁碳合金的含碳量与组织的关系

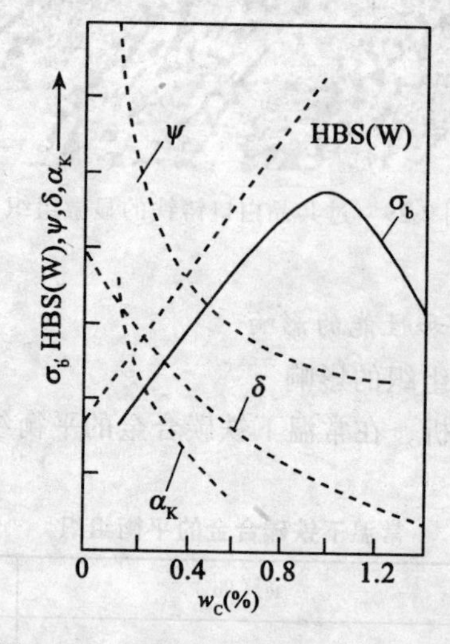

图 2-31 含碳量对钢力学性能的影响

3)含碳量对工艺性能的影响

如前所述，随着含碳量的变化，铁碳合金的组织也在发生着变化，不同组织的铁碳合金其工艺性能也有所不同，下面就从铸、锻、焊、切削加工等四种基本成型工艺方面分别来看含碳量对工艺性能的影响。

(1)铸造性。

铸铁的流动性比钢好，易于铸造，特别是靠近共晶成分的铸铁，其结晶温度低；流动性好；铸造性能最好。从相图上看，结晶温度越高，结晶温度区间越大，越容易形成分散缩孔和偏析，铸造性能越差。

(2)可锻性。

低碳钢比高碳钢好。由于钢加热呈单相奥氏体状态时，塑性好、强度低，便于塑性变形，所以一般锻造都是在奥氏体状态下进行。

(3)可焊性。

含碳量越低，钢的焊接性能越好，所以低碳钢比高碳钢更容易焊接。

(4)切削加工性。

含碳量过高或过低，都会降低其切削加工性能。一般认为中碳钢的塑性比较适中，硬度在 160 ~ 230HB 时，切削加工性能最好。

2.2　钢的分类与应用

在机械工程中钢分为碳素钢和合金钢。

碳素钢(简称碳钢)是碳的质量分数 w_C 为 0.0218% ~ 2.11% 的铁碳合金。碳钢具有较好的力学性能和工艺性能，产量大，价格较低，在机械工程中应用十分广泛。碳钢的主要不足之处有淬透性较低、回火抗力较差和屈强比低等。工程中应用的碳钢除含有 Fe、C 两组元外，还含有 P、S、Si、Mn 及微量的 H、O、N 元素。这些元素称为杂质元素，对钢的性能有一定的影响。

2.2.1　碳钢的分类

碳钢常用的分类方法有按含碳量分类、按钢的质量分类以及按质量和用途分类等几种。

(1) 按含碳量分
- 低碳钢 $w_C \leqslant 0.25\%$
- 中碳钢 $0.25\% \leqslant w_C \leqslant 0.6\%$
- 高碳钢 $w_C > 0.6\%$

(2) 按钢的质量分(以磷、硫含量范围为标准)
- 普通碳素钢 $w_P \leqslant 0.045\%$；$w_S \leqslant 0.055\%$
- 优质碳素钢 $w_P \leqslant 0.040\%$；$w_S \leqslant 0.040\%$
- 高级优质碳素钢 $w_P \leqslant 0.035\%$；$w_S \leqslant 0.030\%$

生产中转炉和平炉只能冶炼前两类钢，电炉才能冶炼高级优质碳素钢。

(3) 按质量和用途分
- 普通碳素结构钢　用于制造桥梁、船舶、建筑等工程构件
- 优质碳素结构钢　用于制造齿轮、弹簧、轴类等机械零件
- 高级优质碳素结构钢　用于制造刃具、量具、模具等工具

2.2.2　碳钢的牌号及应用

我国的钢材编号是采用国际化学元素符号和汉语拼音字母并用的原则。

1. 普通碳素结构钢

这类钢主要保证力学性能。

普通碳素结构钢的牌号以“Q+数字+字母+字母”表示。其中，“Q”字是屈服点“屈”字的汉语拼音字首，数字表示屈服点值。

数字后标注字母 A、B、C、D，表示钢材质量等级不同，从 A 到 D 含磷、硫量的依次降低，A 级质量最差，D 级质量最好。

若为沸腾钢在钢号后加“F”，半镇静钢在钢号后加“b”，镇静钢则不加任何字母。例如：Q235AF 即表示屈服点值为 235MPa 的 A 级沸腾钢。表 2-3 及表 2-4 列出了普通碳素结构钢的牌号、力学性能及化学成分。

表 2-3　　普通碳素结构钢的力学性能

牌号	等级	拉伸试验													冲击试验	
		σ_S/MPa						抗拉强度 σ_b/MPa	δ_5/MPa						温度/℃	V型冲击动(纵向) A_K/J
		钢材厚度(直径)/mm							钢材厚度(直径)/mm							
		≤16	>16~40	>40~60	>60~100	>100~150	>150		≤16	>16~40	>40~60	>60~100	>100~150	>150		
		不小于							不小于							不小于
Q195	—	(195)	(185)	—	—	—	—	315~390	33	32	—	—	—	—	—	—
Q215	A	215	205	195	185	175	165	335~410	31	30	29	28	27	26	—	—
	B														20	27
Q235	A	235	225	215	205	195	185	275~460	26	25	24	23	22	21	—	—
	B														20	27
	C														0	
	D														—20	
Q255	A	255	245	235	225	215	205	410~510	24	23	22	21	20	19	—	—
	B														20	27
Q275	—	275	265	255	245	235	225	490~610	20	19	18	17	16	15	—	—

表 2-4　　普通碳素结构钢的成分

牌　号	等　级	化学成分 w_C×100					脱氧方法
		C	Mn	Si	S	P	
				不小于			
Q195	—	0.06~0.12	0.25~0.50	0.30	0.050	0.045	F、B、Z
Q215	A	0.09~0.15	0.25~0.55	0.30	0.050	0.045	F、B、Z
	B				0.045		
Q235	A	0.14~0.22	0.30~0.65①	0.30	0.050	0.045	F、B、Z
	B	0.12~0.20	0.30~0.70②		0.045		
	C	≤0.18	0.35~0.80		0.040	0.040	Z
	D	≤0.17			0.035	0.035	TZ
Q255	A	0.18~0.28	0.40~0.70	0.30	0.050	0.045	Z
	B				0.045		
Q275	—	0.28~0.38	0.50~0.80	0.35	0.050	0.045	Z

普通碳素结构钢一般在钢厂供应状态下(即热轧状态)直接使用。通常，Q195、Q214钢的含碳量低，焊接性能好，塑性、韧性好，易于加工，有一定强度，常用于制造普通铆钉、螺钉、螺母等零件和轧制成薄板、钢筋等，用于桥梁、建筑、农业机械等结构。Q255、Q275钢具有较高的强度，塑性、韧性较好，可进行焊接，并轧制成工字钢、槽钢、角钢、条钢和钢板及其他型钢作结构件以及制造简单的机械的连杆、齿轮、联轴节和销子等零件。Q235既有较高的塑性又有适中的强度，成为一种应用最广的普通碳素结构钢。即可用作较重要的建筑构件，又可用于制作一般的机器零件。

2. 优质碳素结构钢

这类钢必须同时保证化学成分和力学性能，而且比普通碳素结构钢规定较严格。其硫、磷的含量较低，均控制在 0.01% 以下。非金属夹杂物也较少，质量级别较高。

优质碳素结构钢的牌号是采用两位数字表示钢中平均碳质量分数的万倍。例如45钢中平均碳的质量分数 w_C 为 0.45%；08 钢表示钢中平均碳的质量分数 w_C 为 0.08%。

这类钢按含锰量不同。分为普通含锰量(0.35% ~0.8%)和较高含锰量(0.7% ~1.2%)两组。含锰量较高的一组，在钢号后加“Mn”。若为沸腾钢，则在数字后加“F”，如 08F 为含碳量为 0.08% 的沸腾钢。

这类钢随钢号的数字增加，含碳量增加，组织中的珠光体量增加，铁素体量减少。因此，钢的强度也随之增加，而塑性指标随之降低。

优质碳素结构钢一般都要经过热处理以提高力学性能。根据碳的含量不同，有不同的用途，主要用于制造机器零件。08、08F、10 钢，塑性、韧性高，具有优良的冷成型性能和焊接性能，常冷轧成薄板，用于制作仪器仪表外壳、汽车和拖拉机上的冷冲压件，如汽车车身、拖拉机驾驶室等。15、20、25 钢属低碳钢，也有良好的冷冲压性和焊接性；常用来做冲压件和焊接件，也可以用来渗碳，经过渗碳和随后热处理，使得表面硬而耐磨，心部具有良好的韧性，从而可用于制造表面要求耐磨并能承受冲击载荷的零件，如齿轮、活塞销、样板等。30、35、40、45、50 钢属中碳钢，这几种钢经调质处理(淬火+高温回火)后，可获得良好的综合力学性能，即具有较高的强度和较高的塑性、韧性，主要用于制造齿轮、轴类等零件。其中由于45钢的强度和塑性配合得好，因此成为机械制造业中应用最广泛的钢种。例如 40、45 钢常用于制造汽车、拖拉机的曲轴、连杆、一般机床齿轮和其他受力不大的轴类零件。55、60、65 钢热处理(淬火+中温回火)后具有高的弹性极限，常用于制作负荷不大、尺寸较小(截面尺寸小于 12 ~15mm)的弹簧，如调压、调速弹簧、测力弹簧、冷卷弹簧，和钢丝绳等。优质碳素结构钢的力学性能列于表 2-5 中。

表 2-5　　优质碳素结构钢的力学性能

牌号	试样毛坯尺寸/mm	推荐热处理温度/℃			力学性能					钢材交货状态下的硬度(HB)	
		正火	淬火	回火	σ_b ×100	σ_s ×100	δ_s ×100	Ψ ×100	A_k/J	不小于	
					不小于					未热处理	退火钢
08F	25	930	—	—	295	175	35	60	—	131	—
10F	25	930	—	—	315	185	33	55	—	137	—

续表

牌号	试样毛坯尺寸/mm	推荐热处理温度/℃			力学性能					钢材交货状态下的硬度(HB)	
		正火	淬火	回火	σ_b ×100	σ_s ×100	δ_s ×100	Ψ ×100	A_k/J	不小于	
					不小于					未热处理	退火钢
08	25	930	—	—	325	195	33	60	—	131	—
10	25	930	—	—	335	205	31	55	—	137	—
15	25	920	—	—	375	225	27	55	—	143	—
20	25	910	—	—	410	245	25	55	—	156	—
25	25	900	870	600	450	275	23	50	71	170	—
30	25	880	860	600	490	295	21	50	63	179	—
35	25	870	850	600	530	315	20	45	55	197	—
40	25	860	840	600	570	335	19	45	47	217	187
45	25	850	840	600	600	355	16	40	39	229	197
50	25	830	830	600	630	375	14	40	31	241	207
55	25	820	820	600	645	380	13	35	—	255	217
60	25	810	—	—	675	400	12	35	—	255	229
65	25	810	—	—	695	410	10	30	—	255	229

注：表中数据摘自 GB699—88。

3. 碳素工具钢

碳素工具钢含碳量为0.65%～1.35%，Si≤0.35%，Mn≤0.4%，硫、磷的含量是优质钢的含量范围(S≤0.03%，P≤0.035%)。碳素工具钢的牌号以“T+数字+字母”表示，钢号前面的“T”表示碳素工具钢，其后的数字表示以千分数表示的碳的质量分数。如 w_C = 0.8%的碳素工具钢，其钢号为“T8”。

如为高级优质碳素工具钢，则在其钢号后加“A”，例如，“T10A”。

碳素工具钢经热处理(淬火+低温回火)后具有高硬度，用于制造尺寸较小，要求耐磨性好的量具、刃具、模具等。这类钢的钢号有 T7，T7A，T8，T8A，…，T13A，共8个钢种、16个牌号。含碳量越高，则碳化物量越多，耐磨性就越高，但韧性越差。因此受冲击的工具应选用含碳量低的。一般冲头，凿子要选用 T7，T8 等，车刀、钻头可选用 T10，而精车刀、锉刀则选用 T12，T13 之类。常用碳素工具钢的牌号、成分、热处理和用途列于表 2-6 中。

表 2-6　　常用碳素工具钢的牌号、成分、热处理和用途

<table>
<tr><th rowspan="3">钢号</th><th colspan="5">化学成分 w_E×100</th><th colspan="5">热处理</th><th rowspan="3">用途举例</th></tr>
<tr><th rowspan="2">C</th><th rowspan="2">Mn</th><th rowspan="2">Si</th><th rowspan="2">S</th><th rowspan="2">P</th><th colspan="3">淬火</th><th colspan="2">回火</th></tr>
<tr><th>温度/℃</th><th>冷却介质</th><th>硬度(HRC)(不小于)</th><th>温度/℃</th><th>硬度(HRC)(不小于)</th></tr>
<tr><td>T7
T7A</td><td>0.65 ~ 0.74</td><td rowspan="4">≤0.40</td><td rowspan="4">≤0.35</td><td>≤0.030
≤0.020</td><td>≤0.035
≤0.030</td><td>800 ~ 820</td><td>水</td><td>62</td><td>180 ~ 200</td><td>60 ~ 62</td><td>制造承受震动与冲击载荷、要求较高韧性的工具，如凿子、打铁用模、各种锤子、木工工具、石钻(软岩石用)</td></tr>
<tr><td>T8
T8A</td><td>0.75 ~ 0.84</td><td>≤0.030
≤0.020</td><td>≤0.035
≤0.030</td><td>780 ~ 800</td><td>水</td><td>62</td><td>180 ~ 200</td><td>60 ~ 62</td><td>制造承受震动与冲击载荷、要求足够韧性和较高硬度的各工具如简单模子、冲头、剪切金属用剪刀、木工工具、煤矿用凿等</td></tr>
<tr><td>T10
T10A</td><td>0.95 ~ 1.04</td><td>≤0.030
≤0.020</td><td>≤0.035
≤0.030</td><td>760 ~ 780</td><td>水，油</td><td>62</td><td>180 ~ 200</td><td>60 ~ 62</td><td>制造不受震动、在刃口上要求有少许韧性的工具如刨刀、拉丝模、冲模、丝锥、板牙、手锯锯条、卡尺等</td></tr>
<tr><td>T12
T12A</td><td>1.15 ~ 1.24</td><td>≤0.030
≤0.020</td><td>≤0.035
≤0.030</td><td>760 ~ 780</td><td>水，油</td><td>62</td><td>180 ~ 200</td><td>60 ~ 62</td><td>制造不受突然震动、要求极高硬度和耐磨性的工具，如钻头、丝锥、锉刀、刮刀等</td></tr>
</table>

注：表中数据摘自 GB 1296—86。

4. 铸钢

有些机械零件。如轧钢机机架、水轮机转子、拖拉机履带板和重载大型齿轮等，因形状复杂，难以用锻压等方法成型，用铸铁又无法满足性能要求，此时可采用铸钢件。

碳素铸钢的含碳量一般在 0.15% ~0.60% 范围内，含碳量过高则塑性差，易产生裂纹。碳素铸钢的牌号由“铸钢”两字的汉语拼音字首“ZG”加两组数字表示。两组数字分别表示材料的屈服强度和抗拉强度；若为焊接性能好的铸钢，则在第二组数字后加汉字“焊”的汉语拼音字首“H”。其牌号有 ZG15，ZG25，ZG35，ZG45 和 ZG55。

碳素铸钢按质量可分为Ⅰ、Ⅱ、Ⅲ三级。Ⅰ级为高级质量的铸件，硫、磷含量均不大于 0.04%；Ⅱ级为优质铸件，硫、磷含量均不大于 0.05%；Ⅲ级为普通质量铸件，硫、磷含量均不大于 0.06%。质量的级别应标注在铸钢牌号的后面，但Ⅲ级可以省略不注。

铸钢的化学成分和力学性能见表 2-7。

表 2-7 碳素铸钢的成分、力学性能及用途

钢号	化学成分 $w_E \times 100$			力学性能					用途举例
	C	Mn	Si	σ_s /MPa	σ_b /MPa	δ_5 ×100	Ψ ×100	α_k/(kJ·m^{-2})	
ZG200~400	0.12~0.22	0.35~0.65	0.20~0.45	200	400	25	40	60	机座、变速箱壳体
ZG230~450	0.22~0.32	0.50~0.80	0.20~0.45	230	450	20	32	45	机座、锤轮、箱体
ZG270~500	0.32~0.42	0.50~0.80	0.20~0.45	270	500	16	25	35	飞轮、机架、蒸汽锤、水压机工作缸、横梁
ZG310~570	0.42~0.52	0.50~0.80	0.20~0.45	310	570	12	20	30	联轴器、汽缸、齿轮、齿轮圈
ZG340~600	0.52~0.62	0.50~0.80	0.20~0.45	340	640	10	18	20	起重运输机中齿轮、联轴器及重要的机件

注：表中数据摘自 GB 11352—89

2.2.3 合金钢的分类

碳钢所具有的冶炼工艺简单、易加工、价格低等优点，使其得到了广泛的应用。但碳钢所存在的强度指标偏低、淬透性较低、高温强度低、热硬性差和不具备特殊的物理化学性能等弱点使其无法满足科技发展对材料性能的更高、更全面的需要。

为了改善碳钢的某些性能，在碳钢中有目的地加入一种或几种金属或非金属元素冶炼成的钢称为合金钢；加入的元素称为合金元素。

已定型生产的合金钢有数千种，为了便于管理、生产和使用，必须对其进行分类编号。因此，要了解合金钢，首先应知道其分类和编号。

合金钢分类的方法有多种，常用的有如下几种：

1. 按合金元素含量分

合金钢可分为低合金钢(合金总含量 w_E<5%)、中合金钢(合金总含量 w_E=5% ~ 10%)和高合金钢(合金总含量 w_E>10%)。

2. 按正火或铸造状态的组织类型分

合金钢可分为珠光体钢、马氏体钢、铁素体钢、奥氏体钢及莱氏体钢。

3. 按主要用途分

合金钢可分为三大类，即合金结构钢、合金工具钢和特殊性能钢，如下所示：

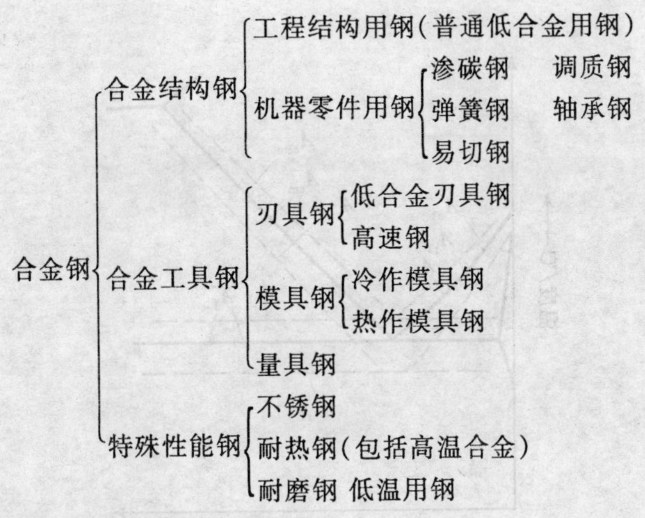

合金钢的应用将在专门的书籍中介绍。

2.3　钢的热处理

钢的热处理，是将钢在固态下进行加热、保温和冷却，改变其内部组织，从而获得所需要性能的一种金属加工工艺。

通过热处理，能有效地改善钢的组织，提高其力学性能并延长使用寿命，是钢铁材料重要的强化手段。机械工业中的钢铁制品，几乎都要进行不同的热处理才能保证其性能和使用要求。所有的量具、模具、刃具和轴承，70% ~80% 的汽车零件和拖拉机零件，60% ~70% 的机床零件，都必须进行各种专门的热处理，才能合理地加工和使用。

钢的热处理可分为整体热处理和表面热处理两大类。整体热处理包括退火正火、淬火、回火；表面热处理包括表面淬火和化学热处理。

2.3.1　钢在加热时的组织转变

$Fe\text{-}Fe_3C$ 相图中，*PSK*、*GS*、*ES* 三条线是钢的固态平衡临界温度线，分别以 A_1、A_3、A_{cm}表示，但在实际加热时，相变临界温度都会有所提高。为区别于平衡临界温度，分别以 A_{c1}、A_{c3}、A_{ccm}表示。实际冷却时，相变临界温度又都比平衡时的临界温度有所降低，分别以 A_{r1}、A_{r3}、A_{rcm} 表示。图 2-32 为这些临界温度线在 $Fe\text{-}Fe_3C$ 相图上的位置示意图。上述的实际临界温度并不是固定的，它们受到含碳量、合金元素含量、奥氏体化温度、加热和冷却速度等因素的影响而变化。

1. 奥氏体的形成

以共析碳钢为例，常温组织为珠光体，当温度加热到 A_{c1} 以上时，必将发生奥氏体转变其转变也是由形核和核长大两个基本过程完成的。此时珠光体很不稳定，铁素体和渗碳体的界面在成分和结构上处于有利于转变的条件，首先在这里形成奥氏体晶核，随即建立奥氏体与铁素体以及奥氏体与渗碳体之间的平衡，依靠铁、碳原子的扩散，使邻近的铁素体晶格改组为面心立方晶格的奥氏体。同时，邻近的渗碳体不断溶入奥氏体，一直进行到铁素体全部转变为奥氏体，这样各个奥氏体的晶核均得到了长大，直到各个位向不同的奥

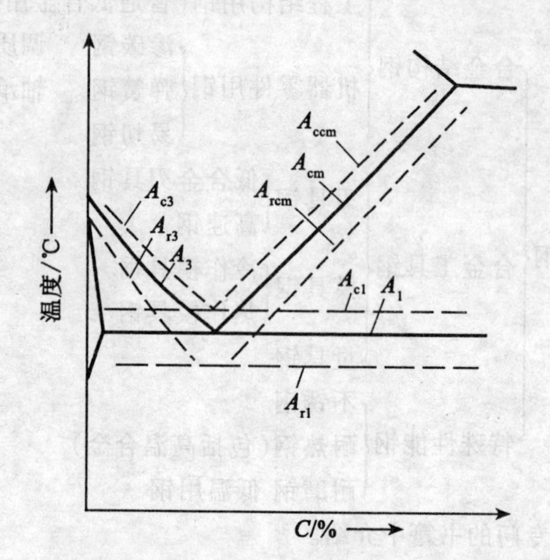

图 2-32 碳钢实际加热和冷却的临界温度线在 $Fe-Fe_3C$ 相图上的位置

氏体晶粒接触为止。

由于渗碳体的晶体结构和含碳量都与奥氏体的差别很大，故铁素体向奥氏体的转变速度要比渗碳体向奥氏体的溶解快得多。渗碳体完全溶解后，奥氏体中碳浓度的分布是不均匀的，原来是渗碳体的地方碳浓度较高，原先是铁素体的地方碳浓度较低，必须继续保温，通过碳的扩散获得均匀的奥氏体。

上述奥氏体的形成过程可以看成由奥氏体形核、晶核的长大、残留渗碳体的溶解和奥氏体的均匀化四个阶段组成，图 2-33 示意说明了转变的整个过程。

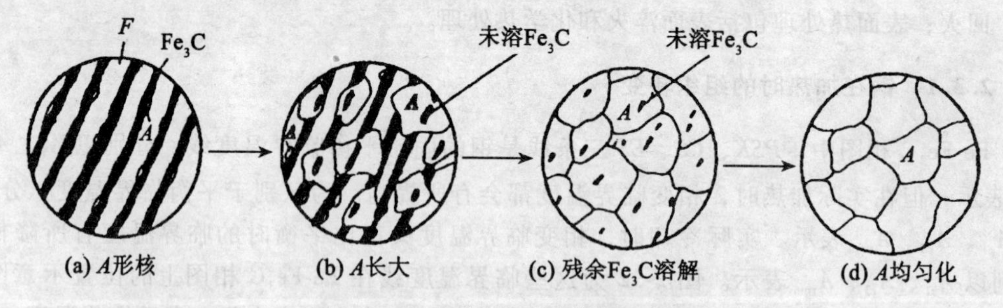

图 2-33 珠光体向奥氏体转变示意图

亚共析钢和过共析钢的完全奥氏体化过程与共析钢基本相似。亚共析钢加热到 A_{c1} 以上时，组织中的珠光体先转变为奥氏体，而组织中的铁素体只有在加热到 A_{c3} 以上时才能全部转变为奥氏体。同样，过共析钢只有加热到 A_{ccm} 以上时才能得到均匀的单相奥氏体组织。

2. 奥氏体晶粒大小及影响因素

钢的奥氏体晶粒的大小直接影响到冷却后所得的组织和性能。奥氏体的晶粒越细，冷却后的组织也越细，其强度、塑性和韧性越好。因此在用材和热处理工艺上，如何获得细的奥氏体晶粒，对工件最终的性能和质量具有重要意义。

2.3.2　钢在冷却时的组织转变

钢加热奥氏体化后，再进行冷却，奥氏体将发生变化。因冷却条件不同，转变产物的组织结构也不同，性能也会有显著的差异。所以，冷却过程是热处理的关键工序，决定着钢在热处理后的组织和性能。

热处理的冷却方式可分为两种：一种是将奥氏体迅速冷至 A_{r1} 以下某个温度，等温停留一段时间，再继续冷却，通常称之为“等温冷却”，见图 2-34 中曲线 1；另一种是将奥氏体以一定的速度冷却，如水冷、油冷、空冷、炉冷等，称为“连续冷却”，见图 2-34 中曲线 2。

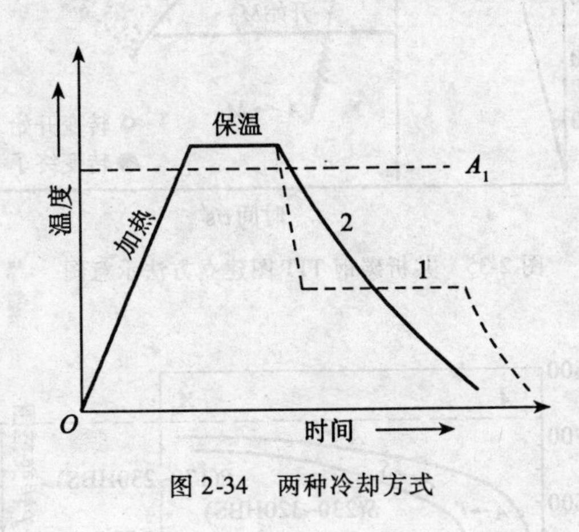

图 2-34　两种冷却方式

钢在高温时形成的奥氏体，过冷至 A_{r1} 以下，成为热力学上不稳定状态的过冷奥氏体。现以共析钢为例，讨论过冷奥氏体在不同冷却条件下的转变形式及其转变产物的组织和性能。

1. 过冷奥氏体等温转变曲线(C 曲线)

1)过冷奥氏体等温转变曲线(TTT 图)的建立

共析碳钢的等温转变曲线通常采用金相法配合测量硬度的方法建立，有时需用磁性法和膨胀法给予补充和校核。

如图 2-35 所示，将一系列共析碳钢薄片试样加热到奥氏体化后，分别迅速投入 A_{c1} 以下不同温度的等温槽中，使之在等温条件下进行转变，每隔一定时间取出一块，立即在水中冷却，对各试样进行金相观察，并测定硬度，由此得出在不同温度、不同恒温时间下奥氏体的转变量。并分别测定出过冷奥氏体的转变开始和转变终了时间，将所得结果标注在温度与时间的坐标系中，再将意义相同的点连接起来，即可得 TTT 图。因曲线形状如字母“C”，故又称为 C 曲线。图 2-36 为完整的共析钢 C 曲线，图中标出了过冷奥氏体在各温度范围等温所得组织和硬度。应当注意的是，这里时间采用了对数坐标分度。

2)过冷奥氏体等温转变产物的组织和性能

C 曲线上方一条水平线为 A_1 线，在 A_1 线以上区域奥氏体能稳定存在。在 C 曲线中，左边一条曲线为转变开始线，在 A_1 线以下和转变开始线以左为过冷奥氏体区。由纵坐标

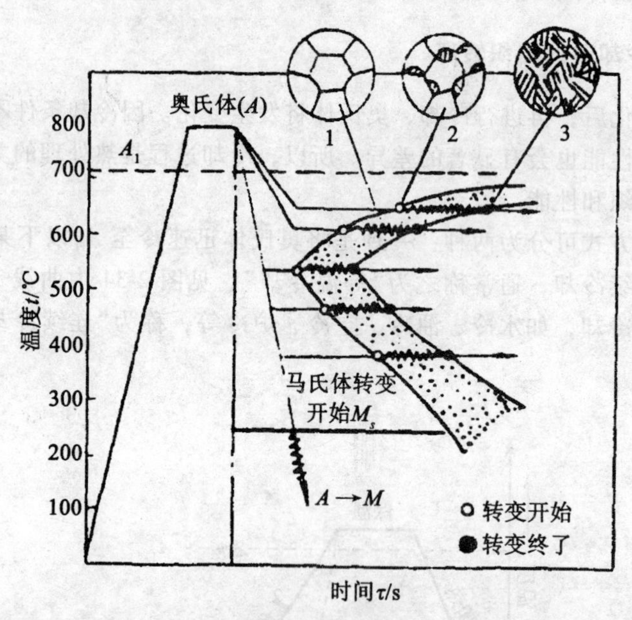

图 2-35　共析碳钢 TTT 图建立方法示意图

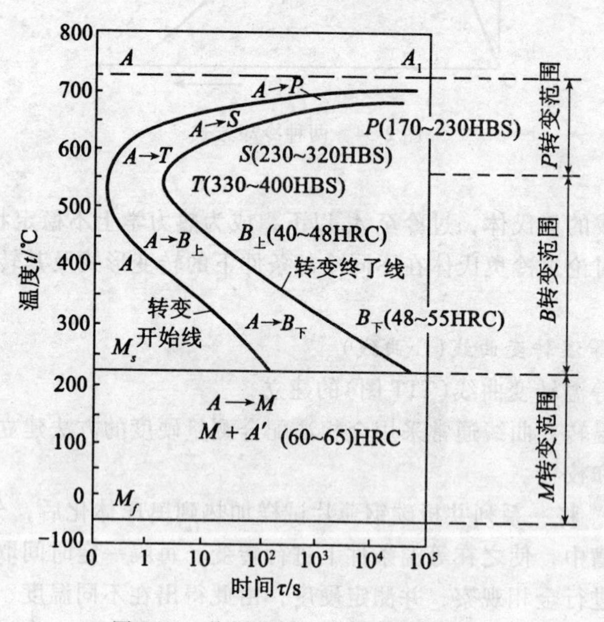

图 2-36　共析碳钢 C 曲线及转变产物

轴到转变开始线之间的水平距离表示过冷奥氏体等温转变前所经历的时间，称为孕育期。由 C 曲线形状可知，过冷奥氏体等温转变的孕育期随着等温温度而变化，C 曲线鼻尖处的孕育期最短，过冷奥氏体最不稳定，提高或降低等温温度，都会使孕育期延长，过冷奥氏体稳定性增加。C 曲线中右边一条线为转变终止线，其右边的区域为转变产物区，两条曲线之间的区域为转变过渡区，即转变产物与过冷奥氏体共存区。C 曲线下方的两条水平线：M_s(230℃)为马氏体转变的开始线；M_f(-50℃)为马氏体转变的结束线。

由 C 曲线图可知，奥氏体在不同的过冷度有不同的等温转变过程，相应有不同的转变产物，以共析钢为例，根据转变产物的不同特点，可划分为三个转变区。

(1)珠光体类型组织转变区。过冷温度在 A_1 ~550℃之间的转变产物为珠光体类型组织。如图 2-36 所示，首先在奥氏体晶界或缺陷密集处形成渗碳体晶核，而后依靠周围奥氏体不断供给碳原子而长大，同时渗碳体晶核周围的奥氏体中含碳量逐渐减少，于是γ-Fe 晶格转变为 α-Fe 晶格而成为铁素体。铁素体的溶碳能力很低，在长大过程中将过剩的碳扩散到相邻的奥氏体中，使其含碳量升高，又为生成新的渗碳体核晶创造条件。这样反复进行，奥氏体就逐渐转变成渗碳体和铁素体片层相间的珠光体组织。随着转变温度的下降，渗碳体形核和长大加快，因此形成的珠光体变得越来越细，为区别起见。根据片层间距的大小，将珠光体类组织分为珠光体、索氏体、托氏体，其形成温度范围、组织和性能见表 2-8。

总体上讲，珠光体组织中层片间距越小，相界面越多，其塑性变形的抗力越大，强度、硬度越高。同时由于渗碳体片变薄，使其塑性和韧性有所改善。

从上面的分析也可看出，奥氏体向珠光体的转变是一种扩散型相变，它是通过铁、碳原子的扩散和晶格的改组来实现的。

表 2-8　　共析碳钢的三种珠光体类组织与性能

组织名称及符号	珠光体(P)	索氏体(S)	托氏体(T)
形成温度范围	A_1 ~650℃	650 ~600℃	600 ~650℃
片层间距(μm)	>0.4	0.4 ~0.2	<0.2
HBS	70 ~230	230 ~320	330 ~400
σ_b/MPa	550	870	1100

(2)贝氏体转变区。过冷温度在 550℃ ~M_s 之间，转变产物为贝氏体(B)。贝氏体是铁素体及其分布着弥散的碳化物所形成的亚稳组织。奥氏体向贝氏体的转变属半扩散型转变，铁原子基本不扩散而碳原子尚有一定扩散能力。当转变温度在 550℃ ~350℃范围内，先在奥氏体晶界上碳含量较低的地方生成铁素体晶核，然后向晶粒内沿一定方向成排长大成一束大致平行的含碳微过饱和的铁素体板条。在此温度下碳仍具有一定的扩散能力，铁素体长大时它能扩散到铁素体外围，并在板条的边界上分布着沿板条长轴方向排列的碳化物短棒或小片，形成羽毛状的组织，称为上贝氏体($B_上$)，如图 2-37 和图 2-38 所示。

当温度降到 350℃ ~M_s 之间时，铁素体晶核首先在奥氏体晶界或晶内某些缺陷较多的地方形成，然后沿奥氏体的一定晶向呈片状长大。因温度较低，碳原子的扩散能力更小，只能在铁素体内沿一定的晶面以细碳化物粒子的形式析出，并与铁素体叶片的长轴成 55°~60°。这种组织称下贝氏体($B_下$)，在光学显微镜下呈暗黑色针叶状，如图 2-39 和图 2-40 所示。

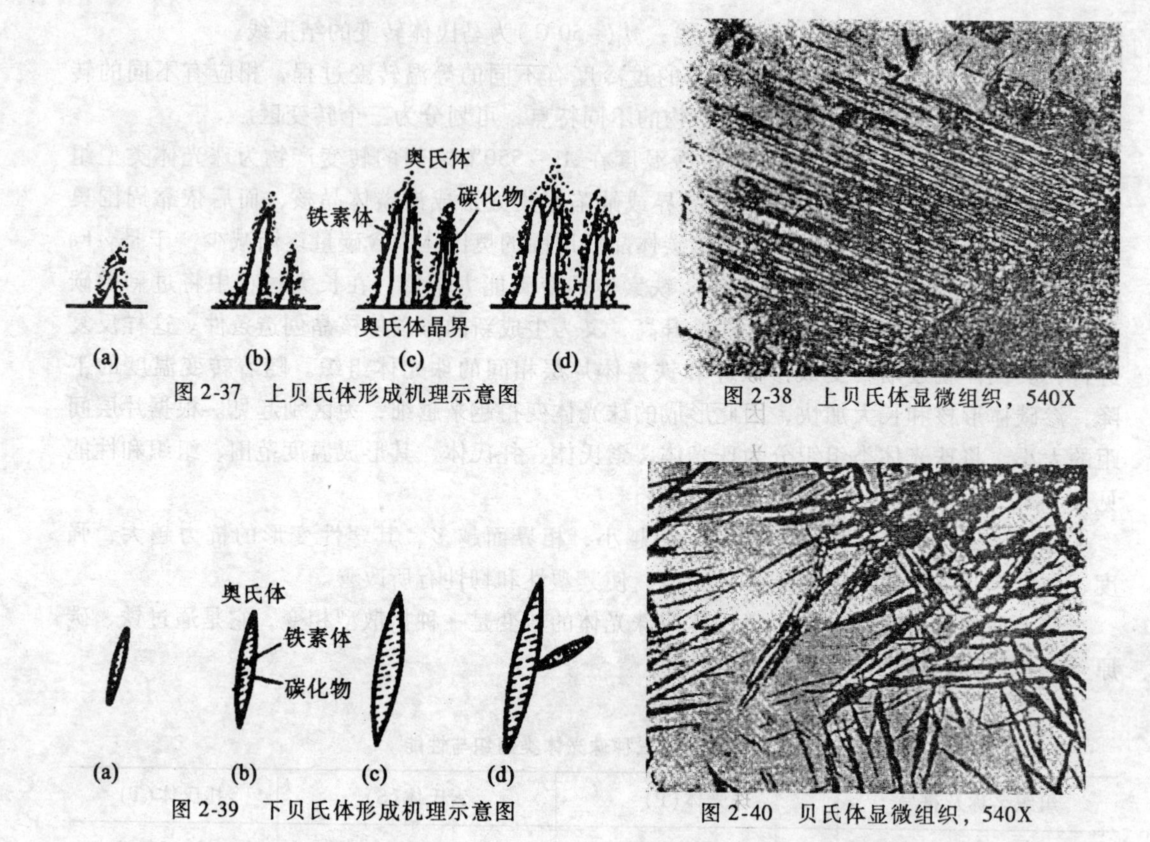

图 2-37 上贝氏体形成机理示意图

图 2-38 上贝氏体显微组织，540X

图 2-39 下贝氏体形成机理示意图

图 2-40 贝氏体显微组织，540X

贝氏体的力学性能完全取决于显微组织结构和形态。上贝氏体中铁素体较宽，塑性变形抗力较低。同时渗碳体分布在铁素体之间，容易引起脆断，在工业生产上应用价值较低。下贝氏体组织中的片状铁素体细小，碳的过饱和度大，位错密度高。而且碳化物沉淀在铁素体内弥散分布，因此硬度高、韧性好，具有较好的综合力学性能。共析钢下贝氏体硬度为45～55HRC，生产中常采用等温淬火的方法获得下贝氏体组织。

(3)马氏体转变。钢从奥氏体状态快速冷却到 M_s 温度以下，则发生马氏体转变。由于温度很低，碳来不及扩散，全部保留在 α-Fe 中，形成碳在 α-Fe 中过饱和的固溶体，即马氏体(M)。此转变属非扩散型转变。

M_s、M_f 分别为马氏体转变的开始点和终止点。过冷奥氏体快速冷却至 M_s(530℃)则开始发生马氏体转变，直至 M_f(-50℃)转变结束。如仅冷却到室温，仍有一部分奥氏体未转变而被保留下来。通常将奥氏体在冷却过程中发生相变后，在环境温度下残存的奥氏体叫做残余奥氏体，因此马氏体转变量主要取决于 M_f 线。奥氏体中的含碳量越高，M_f 点越低，转变后的残余奥氏体量也就越多，如图 2-41 所示。

马氏体的显微组织形态主要有板条状和片状两种，这主要由钢的含碳量决定。含碳量小于0.2%时，马氏体呈板条状，如图 2-42 所示。含碳量大于1.0%时，马氏体呈片状或针叶状，如图 2-43 所示，含碳量介于0.2%～1.0%的马氏体，则是由板条状马氏体和片状马氏体混合组成，且随着奥氏体含碳量的增加，板条状马氏体数量不断减少，而片状马氏体逐渐增多。板条状马氏体和片状马氏体性能比较见表 2-9。

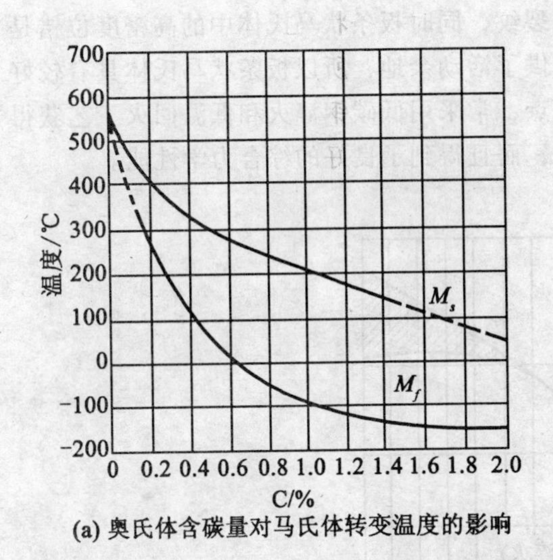

(a) 奥氏体含碳量对马氏体转变温度的影响

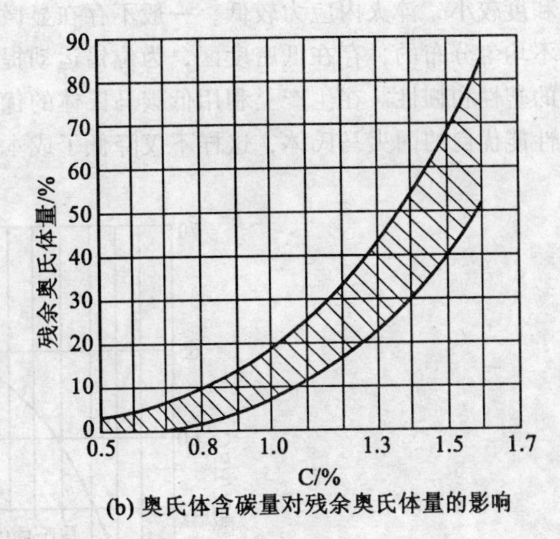

(b) 奥氏体含碳量对残余奥氏体量的影响

图 2-41　奥氏体含碳量的影响

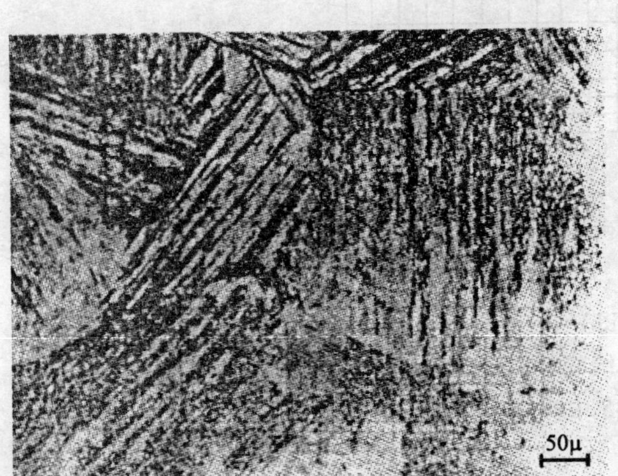

图 2-42　板条状马氏体显微组织

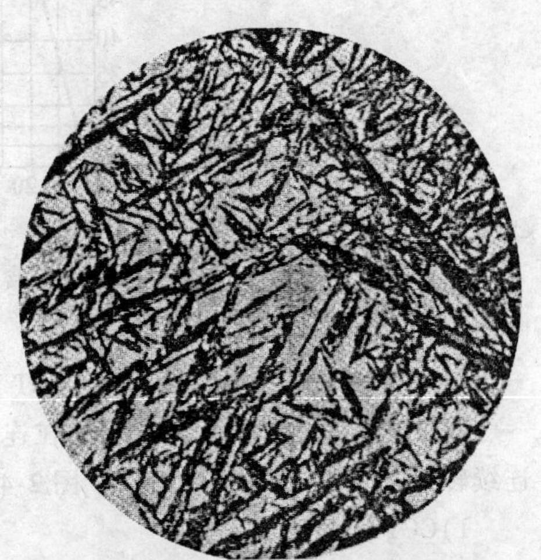

图 2-43　片状马氏体性显微组织

表 2-9　板条状马氏体和片状马氏体的性能

马氏体类型	σ_b/MPa	$\sigma_{0.2}$/MPa	HRC	δ/%	α_k/J · cm^{-2}
板条状马氏体(含碳量 0.2%)	1500	1300	50	9	60
片状马氏体(含碳量 1%)	2300	2000	66	1	10

马氏体的硬度主要与其含碳量有密切的关系。

如图 2-44 所示，随着含碳量的增加，马氏体的硬度增加，尤其在含碳量较低的情况下，硬度增加较明显，但当含碳量超过 0.6% 时硬度不再继续增高，这一现象是由于奥氏体中含碳量增加，导致淬火后的残余奥氏体的量增加而总的硬度下降之故。

马氏体的塑性和韧性也和含碳量有关。因高碳马氏体晶格的畸变增大，淬火应力也较大，往往存在许多内部显微裂纹，所以塑性和韧性都很差。低碳板条状马氏体中碳的过饱和度较小，淬火内应力较低，一般不存在显微裂纹，同时板条状马氏体中的高密度位错是不均匀分布的，存在低密度区，为位错运动提供了活动余地，所以板条状马氏体具有较好的塑性和韧性。在生产上利用低碳马氏体的优点，常采用低碳钢淬火和低温回火工艺获得性能优良的回火马氏体，这样不仅降低了成本，而且得到了良好的综合力学性能。

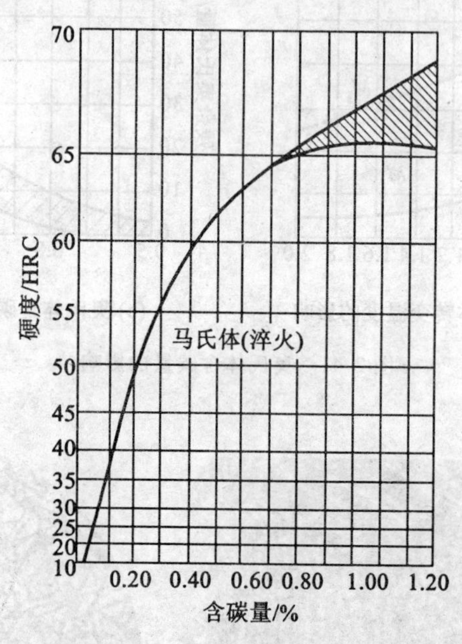

图 2-44 含碳量对马氏体硬度的影响

2. 过冷奥氏体连续转变曲线(CCT 图)

在生产实践中，奥氏体大多是在连续冷却中转变的，这就需要测定和利用过冷奥氏体连续转变曲线图(又称 CCT 图)，图 2-45 中实线为共析碳钢的 CCT 图。

1)CCT 图的特点

图中 P_s 线和 P_f 线分别表示过冷奥氏体向珠光体转变的开始线和终了线。K 线表示过冷奥氏体向珠光体转变中止线。凡连续冷却曲线碰到 K 线，过冷奥氏体就不再继续发生珠光体转变，而一直保持到 M_s 温度以下，转变为马氏体。

从图 2-45 可看出，连续冷却转变曲线位于等温转变曲线右下方。这两种转变的不同处在于：

(1)在连续冷却转变曲线中，珠光体转变所需的孕育期要比相应过冷度下的等温转变略长，而且是在一定温度范围中发生的。

(2)共析碳钢和过共析碳钢连续冷却时一般不会得到贝氏体组织。

2)临界冷却速度

连续冷却转变时，过冷奥氏体的转变过程和转变产物取决于冷却速度，如图 2-45 所示，与 CCT 曲线相切的冷却曲线 V_k 称为淬火临界冷却速度，它表示钢在淬火时过冷奥氏体全部发生马氏体转变所需的最小冷却速度。V_k 值愈小，钢在淬火时愈容易获得马氏体组织，即钢接受淬火能力愈大。V_k' 称为 TTT 图的上临界冷却速度。相比之下，$V_k'>V_k$ 可以推

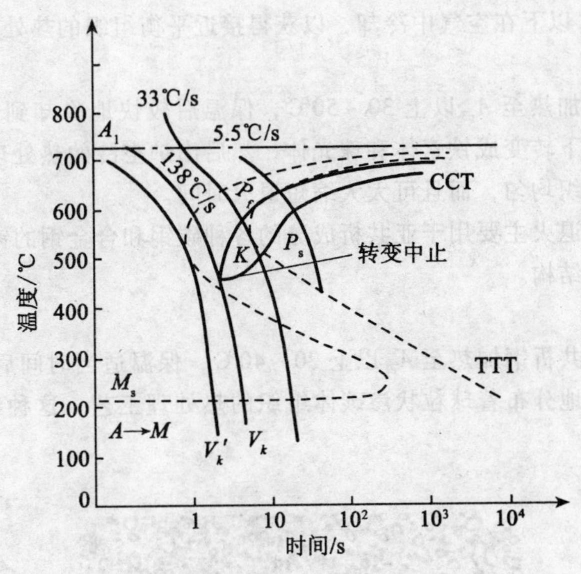

图 2-45　共析碳钢 CCT 与 TTT 曲线比较

断，在连续冷却时用 V_k' 作为临界冷却速度去研究钢的接受淬火能力大小是不合适的。

图 2-45 表明，按不同冷却速度连续冷却时，过冷奥氏体转变成不同的产物：

5.5℃/s——珠光体；

33℃/s——珠光体和少量马氏体；

138℃/s——马氏体和残余奥氏体。

如果某钢找不到 CCT 图而只有 TTT 图时，可将连续冷却曲线重叠在 TTT 图上用以定性地分析应得的组织，但从定量上则是不够精确的。

2.3.3　退火和正火

退火与正火主要用于各种铸件、锻件、热轧型材及焊接构件，由于处理时冷却速度较慢，故对钢的强化作用较小，在许多情况下不能满足使用要求。除少数性能要求不高的零件外，一般不作为获得最终使用性能的热处理，而主要用于改善其工艺性能，故称为预备热处理。退火与正火的目的有以下几点：

(1)消除残余内应力，防止工件变形、开裂；

(2)改善组织，细化晶粒；

(3)调整硬度，改善切削性能。

(4)为最终热处理(淬火、回火)作好组织上的准备。

1. 退火

退火是将钢加热至适当温度，保温一定时间，然后缓慢冷却的热处理工艺。根据目的和要求的不同，工业上常用的退火工艺有完全退火、等温退火、球化退火、去应力退火和均匀化退火。

1)完全退火

完全退火是将亚共析钢加热至 A_{c3} 以上 30～50℃，经保温后随炉冷却(或埋在砂中或石灰中冷却)至500℃以下在空气中冷却，以获得接近平衡组织的热处理工艺。

2)等温退火

等温退火是将钢加热至 A_{c3} 以上 30～50℃，保温后较快地冷却到 A_{r1} 以下某一温度等温，使奥氏体在恒温下转变成铁素体和珠光体，然后出炉空冷的热处理工艺。由于转变在恒温下进行，所以组织均匀，而且可大大缩短退火时间。

完全退火和等温退火主要用于亚共析成分的各种碳钢和合金钢的铸件、锻件及热轧型材，有时也用于焊接结构。

3)球化退火

球化退火是将过共析钢加热至 A_{c1} 以上 20～40℃，保温适当时间后缓慢冷却，以获得在铁素体基体上均匀地分布着球粒状渗碳体组织的热处理工艺。这种组织也称为球化体，如图 2-46 所示。

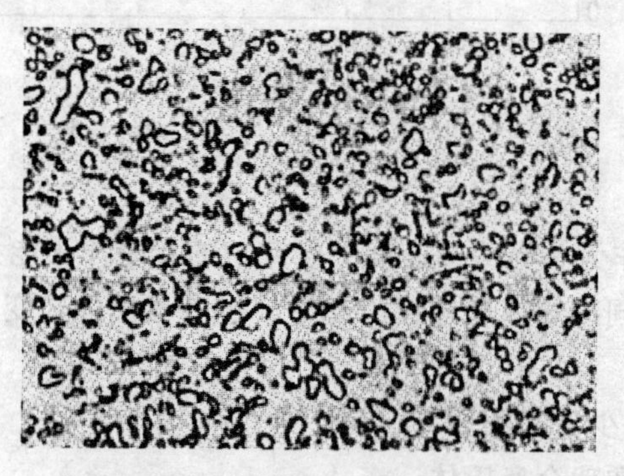

图 2-46　钢球化退火显微组织，500X

过共析钢经热轧、锻造空冷后，组织为片层状珠光体和网状二次渗碳体。这种组织硬度高，塑性、韧性差，脆性大，不仅切削性能差，而且淬火时易产生变形和开裂。因此，必须进行球化退火，使网状二次渗碳体和珠光体中的片状渗碳体球粒化，降低硬度，改善切削性能。此工艺常用于过共析碳钢和合金工具钢。共析钢以及接近共析成分的亚共析钢也可采用球化退火工艺来获得最佳的塑性和较低的硬度，有利于冷成型加工(冷挤、冷拉、冷冲等)。

4)去应力退火

去应力退火是将工件加热至 A_{c1} 以下 100～200℃，保温后缓冷的热处理工艺。其目的主要是消除构件(铸件、锻件、焊接件、热轧件、冷拉件)中的残余内应力。

5)均匀化退火

为减少钢锭、铸件或锻坯的化学成分的偏析和组织的不均匀性，将其加热到 A_{c3} 以上 150℃～200℃，长时间(10～15h)保温后缓冷的热处理工艺，称为均匀化退火或扩散退火，目的是为了达到化学成分和组织均匀化，均匀化退火后钢的晶粒粗大，因此一般还要进行完全退火或正火。

各种退火工艺规范如图 2-47 所示。

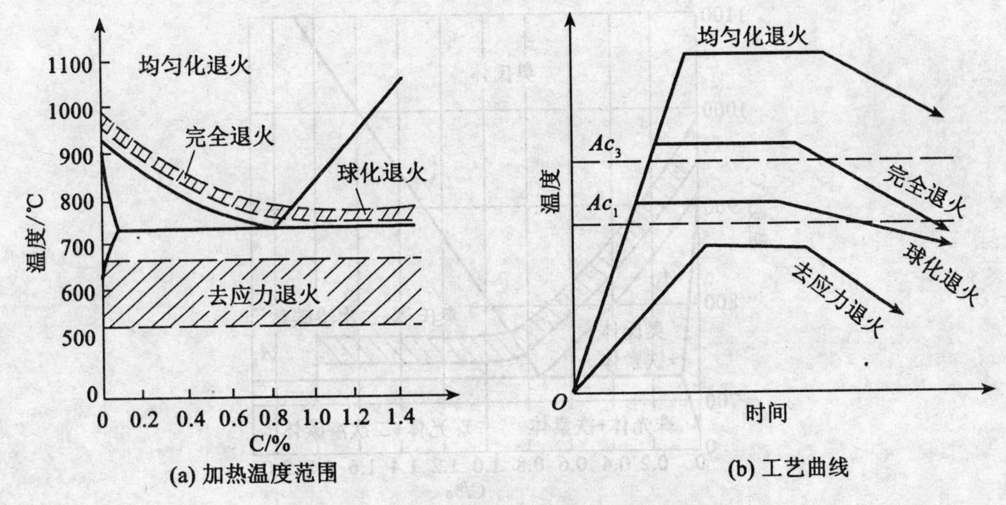

图 2-47　碳钢各种退火的工艺规范示意图

2. 正火

正火是将工件加热至 A_{c3} 或 A_{ccm} 以上 30～50℃，保温后出炉空冷的热处理工艺。

正火与退火的主要区别是正火的冷却速度稍快，所得组织比退火细，硬度和强度有所提高。正火主要应用于以下几方面：

(1)对于力学性能要求不高的零件，正火可作为最终热处理；

(2)低碳钢退火后硬度偏低，切削加工后表面粗糙度高。正火后可获得合适的硬度，改善切削性能；

(3)过共析钢球化退火前进行一次正火，可消除网状二次渗碳体，以保证球化退火时渗碳体全部球粒化。

2.3.4　淬火

淬火是将钢件加热至 A_{c3} 或 A_{c1} 以上某一温度，保温后以适当速度冷却，获得马氏体和(或)下贝氏体组织的热处理工艺。目的是提高钢的硬度和耐磨性。淬火是强化钢件最重要的热处理方法。

1)淬火温度的选择

碳钢的淬火温度可利用 $Fe\text{-}Fe_3C$ 相图来选择(见图 2-48)。为了防止奥氏体晶粒粗化，一般淬火温度不宜太高，只允许超出临界点 30～50℃。

对于亚共析碳钢，适宜的淬火温度一般为 A_{c3}+30～50℃，这样可获得均匀细小的马氏体组织。如果淬火温度过高，则将获得粗大马氏体组织，同时引起钢件较严重的变形。如果淬火温度过低，则在淬火组织中将出现铁素体，造成钢的硬度不足，强度不高。

对于过共析碳钢，适宜的淬火温度一般为 A_{c1}+30～50℃，这样可获得均匀细小马氏体和粒状渗碳体的混合组织。如果淬火温度过高，则将获得粗片状马氏体组织，同时引起较严重变形，淬火开裂倾向增大；还由于渗碳体溶解过多，淬火后钢中残余奥氏体量增多，降低钢的硬度和耐磨性。如果淬火温度过低，则可能得到非马氏体组织，钢的硬度达

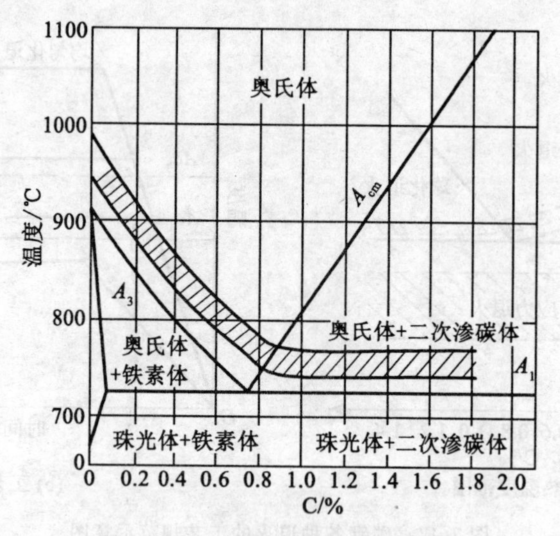

图 2-48 碳钢的淬火加热温度范围

不到要求。

对于合金钢，因为大多数合金元素阻碍奥氏体晶粒长大(Mn、P 除外)，所以淬火温度允许比碳钢稍微提高一些，这样可使合金元素充分溶解和均匀化，以便取得较好淬火效果。

2)淬火冷却介质

淬火时为了得到马氏体组织，冷却速度必须大于淬火临界冷却速度 V_k。但快冷又不可避免地造成很大的内应力，引起工件变形与开裂。因此，理想的淬火冷却介质应具有图 2-49 所示的冷却曲线。即只在 C 曲线鼻部附近快速冷却，而在淬火温度到 650℃之间以及 M_s 点以下以较慢的速度冷却。但实际生产中还没有找到一种淬火介质能符合这一理想淬火冷却速度。常用的淬火冷却介质是水、盐水和油。

水的冷却能力很强，而加入 5% ~ 10% NaCl 的盐水，其冷却能力更强。尤其在 650 ~ 550℃的范围内冷却速度非常快，大于 600℃/s。但在 300 ~ 200℃的温度范围，冷却能力仍很强，这将导致工件变形，甚至开裂。因而主要用于淬透性较小的碳钢零件。

淬火油几乎都是矿物油。其优点是在 300 ~ 200℃的范围内冷却能力低，有利于减小变形和开裂，缺点是在 650 ~ 550℃范围冷却能力远低于水，所以不宜用于碳钢，通常只用作合金钢的淬火介质。

为减少工模具淬火时的变形，工业上常用熔融盐浴或碱浴作为冷却介质来进行分级淬火或等温淬火。

3)淬火方法

为保证淬火时既能得到马氏体组织，又能减小变形，避免开裂，一方面可选用合适的淬火介质，另一方面可通过采用不同的淬火方法加以解决。工业上常用的淬火方法有以下几种：

(1)单液淬火法。

它是将加热的工件放入一种淬火介质中连续冷却至室温的操作方法。例如：碳钢在水中淬火，合金钢在油中淬火等均属单液淬火法(如图 2-50 中曲线 1 所示)。这种方法操作简单，容易实现机械化自动化。但在连续冷却至室温的过程中，水淬容易产生变形和裂纹，油淬容易产生硬度不足或硬度不均匀等现象。

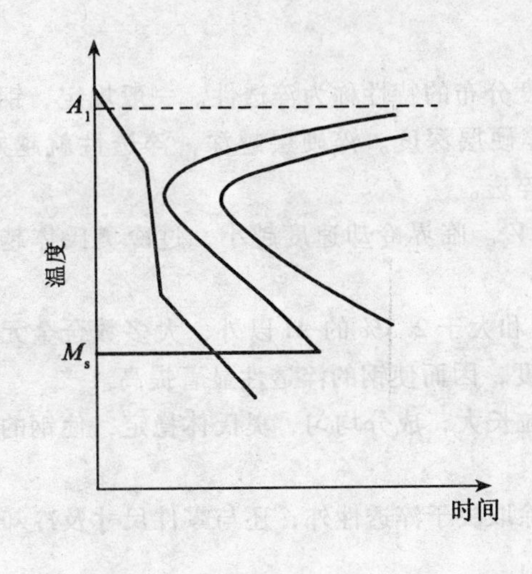

图 2-49　理想淬火冷却速度

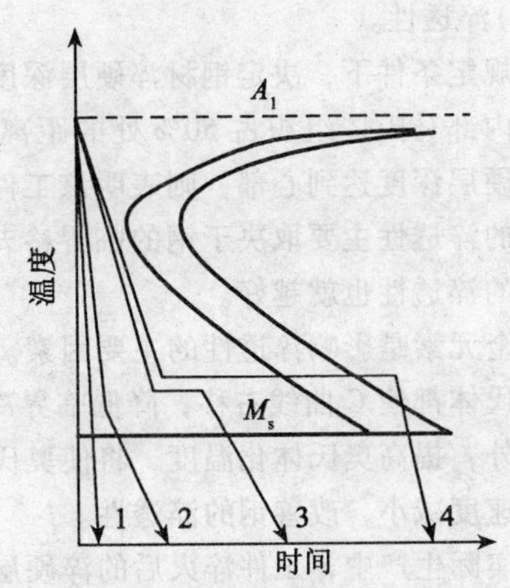

1—单液淬火　2—双介质淬火

3—马氏体分级淬火　4—贝氏体等温淬火

图 2-50　不同淬火方法示意图

(2)双液淬火法。

对于形状复杂的碳钢件，为了防止在低温范围内马氏体相变时发生裂纹，可在水中淬冷至接近 M_s 温度时从水中取出立即转到油中冷却，如图 2-50 中曲线 2 所示，这就是双液淬火法，也常叫水淬油冷法。这种淬火方法如能恰当地掌握好在水中的停留时间，即可有效地防止裂纹的产生。

(3)分级淬火法。

钢件加热保温后，迅速放入温度稍高于 M_s 点的恒温盐浴或碱浴中，保温一定时间，待钢件表面与心部温度均匀一致后取出空冷，以获得马氏体组织的淬火工艺，如图 2-50 中曲线 3 所示。这种淬火方法能有效地减小变形和开裂倾向。但由于盐浴或碱浴的冷却能力较弱，故只适用于尺寸较小、淬透性较好的工件。

(4)等温淬火法。

钢件加热保温后，迅速放入温度稍高于 M_s 点的盐浴或碱浴中，保温足够时间，使奥氏体转变成下贝氏体后取出空冷，如图 2-50 中曲线 4 所示。等温淬火可大大降低钢件的内应力，下贝氏体又具有较高的强度、硬度和塑、韧性，综合性能优于马氏体。适用于尺寸较小、形状复杂，要求变形小，且强、韧性都较高的工件，如弹簧、工模具等。等温淬火后一般不必回火。

(5)局部淬火法。

有些工件按其工作条件如果只是局部要求高硬度，则可进行局部加热淬火的方法，以避免工件其他部分产生变形和裂纹。

(6)冷处理。

为了尽量减少钢中残余奥氏体以获得最大数量的马氏体，可进行冷处理，即把淬冷至室温的钢继续冷却到-70～-80℃(也可冷到更低的温度)，保持一段时间，使残余奥氏体在继续冷却过程中转变为马氏体。这样可提高钢的硬度和耐磨性，并稳定钢件的尺寸。

4)钢的淬透性和淬硬性

(1)淬透性。

在规定条件下，决定钢材淬硬层深度和硬度分布的特性称为淬透性。一般规定，钢的表面至内部马氏体组织占50%处的距离称为淬硬层深度。淬硬层越深，淬透性就越好。如果淬硬层深度达到心部，则表明该工件全部淬透。

钢的淬透性主要取决于钢的临界冷却速度 V_k。临界冷却速度越小，过冷奥氏体越稳定，钢的淬透性也就越好。

合金元素是影响淬透性的主要因素。除Co和大于2.5%的Al以外，大多数合金元素溶入奥氏体都使C曲线右移，降低临界冷却速度，因而使钢的淬透性显著提高。

此外，提高奥氏体化温度，将使奥氏体晶粒长大，成分均匀，奥氏体稳定，使钢的临界冷却速度减小，改善钢的淬透性。

在实际生产中，工件淬火后的淬硬层深度除取决于淬透性外，还与零件尺寸及冷却介质有关。

(2)淬硬性。

钢在理想条件下进行淬火硬化所能达到的最高硬度的能力称为淬硬性。它主要取决于马氏体中的含碳量，合金元素对淬硬性影响不大。

5)淬火变形与开裂

(1)热应力与相变应力(组织应力)。

工件淬火后出现变形与开裂是由内应力引起的。内应力分为热应力与相变应力。

工件在加热或冷却时，由于不同部位存在着温度差而导致热胀或冷缩不一致所引起的应力称为热应力。

淬火工件在加热时，铁素体和渗碳体转变为奥氏体，冷却时又由奥氏体转变为马氏体。由于不同组织的比容不同，故加热冷却过程中必然要发生体积变化。热处理过程中由于工件表面与心部的温差使各部位组织转变不同时进行而产生的应力称为相变应力。

淬火冷却时，工件中的内应力超过材料的屈服点，就可能产生塑性变形，如内应力大于材料的抗拉强度，则工件将发生开裂。

(2)减小淬火变形、开裂的措施。

对于形状复杂的零件，应选用淬透性好的合金钢，以便能在缓和的淬火介质中冷却；工件的几何形状应尽量做到厚薄均匀，截面对称，使工件淬火时各部分能均匀冷却；高合金钢锻造时尽可能改善碳化物分布，高碳及高碳合金钢采用球化退火有利于减小淬火变形；适当降低淬火温度、采用分级淬火或等温淬火都能有效地减小淬火变形。

2.3.5 回火

将淬火后的钢件加热至 A_{c1} 以下某一温度，保温一定时间，然后冷至室温的热处理工艺称为回火。

钢件淬火后必须进行回火，其主要目的是：

减少或消除淬火应力，减小变形，防止开裂；通过采用不同温度的回火来调整硬度，减小脆性，获得所需的塑性和韧性；稳定工件的组织和尺寸，避免其在使用过程中发生变化。

1. 淬火钢回火时的组织转变

随回火温度的升高，淬火钢的组织发生以下几个阶段的变化马氏体的分解、残余奥氏体的转变、回火托氏体的形成、渗碳体的聚集长大等阶段，图 2-51 为钢的硬度与回火温度的关系曲线。

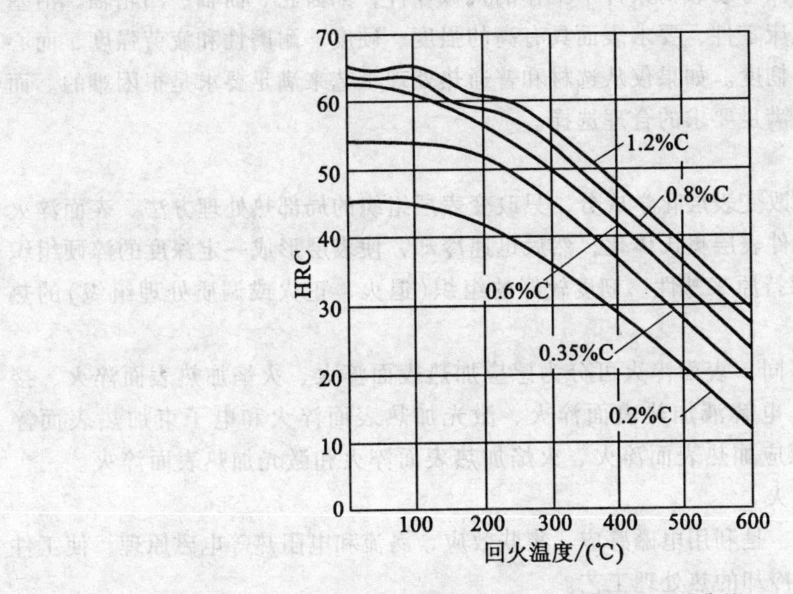

图 2-51　钢的硬度与回火温度的关系曲线

2. 回火的种类及应用

根据零件对性能的不同要求，按其回火温度范围，可将回火分为以下几类：

1) 低温回火(150 ~ 250℃)

回火后的组织为回火马氏体，基本上保持了淬火后的高硬度(一般为 58 ~ 64HRC)和高耐磨性，主要目的是为了降低淬火应力。一般用于有耐磨性要求的零件，如刃具、工模具、滚动轴承、渗碳零件等。

2) 中温回火(350 ~ 500℃)

回火后的组织为回火托氏体，其硬度一般为 35 ~ 45HRC，具有较高的弹性极限和屈服点。因而主要用于有较高弹性、韧性要求的零件，如各种弹簧。

3) 高温回火(500 ~ 650℃)

回火后的组织为回火索氏体，这种组织既有较高的强度，又具有一定的塑性、韧性，其综合力学性能优良。工业上通常将淬火与高温回火相结合的热处理称为调质处理，它广泛应用于各种重要的结构零件，特别是在交变负荷下工作的连杆、螺栓、齿轮及轴类等。

也可用于量具、模具等精密零件的预备热处理。硬度一般为200~350HBS。

除了以上三种常用的回火方法外，某些高合金钢还在640~680℃进行软化回火。某些量具等精密工件，为了保持淬火后的高硬度及尺寸稳定性，有时需在100~150℃进行长时间的加热(10~50h)，这种低温长时间的回火称为尺寸稳定处理或时效处理。

从以上各温度范围中可看出，没有在250~350℃进行回火，因为这是钢容易发生低温回火脆性的温度范围。

2.3.6 钢的表面强化处理

在冲击、交变和摩擦等动载荷条件下工作的机械零件，如齿轮、曲轴、凸轮轴、活塞销等汽车、拖拉机和机床零件，要求表面具有高的强度、硬度、耐磨性和疲劳强度，而心部则要有足够的塑性和韧度。如果仅从选材和普通热处理工艺来满足要求是很困难的。而表面强化处理，则是能满足要求的合理选择。

1. 钢的表面淬火

表面淬火是一种不改变表层化学成分，只改变表层组织的局部热处理方法。表面淬火是通过快速加热，使钢件表层奥氏体化，然后迅速冷却，使表层形成一定深度的淬硬组织(马氏体)，而心部仍保持原来塑性、韧度较好的组织(退火、正火或调质处理组织)的热处理工艺。

根据加热方法的不同，表面淬火可分为感应加热表面淬火、火焰加热表面淬火、接触电阻加热表面淬火、电解液加热表面淬火、激光加热表面淬火和电子束加热表面淬火等。下面主要介绍感应加热表面淬火、火焰加热表面淬火和激光加热表面淬火。

1)感应加热表面淬火

感应加热表面淬火，是利用电磁感应、集肤效应、涡流和电阻热等电磁原理，使工件表层快速加热，并快速冷却的热处理工艺。

感应加热表面淬火时，将工件放在铜管制成的感应器内，当一定频率的交流电通过感应器时，处于交变磁场中的工件产生感应电流，由于集肤效应和涡流的作用，工件表层的高密度交流电产生的电阻热，迅速加热工件表层，很快达到淬火温度，随即喷水冷却，工件表层被淬硬。见图2-52。

感应加热时，工件截面上感应电流的分布状态与电流频率有关。电流频率愈高，集肤效应愈强，感应电流集中的表层就愈薄，这样加热层深度与淬硬层深度也就愈薄。

因此，可通过调节电流频率来获得不同的淬硬层深度。常用感应加热种类及应用见表2-10。

感应加热速度极快，只需几秒或十几秒。淬火层马氏体组织细小，机械性能好。工件表面不易氧化脱碳，变形也小，而且淬硬层深度易控制，质量稳定，操作简单，特别适合大批量生产。常用于中碳钢或中碳低合金钢工件，例如45、40Cr、40MnB等。也可用于高碳工具钢或铸铁件，一般零件淬硬层深度约为半径的1/10时，即可得到强度、耐疲劳性和韧性的良好配合。感应加热表面淬火不宜用于形状复杂的工件，因感应器制作困难。

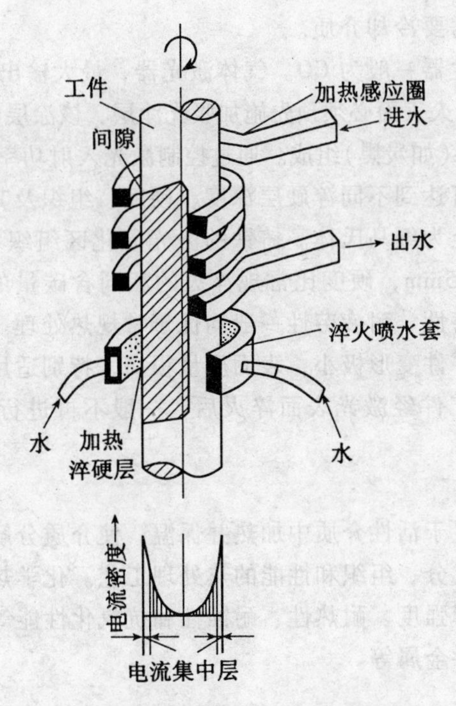

图 2-52　感应加热表面淬火示意图

表 2-10　感应加热种类及应用范围

感应加热类型	常用频率	一般淬硬层深度/mm	应用范围
高频感应加热	200～1000kHz	0.5～2.5	中小模数齿轮及中小尺寸的轴类零件
中频感应加热	2500～8000Hz	2～10	较大尺寸的轴和大中模数齿轮
工频感应加热	50Hz	10～20	较大直径零件穿透加热，大直径零件如轧辊、火车车轮的表面淬火
超音频感应加热	30～36kHz	淬硬层能沿工件轮廓分布	中小模数齿轮

为了保证心部具有良好的力学性能，表面淬火前应进行调质或正火处理。表面淬火后应进行低温回火，减少淬火应力，降低脆性。

2）火焰加热表面热处理

火焰加热表面淬火是应用氧-乙炔（或其他可燃气）火焰，对零件表面进行加热，随之淬火冷却的工艺。这种方法和其他表面加热淬火法比较，其优点是设备简单、成本低，但生产率低，质量较难控制。火焰加热表面淬火淬硬层深度一般为 2～6mm，通常用于中碳钢、中碳合金钢和铸铁的大型零件，进行单件、小批量生产或局部修复加工，例如大型齿轮、轴、轧辊等的表面淬火。

3）激光加热表面淬火

激光加热表面淬火是一种新型的表面强化方法。它利用激光来扫描工件表面，使工件表面迅速加热至钢的临界点以上，当激光束离开工件表面时，由工件自身大量吸热使表面迅速冷却而淬火，因此不需要冷却介质。

用于热处理的激光发生器一般为 CO。气体激光器，最大输出功率大于 1000W。

在激光淬火工艺中对淬火表面必须预先施加吸光涂层，该涂层由金属氧化物、暗色的化学膜(如磷酸盐)或黑色材料(如炭黑)组成。通过控制激光入射功率密度(103～105W/cm^2)、照射时间及照射方式，即可达到不同淬硬层深度、硬度、组织及其他性能要求。

激光硬化区组组基本上为细马氏体。铸铁的激光硬化区组织为细马氏体加未溶石墨。淬硬层深度一般为 0.3～0.5mm，硬度比常规淬火的相同含碳量的钢材硬度高 10% 左右。表面具有残余压应力，耐磨性、耐疲劳性一般均优于常规热处理。

激光加热表面淬火后零件变形极小，表面质量很高，特别适用于拐角、沟槽、盲孔底部及深孔内壁的热处理。工件经激光表面淬火后，一般不再进行其他加工就可以直接使用。

2. 钢的化学热处理

化学热处理是将钢件置于活性介质中加热并保温，使介质分解析出的活性原子渗入工件表层，改变表层的化学成分、组织和性能的热处理工艺。化学热处理的目的是提高工件表面的硬度、耐磨性、疲劳强度、耐热性、耐蚀性和抗氧化性能等。常用的化学热处理有渗碳、渗氮、碳氮共渗和渗金属等。

1)渗碳

渗碳是将工件置于渗碳介质中加热并保温，使介质分解析出活性炭原子渗入工件表层的化学热处理工艺。渗碳适用于承受冲击载荷和强烈摩擦的低碳钢或低碳合金钢工件，如汽车和拖拉机的齿轮、凸轮、活塞销、摩擦片等零件。渗碳层深度一般为 0.5～2mm，渗碳层的碳含量可达到 0.8%～1.1%。渗碳后应进行淬火和回火处理，才能有效地发挥渗碳的作用。

按渗碳所用的渗碳剂不同，可分为气体渗碳、固体渗碳和液体渗碳三类。生产中常用的渗碳方法主要为气体渗碳。

气体渗碳，是将工件置于密闭的加热炉中(如井式气体渗碳炉)，通入煤气、天然气等渗碳气体介质(或滴入煤油、丙酮等易于气化分解的液体介质)，加热到 900～950℃的渗碳温度后保温，工件在高温渗碳气氛中进行渗碳的热处理工艺。

气体渗碳的关键过程是渗碳剂在高温下分解析出活性炭原子[C]，依靠工件表层与内部的碳浓度差，不断地从表面向内部扩散而形成渗碳层。活性炭原子生成的反应为

$$2CO \longrightarrow CO_2+[C]；\ CH_4 \longrightarrow 2H_2+[C]；\ CO+H_2 \longrightarrow H_2O+[C]$$

气体渗碳的渗层厚度与渗碳时间有关，在温度 900～950℃下每保温 1h，渗入厚度约增加 0.2～0.3mm。低碳钢渗碳缓冷后的显微组织表层为珠光体和二次渗碳体，心部为原始的亚共析钢组织，中间为过渡组织。一般规定，从表面到过渡层的 1/2 处称为渗碳层厚度。

气体渗碳的渗碳层质量好，渗碳过程易控制，生产率高，劳动条件较好，易于实现机械化和自动化。但设备成本高，维护调试要求较高，故不适宜单件和小批量生产。

2)渗氮

渗氮又称氮化，是将工件置于含氮介质中加热至 500～560℃，使介质中分解析出的

活性氮原子渗入工件表层的化学热处理工艺。渗氮层深度一般为 0.6～0.7mm。渗氮广泛应用于承受冲击、交变载荷和强烈摩擦的中碳合金结构钢重要精密零件，如精密机床丝杆、镗床主轴、高速柴油机曲轴、汽轮机的阀门、阀杆等。

为了有利于渗氮过程中在工件表面形成颗粒细小，分布均匀，硬度极高且非常稳定的氮化物，氮化用钢通常是含有 Al、Cr、Mo 等元素的合金钢，最典型的氮化钢是 38CrMoAl，氮化硬度可达 1000HV 以上。

工件渗氮后，表面即具有很高的硬度及耐磨性，不必再进行热处理。但由于渗氮层很薄，且较脆，因此要求心部具有良好的综合力学性能，故渗氮前应进行调质处理，以获得回火索氏体组织。

(1)气体渗氮。

将工件置于井式炉中加热至 550～570℃，并通入氨气，氨气受热分解生成活性氮原子($2NH_3 \longrightarrow 3H_2+2[N]$)，渗入工件表面。渗氮保温时间一般为 20～50h，氮化层厚度 0.2～0.6mm。

(2)离子氮化。

将工件置于离子氮化炉内，抽出炉内空气，待真空度达 1.33Pa 后通入氨气，炉压升至 70Pa 时接通电源，在阴极(工件)和阳极间施加 400～700V 的直流电压，使炉内气体放电，迫使电离后的氮离子高速轰击工件表面，并渗入工件表层形成氮化层。其最大优点是氮化时间短，仅为气体氮化的 1/3 左右，且渗层质量好。

3)碳氮共渗

碳氮共渗是将碳和氮原子都渗入工件表层的一种化学热处理工艺。碳氮共渗的方法有液体碳氮共渗和气体碳氮共渗两种，目前主要使用的是气体碳氮共渗。

气体碳氮共渗又分为高温(820～880℃)以渗碳为主的气体碳氮共渗，和低温(560～580℃)以渗氮为主的气体氮碳共渗两类。常用的共渗介质是尿素、甲酰胺和三乙醇胺。

气体碳氮共渗的共渗层比渗碳层硬度高，耐磨性、抗蚀性和疲劳强度更好；比渗氮层深度大，表面脆性小而抗压强度高；共渗速度快，生产率高，变形开裂倾向小。广泛应用于自行车、缝纫机、仪表零件，齿轮、轴类等机床、汽车的小型零件，以及模具、量具和刃具的表面处理。

3. 钢的表面形变强化

钢的表面形变强化主要用于提高钢的表面性能，已成为提高钢的疲劳强度，延长使用寿命的重要工艺措施。目前常用的有喷丸，滚压和内孔挤压等表面形变强化工艺。

1)喷丸

喷丸是利用高速弹丸流强烈喷射工件表面，从而产生表面形变强化的工艺。弹丸流使工件表面层产生强烈的冷塑性变形，形成极高密度的位错($\rho>1\times1012/cm^2$)，使亚晶粒极大地细化，并形成较高的宏观残余压应力，因而提高工件的抗疲劳性能和抗应力腐蚀性能。例：将 1Cr13 不锈钢采用喷丸强化处理后，将试样加载产生 420MPa 的拉应力，并放入 150℃的饱和水蒸气中作应力腐蚀试验。结果未喷丸的在一周内断裂，而喷丸后的试样到 8 周后才断裂。

常用的喷丸有铸铁弹丸(含 2.75%～3.60% C，58～65HRC，经退火提高韧性，硬度降低为30~57HRC，弹丸直径$d=\phi 0.2\sim1.5$mm)，钢弹丸(含0.7%C的弹簧钢或不锈钢，45~50HRC，$d=\phi 0.4\sim1.2$mm)和玻璃弹丸(46~50HRC，$d=\phi 0.05\sim0.4$mm)。喷丸设备可采用机械离心式喷丸机或气动式喷丸机。

2)滚压

滚压强化适用于外圆柱面、锥面、平面、齿面、螺纹、圆角、沟槽及其他特殊形状的表面，滚压加工属于少无切削加工，能较容易地压平工件表面的粗糙度凸峰，使表面粗糙度R_a达到0.4~0.1μm，同时不切断金属纤维，增加滚压层的位错密度，形成有利的残余压应力，提高工件的耐磨性和疲劳强度。例如，滚压螺纹比车削螺纹提高生产率10~30倍，抗拉强度提高20%~30%，疲劳强度提高50%。

4. 钢的表面覆层强化

表面覆层强化是在金属表面涂覆一层其他金属或非金属，以提高其耐磨性、耐蚀性，耐热性或进行表面装饰等。常用的方法有金属喷涂、金属碳化物覆层和非金属覆层等。

1)金属喷涂

金属喷涂是将金属粉末熔化，并喷涂在工件表面形成覆层的方法。常用氧-乙炔火焰喷涂或等离子喷涂。等离子喷涂是将金属粉末，送入含有Ar(氩)，He(氦)，H_2，N_2等气体的等离子枪内，加热微熔并喷射到工件表面形成覆层。其优点是等离子喷射火焰温度高(达50000K)，喷射速度快，又有惰性气体保护，故覆层与基材粘附力强。根据喷涂的目的，可以喷涂不同的材料，如在已磨损的机件上喷涂一层耐磨合金，以进行修复，或在钢铁零件上喷涂一层铝，以提高其耐蚀性。也可将氧化铝、氧化锆、氧化铬等氧化物喷涂到钢的表面，使之具有良好的耐磨、耐热性能。

为了提高覆层与基材的结合强度，又发展了喷涂重熔技术。如沈阳工业大学与沈阳鼓风机厂协作研究提高风机叶片耐磨性的喷涂重熔工艺。采用镍基、钴基自熔合金，先在16Mn钢试样上用氧-乙炔火焰预热到200℃，接着进行喷涂0.8~1.5mm的覆层，而后再用氧-乙炔火焰加热重熔，生成较薄的合金层，使覆层与基材达到原子间的冶金结合。试验结果表明，16Mn钢经镍基、钴基自熔合金喷涂重熔后，耐磨性提高2~4倍。

2)金属碳化物覆层

在钢件表面涂覆一层金属碳化物，可显著提高其耐磨性、耐蚀性和耐热性。金属碳化物的覆层方法有化学气相沉积(CVD)法、物理气相沉积(PVD)法和盐浴(TD)法。

(1)化学气相沉积法。

将工件置于反应室中，抽真空并加热至900~1100℃。如要涂覆TiC层，则将钛以挥发性氯化物(如$TiCl_4$)与气体碳氢化合物(如CH_4)一起通入反应室内，这时就会在工件表面发生化学反应生成TiC，并沉积在工件表面形成6~8μm厚的覆盖层。工件经气相沉积镀覆后，再进行淬火、回火处理，表面硬度可达2000~4000HV。

化学气相沉积碳化钛工艺于1954~1960年由西德法兰克福有限公司首先研制出，直至1968年才投入业生产。

(2)物理气相沉积。

物理气相沉积是通过蒸发、电离或溅射等过程，产生金属粒子并与反应气体反应形成化合物沉积在工件表面。物理气相沉积方法有真空镀、真空溅射和离子镀三种。目前应用较广的是离子镀。

离子镀是借助于惰性气体的辉光放电，使镀料(如金属 Ti)气化蒸发离子化，离子经电场加速，以较高能量轰击工件表面，此时如通入 CO_2、N_2 等反应气体，便可在工件表面获得 TiC、TiN 覆盖层，硬度高达 2000HV。离子镀的重要特点是沉积温度只有 500℃左右，且覆盖层附着力强，适用于高速钢工具、热锻模等。

(3)盐浴法。

盐浴法是由日本丰由公司中央研究所提出的一种覆渗碳化物的工艺，可以在工件表面形成 V、Nb、Ta、Ti、W、Mo、Cr、B 等元素的碳化物。

其工艺是将钢件浸入含有碳化物生成元素的金属粉末的硼砂浴中，加热温度为 800～1100℃，时间为 1～10h。具体参数按基体材料和渗层厚度而定。

Cr 的碳化物渗层硬度为 1400～2000HV，Nb 的碳化物渗层硬度为 2500～3100HV，V 的碳化物渗层硬度为 3200～3800HV。该工艺已广泛应用于各种模具，刃具，工夹具和机械零件中，对提高使用寿命有显著效果。

3)离子注入

离子注入是根据工件的性能要求选择适当种类的原子，使其在真空电场中离子化，并在高压作用下加速注入工件表层的技术。

离子注入使金属材料表层合金化，显著提高其表面硬度、耐磨性及耐腐蚀性等。

思考练习题 2

1. 何谓间隙固溶体？形成固溶体时有哪几种晶格畸变？

2. 金属化合物可分为几类？试比较它们之间的差别？

3. 什么是共晶反应？什么是共析反应？两者的特点和区别？

4. 合金的平衡结晶过程及其组织是什么？

5. 何谓合金？它为什么比纯金属的应用广泛？

6. 枝晶偏析对合金性能的影响？如何改善或消除枝晶偏析？

7. 何谓铁索体、奥氏体、渗碳体、珠光体、马氏体、贝氏体、莱氏体和变态莱氏体？分别写出它们的符号及性能特点。

8. 绘制铁碳合金状态图并简述其图中各特性线的名称和相关组织。

9. 根据铁碳合金状态图写出有关相区。

10. 根据 $Fe\text{-}Fe_3C$ 相图，说明下列现象的原因：

(1)低碳钢具有较好塑性，而高碳钢具有较好耐磨性；

(2)钢中含碳量一般不超过 1.35%；

(3)钢适宜锻压成型，而铸铁不能锻压，只能铸造成型；

(4)含碳量为 0.45% 的碳钢要加热到 1200℃开始锻造，冷却到 800℃应停止锻造。

11. “高碳钢的质量比低碳钢好。”这种说法对吗？碳钢的质量好坏主要按照什么标准来确定？为什么？

12. 含碳量对金属材料的力学性能和工艺性能有何影响？

第3章　金属的液态成型

金属的液态成型是指熔炼金属，制造铸型，并将熔融金属浇入铸型，凝固后获得一定形状和性能铸件的成型方法。金属的液体成型也称为铸造。

金属液态成型具有下列优点：

(1)能制造各种尺寸和形状复杂的铸件，尤其是内腔复杂的铸件。工件轮廓尺寸可小至几毫米，大至几十米；重量可从几克至数百吨。如各种箱体、机床床身、机架、水压机横梁等的毛坯均为金属液态成型。

(2)铸件的形状和尺寸与零件很接近，因而节省了金属材料和加工工时。精密铸件可省去切削加工，直接用于装配。

(3)绝大多数金属均能用液态成型方法制成铸件。对于一些不宜锻压或不宜焊接的合金件(如铸铁件、青铜件)，铸造是一种较好的成型方法。

(4)液态成型生产适用于各种生产类型。包括手工生产、机械生产。

(5)液态成型所用的原材料来源广泛，价格低廉，并可回收使用，还可利用金属废料和废机件。一般情况下，液态成型生产不需要大型、精密的设备，生产周期较短。因此，铸件成本低。

液态成型生产仍有不足：生产工序多，工艺过程难以精确控制，使得铸件质量不够稳定，其力学性能不如同类材料的锻件高；铸件表面较粗糙，尺寸精度不高；工人劳动强度大，劳动条件较差，对环境造成污染等问题。

随着现代科学技术和精密铸造的发展，铸件表面质量有了很大提高，公差等级最高可达IT12～IT11，表面粗糙度值 R_a 可达0.8μm，已成为少屑和无屑加工的重要方法之一。此外，由于球墨铸铁等高强度铸造合金的普遍采用，显著提高了铸件的力学性能，可用球墨铸铁件来替代原先用钢材锻造的某些零件。例如，用珠光体球墨铸铁制造曲轴，用贝氏体球墨铸铁制造齿轮等，使铸造的应用日趋广泛。目前，我国已建立起相当数量的现代化铸造工厂或车间，采用了很多新工艺、新设备，电子计算机也已开始用于生产，实现了生产机械化、自动化。热成型过程的计算机模拟技术、精密成型技术都取得很大进展，使铸件质量和生产率得到了很大提高，劳动条件得到显著改善。

3.1　合金的液态成型工艺理论基础

合金在液态成型过程中所表现出来的工艺性能称为合金的铸造性能，通常用充型能力和收缩性能来衡量。合金的铸造性能好坏对能否获得完好铸件具有极为重要的意义。

3.1.1　合金的充型能力

1. 合金的充型能力概念

液态合金充满铸型型腔，并获得形状完整、轮廓清晰、尺寸准确的铸件的能力，称为合金的充型能力。充型能力好的合金，在液态成型过程中有利于液态合金中非金属夹杂物和气体的上浮与排除；有利于合金凝固收缩时的补缩作用；避免产生浇不足、冷隔、夹渣、气孔和缩孔等缺陷；能浇注出薄壁、形状复杂、表面质量好的铸件。

2. 影响合金充型能力的因素

(1)合金的流动性。合金的流动性是指液态合金自身的流动能力，流动性好的合金充型能力强。化学成分对合金的流动性影响最大。不同种类的合金具有不同的流动性。由表 3-1 可知，灰铸铁流动性最好，有色合金流动性居中，而铸钢的流动性最差。

表 3-1　　常用合金的流动性

合金		铸型种类	浇注温度 t/℃	螺旋线长度 l/mm
灰铸铁	$w_{C+Si}=6.2\%$	砂型	1300	1500
	$w_{C+Si}=5.9\%$	砂型	1300	1300
	$w_{C+Si}=5.2\%$	砂型	1300	1000
	$w_{C+Si}=4.2\%$	砂型	1300	600
铸钢($w_C=0.4\%$)		砂型	1600	100
			1640	200
镁合金(Mg-Al-Zn)		砂型	700	400 ~ 600
铝硅合金(硅铝明)		金属型(300℃)	680 ~ 720	700 ~ 800
锡青铜($w_{Sn}=9\% \sim 11\%$、$w_{Zn}=2\% \sim 4\%$)		砂型	1040	420
硅黄铜($w_{Si}=1.5\% \sim 4.5\%$)		砂型	1100	1000

同种合金中，成分不同的合金具有不同的结晶特点，流动性也不同。例如，纯金属和共晶成分合金的结晶是在恒温下进行，结晶过程从表面开始向中心逐层推进。由于凝固层的内表面比较平滑，对尚未凝固的液态合金流动的阻力小，有利于合金充填型腔。此外，在相同浇注温度下，共晶成分合金凝固温度最低，相对来说，液态合金的过热度(即浇注温度与合金熔点温度差)大，推迟了液态合金的凝固，因此共晶成分合金的流动性最好。其他成分合金的结晶是在一定温度范围内进行，即结晶区域为一个液相和固相并存的两相区。在此区域初生的树枝状枝晶使凝固层内表面参差不齐，阻碍液态合金的流动。而且因固态晶体的导热系数大，使液体冷却速度加快，故流动性差。合金结晶温度范围愈宽，液相线和固相线距离愈大，凝固层内表面愈参差不齐，这样流动阻力就愈大，流动性也愈差。因此，选择铸造合金时，在满足使用要求的前提下，应尽量选择靠近共晶成分的合金。

合金成分中凡能形成低熔点化合物、降低合金液的粘度和表面张力的元素，均能提高合金的流动性，如铸铁中的磷。凡能形成高熔点夹杂物的元素，都会降低合金的流动性。例如铸铁中硫和锰化合生成的 MnS，熔点为 1620℃，成为固态夹杂物悬浮在铁水中，阻碍了铁水流动，使其流动性降低。

(2)浇注温度。浇注温度高可降低合金液的粘度，增加过热度，保持液态时间长，传给铸型的热量增多，使合金的冷却速度变慢，因而提高了合金的充型能力。所以，提高浇注温度是防止铸件产生浇不足、冷隔和夹渣等缺陷的重要工艺措施。但浇注温度过高，会增加合金的总收缩量，吸气增多，铸件易产生缩孔、缩松、粘砂和气孔等缺陷。因此，在保证合金充型能力的条件下，浇注温度应尽量低些，力争做到“高温出炉，低温浇注”。例如，灰铸铁件的浇注温度一般为 1200～1380℃，对于壁厚小于 10mm 的复杂薄壁铸件，其浇注温度为 1340～1430℃。

(3)铸型特点。铸型中凡能增加合金流动阻力和冷却速度、降低流速的因素，均能降低合金的充型能力。例如，型腔过窄，浇注系统结构复杂，直浇道过低，内浇道截面太小或布置不合理，型砂水分过多或透气性不好，铸型材料热导性过大等，都会降低合金的充型能力。为改善铸型的充型条件，铸件的壁厚应大于规定的“最小壁厚”，铸件形状应力求简单，并在铸型工艺上针对需要采取相应措施。例如，加高直浇道，增加内浇道截面，增设气口或冒口，对铸型烘干等。

3.1.2 合金的收缩性能

1. 合金收缩的概念

高温合金液从浇入铸型到冷凝至室温的整个过程中，其体积和尺寸减小的现象，称为收缩。收缩是合金的物理本性，也是铸件中许多缺陷(如缩孔、缩松、变形、裂纹、残余应力)产生的根源。整个收缩过程，可划分为三个互相联系的阶段。

(1)液态收缩。是指合金液从浇注温度冷却到凝固开始温度(液相线温度)之间的体积收缩。这个阶段合金处于液态的收缩，它使型腔内液面降低。

(2)凝固收缩。合金从凝固开始温度冷却到凝固终止温度(固相线温度)之间的体积收缩，仍表现为型腔内液面降低。

(3)固态收缩。是指合金从凝固终止温度冷却到室温之间的体积收缩。这个阶段合金处于固态下的收缩。

合金的液态收缩和凝固收缩表现为合金的体积缩小，通常用体收缩率表示。合金的固态收缩也是体积变化，表现为三个方向线尺寸的缩小，直接影响铸件尺寸变化，因此常用线收缩率表示。

2. 影响合金收缩的因素

(1)化学成分。不同种类的合金，其收缩率不同。同类合金中，化学成分不同，其收缩率也不同。灰铸铁的收缩率最小，这是因为铸铁中的碳大部分以石墨形式存在，而石墨的比容(单位重量的体积)大，在结晶时每析出 1% 石墨，铸铁体积膨胀 2%，体积膨胀抵消了部分凝固收缩。灰铸铁中提高碳、硅的含量(含量是指质量分数，以下类同)和减少硫的含量，均可使其收缩减小。

(2)浇注温度。浇注温度主要影响液态收缩。浇注温度愈高，液态收缩愈大。一般浇注温度每提高 100℃，体积收缩增加 1.6% 左右。

(3)铸件结构与铸型条件。铸件的结构、大小、壁的厚薄、砂型和砂芯的退让性、浇冒口系统的类型和开设位置、砂箱的结构及箱带的位置等有关。铸型中各部分冷却速度不同，彼此相互制约，对其收缩产生阻力。又因铸型和型芯对铸件收缩产生机械阻力，因而其实际线收缩率比自由线收缩率小。所以在设计模样时，必须根据合金的品种、铸件的形状、尺寸等因素，选取适宜的收缩率。

3. 缩孔、缩松、内应力的形成和控制

在铸件缺陷中，孔眼类缺陷、裂纹类缺陷占有很大的比重，严重影响铸件的力学性能和表面质量。必须深入了解这些缺陷的特性，以便采取相应的预防措施。

1)缩孔、缩松的形成及控制

合金液在铸型内冷凝过程中，若其体积收缩得不到补充时，将在铸件最后凝固的部位形成孔洞，这种孔洞称为缩孔。缩孔分为集中缩孔和分散缩孔两类。通常所说的缩孔，主要是指集中缩孔，分散缩孔一般称为缩松。

(1)缩孔形成过程。合金液充满铸型后，由于散热开始冷却，并产生液态收缩。在浇注系统尚未凝固期间，所减少的合金液可从浇口得到补充，液面不下降仍保持充满状态。随着热量不断散失，合金液温度不断降低，靠近型腔表面的合金液很快就降低到凝固温度，凝固成一层硬壳。如内浇道已凝固，则形成的硬壳就像一个密封容器，内部包住了合金液。温度继续下降，铸件除产生液态收缩和凝固收缩外，还有先凝固的外壳产生的固态收缩。由于硬壳内合金液的液态收缩和凝固收缩远远大于硬壳的固态收缩，故液面下降并与硬壳顶面脱离，产生了间隙。温度继续下降，外壳继续加厚，液面不断下降，待内部完全凝固，则在铸件上部形成了缩孔。如图 3-1 所示。缩孔一般隐藏在铸件上部或最后凝固部位，有时经切削加工可暴露出来。缩孔有时也产生在铸件的上表面，呈明显凹坑，这种缩孔也称“明缩孔”。缩孔形状不规则，多呈倒锥形，其内表面较粗糙。

图 3-1　铸件缩孔形成过程

此外，铸件两壁相交处因金属积聚凝固较晚，也易产生缩孔，此处称为热节。热节位置可用画内接圆方法确定，铸件中壁厚较大及内浇道附近也是热节形成的地方。

纯金属及共晶成分的合金，因其结晶温度范围较窄，流动性较好，易于形成集中缩孔。

(2)缩松形成过程。具有结晶区间的合金，结晶时是在铸件截面上一定的宽度区域内进行的。合金的结晶温度范围愈宽，愈易形成缩松。根据缩松的分布形态，将其分为宏观缩松与显微缩松两类。

当合金液充满型腔，并向四处散热时，因合金的结晶温度范围较宽，铸件截面先生成的树枝状晶体不断长大直到相互接触，此时合金液被分割成许多小的封闭区。铸件中心部分液态区已不存在，而成为液态和固态共存的凝固区，其凝固层内表面参差不齐，呈锯齿状，剩余的液体被凹凸不平的凝固层内表面分隔成许多有残留液相的小区，这些小液态区彼此间的通道变窄，增大了合金液的流动阻力，加之铸型的冷却作用变弱，促使剩余合金液温度趋于一致而同时凝固。凝固中金属体积减小又得不到液态金属的补充时，就形成了缩松。这种缩松常出现在缩孔的下方或铸件的轴线附近，一般用肉眼能观察出来，所以称为宏观缩松。

当合金液在很宽的结晶温度范围内结晶时，初生的树枝状枝晶很发达，以致将液体分隔成许多孤立的微小区域，若补缩不良，则在枝晶间或枝晶内会形成缩松，这种缩松更为细小，要用显微镜才能看到，故称显微缩松，如图 3-2 所示。显微缩松在铸件中难以完全避免，它对一般铸件危害性较小，故不将其作为缺陷看待。但是，若铸件为防止在压力下发生渗漏要求有较高的致密性，或考虑物理、化学性能时，则应设法防止或减少显微缩松。

(3)缩孔与缩松的控制。任何形态的缩孔都会使铸件力学性能显著下降，缩松还能影响铸件的致密性和物理、化学性能。因此，缩孔和缩松是铸件的重大缺陷，必须根据铸件技术要求，采取适当工艺措施，予以控制。

缩松分布面广，难以发现，难以消除。集中缩孔易于检查与修补，并可采取工艺措施加以防止。因此，生产中应尽量避免产生缩松或尽量使缩松转化为缩孔。防止缩孔与缩松的主要措施是：

①合理选择铸造合金。从缩孔和缩松的形成过程可知，结晶温度范围宽的合金，易形成缩松，铸件的致密性差。因此，生产中应尽量采用接近共晶成分的或结晶温度范围窄的合金。

②合理选用凝固原则。铸件的凝固原则分为“顺序凝固”和“同时凝固”两种。

“顺序凝固”就是在铸件可能出现缩孔的热节处(即内接圆直径最大的部位)，通过增设冒口或冷铁等一些工艺措施，使铸件的凝固顺序形成向着冒口的方向进行，即离冒口最远的部位先凝固，冒口本身最后凝固，如图 3-3 所示。按此原则进行凝固，就可保证铸件各个部位的凝固收缩都能得到合金液的补缩，从而将缩孔转移到冒口中，获得完整、致密的铸件。在铸件清理时将冒口切除。

图 3-2 显微缩松

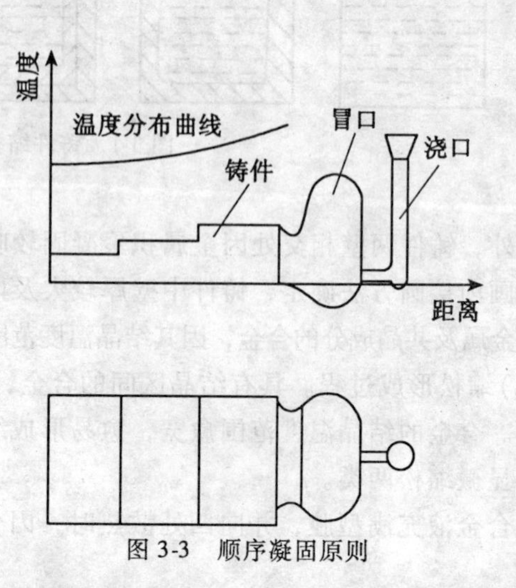

图 3-3 顺序凝固原则

图3-4为阀体铸件的两种铸造方案。左半图没有设置冒口，热节处可能产生缩孔。右半图增设了冒口和冷铁后，铸件实现了顺序固，防止了缩孔的产生。

明冒口的表面露于上箱，它是靠金属的静压力起补缩作用。明冒口造型方便、操作灵活、便于浇注时补充热金属液，应用广泛。但其补缩效率低，消耗金属多。在成批大量生产中，常用暗冒口，暗冒口散热慢，补缩效率较高，便于对铸件侧面或下部进行补缩。

冷铁一般用铸铁或钢制成，其作用是增大铸件厚大部位的冷却速度，防止产生缩孔。顺序凝固的缺点是铸件各部分温差大，内应力大，容易产生变形和裂纹。此外，由于设置冒口，增加了金属的消耗，耗费了工时。顺序凝固主要用于凝固收缩大、结晶温度范围窄的合金。如铸钢、高牌号灰铸铁、可锻铸铁和黄铜等。

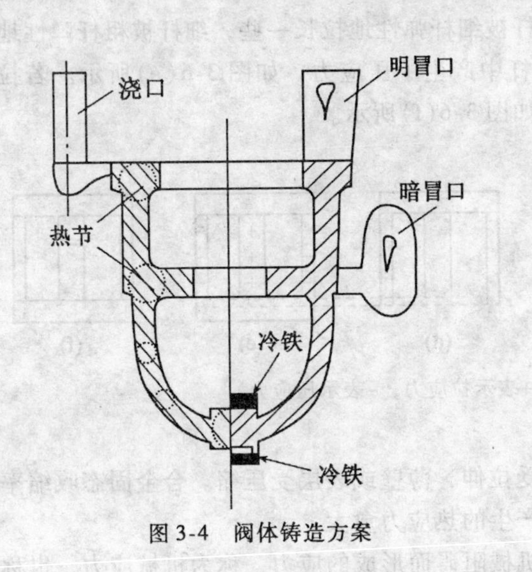

图3-4　阀体铸造方案

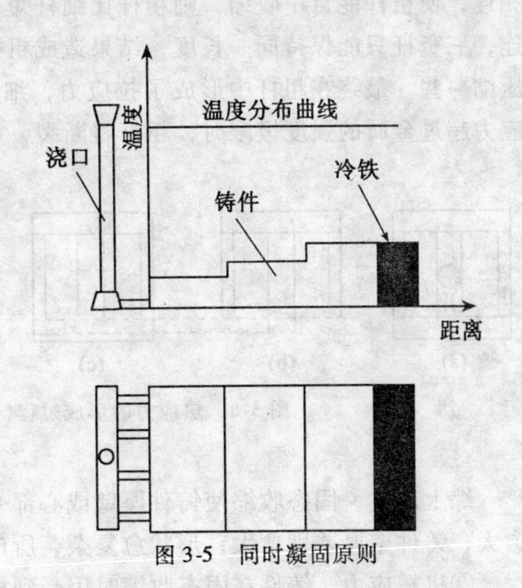

图3-5　同时凝固原则

“同时凝固”是采用工艺措施使铸件各部分之间没有温差或温差很小，同时进行凝固，如图3-5所示。采用同时凝固，可使铸件内应力较小，不易产生变形和裂纹。但在铸件中心区域往往有缩松，组织不够致密。此原则主要用于凝固收缩小的合金(如灰铸铁和球墨铸铁)、壁厚均匀的薄壁铸件以及结晶温度范围宽而对铸件的致密性要求不高的铸件(例如锡青铜铸件)等。

2)铸造内应力、变形和裂纹的形成和控制

铸件在凝固后继续冷却时，若在固态收缩阶段受到阻碍，则将产生应力，此应力称为铸造内应力。它是铸件产生变形、裂纹等缺陷的主要原因。

(1)铸造内应力形成过程。铸造内应力按其产生原因，可分为热应力和机械应力两种。

①热应力。铸件在凝固和冷却过程中，由于不同部位不均衡的收缩而引起的应力称为热应力。

金属在冷却过程中，从凝固终止温度到再结晶温度阶段，处于塑性状态。此时，伸长率高、塑性好，在较小的外力下，就会产生塑性变形，但不会产生应力。低于再结晶温度的金属处于弹性状态，受力时不仅产生弹性变形，而且还产生应力。

其热应力的形成过程可分为三个阶段说明。

如图 3-6(a)所示的框形来分析热应力的形成，图中三根长度相等的竖杆，它们由上下两根横杆连为一个整体。Ⅰ杆比Ⅱ杆的直径小。假定在固态收缩开始时，Ⅰ、Ⅱ杆温度相同，且铸件下面无横杆连接，三竖杆均能自由收缩，冷却时因细杆比粗杆冷得快，其收缩量比粗杆大，收缩后如图 3-6(b)所示。但实际情况是铸件下面有横杆连接，收缩后造成细杆比自由收缩的长度长些(被拉伸)，粗杆比自由收缩的长度短些(被压缩)，如图 3-6(c)所示。此时，粗杆、细杆均处于高温塑性状态，故只产生塑性变形，不产生应力。继续冷却收缩，当细杆已进入弹性状态，粗杆仍处于塑性状态时，则粗杆随细杆的收缩而产生塑性变形。在铸件内仍不产生内应力，再继续冷却收缩，当细杆已冷至接近室温时，其长度基本不变，比时，粗杆也进入弹性状态，但因温度高仍在继续收缩。若下面无横杆相连，使粗杆能自由收缩，则粗杆比细杆短，如图 3-6(d)所示。但实际上下面有横杆相连，三竖杆只能保持同一长度，结果造成粗杆被细杆弹性地拉长一些，细杆被粗杆弹性地压缩一些。最终在粗杆中形成了拉应力，细杆中产生了压应力，如图 3-6(e)所示。若拉应力超过金属的强度极限时，粗杆将断裂，如图 3-6(f)所示。

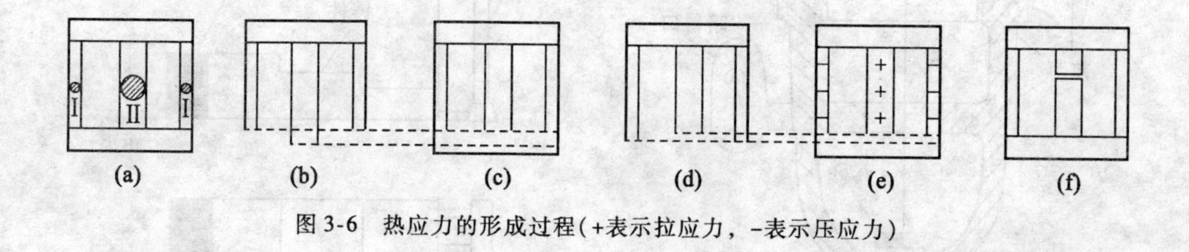

图 3-6 热应力的形成过程(+表示拉应力，-表示压应力)

综上所述，固态收缩使铸件厚壁或心部受拉伸，薄壁或表层受压缩。合金固态收缩率愈大，铸件壁厚差别愈大，形状愈复杂，所产生的热应力愈大。

②机械应力。铸件在固态收缩时因受到机械阻碍而形成的应力，称为机械应力，也称收缩应力。形成机械阻碍的因素很多，如型砂或芯砂的高温强度过高，退让性差，吃砂量过少等，如图 3-7 所示。机械应力一般使铸件产生拉伸或剪切应力，这种应力是暂时的，铸件经落砂、清理后，应力便可消失。但是，机械应力在铸型中能与热应力共同起作用，增加了铸件产生裂纹的可能性。

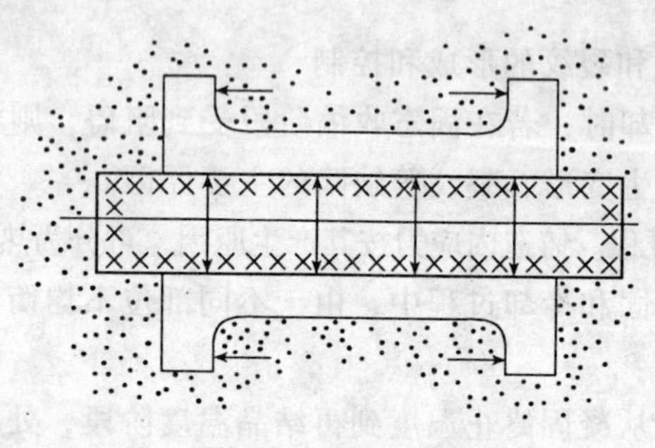

图 3-7 收缩应力

铸件中存有内应力后，其本身就已经承受了载荷，因而使铸件在工作中的实际承载能力下降。

(2)铸件的变形与裂纹。当铸件中存有内应力时，会使其处于不稳定状态。如内应力超过合金的屈服点时，常使铸件产生变形，变形可减缓其内应力。当铸造内应力超过合金的强度极限时，铸件便会产生裂纹，裂纹是铸件的严重缺陷。车床床身的导轨部分因较厚而存在拉应力，床壁部分因较薄而受压应力，于是床身向着导轨方向弯曲，使导轨下凹。平板铸件(见图 3-8)中心部分较边缘散热慢，受拉应力，边缘部分受压应力，而铸型上面比下面冷却快，上面受压应力，下面受拉应力，使平板产生变形。

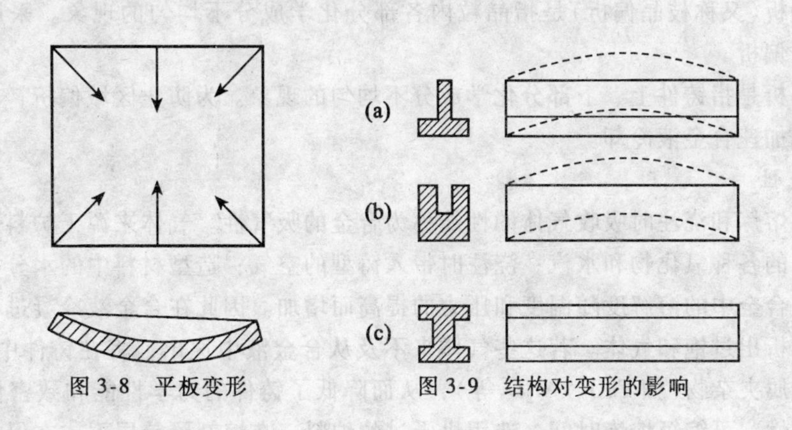

图 3-8　平板变形　　图 3-9　结构对变形的影响

裂纹分为热裂与冷裂两种。热裂是在凝固后期高温下形成的。此时，结晶出来的固体已形成完整的骨架，开始进入固态收缩阶段，但晶粒间还有少量液体，因此合金的强度很低。如果合金的固态收缩受到铸型或型芯的阻碍，使机械应力超过了该温度下合金的强度，则发生热裂。热裂纹具有裂纹短、缝隙宽、形状曲折、断面严重氧化、无金属光泽、裂口沿晶界产生和发展等特征。热裂是铸钢和铝合金铸件常见的缺陷。

冷裂是在较低温度下形成的，常出现在铸件受拉伸的部位。其裂缝呈长条形而且宽度均匀，裂口常穿过晶粒延伸到整个断面。壁厚差别大、形状复杂或大而薄的铸件易产生冷裂。

(3)铸件变形、裂纹的控制。所有减少铸造内应力的措施都有助于控制铸件的变形和裂纹。在铸件设计时，应力求壁厚均匀，形状简单与对称(见图 3-9(c))。对于细而长、大而薄等易变形铸件，可将模样制成与铸件变形方向相反的形状，待铸件冷却时变形正好与相反的形状抵消(此法称“反变形法”)。此外，在铸造工艺上应采取措施使铸件同时凝固；在铸件上附加工艺筋，使之承受部分拉应力，工艺筋在铸件热处理消除内应力后去掉。

实践证明，铸件变形后虽可消除部分内应力，但仍有部分内应力保留在铸件内，称此部分应力为残余应力。此外，经机械加工后铸件还会因内应力的重新分布而变形，使零件丧失精度。因此，对于重要的、精密的铸件，如车床床身等，必须采用自然时效或去应力退火等方法，将残余应力有效地去除。

采取工艺措施以减少机械应力。合理选用型砂和芯砂的粘结剂与添加剂，以改善其退让性；大的型芯可制成中空的或内部填以焦炭；严格限制钢和铸铁中硫的含量(因硫能增加热脆性，降低合金的高温强度)；选用收缩率小的合金等。

合理控制合金成分，降低合金的脆性。钢和铸铁中的磷能显著降低合金的冲击韧性，增加脆性，所以应严格控制合金中磷的含量。

3.1.3 合金的偏析和吸气性

1. 偏析

在铸件中出现化学成分不均匀的现象称为偏析。偏析使铸件性能不均匀，严重时会造成废品。偏析分为晶内偏析和区域偏析两类。

晶内偏析(又称枝晶偏析)是指晶粒内各部分化学成分不均匀的现象。采用扩散退火可消除晶内偏析。

区域偏析是指铸件上、下部分化学成分不均匀的现象。为防止区域偏析，在浇注时应充分搅拌或加速合金液冷却。

2. 吸气性

合金在熔炼和浇注时吸收气体的性能称为合金的吸气性。气体来源于炉料熔化和燃料燃烧时产生的各种氧化物和水汽；浇注时带入铸型的空气；造型材料中的水分等。

气体在合金中的溶解度随温度和压力的提高而增加。因此在合金液冷凝过程中，随着温度降低会析出过饱和气体。若这些气体来不及从合金液中逸出，将在铸件中形成气孔、针孔或非金属夹杂物(如 FeO、Al_2O_3等)，从而降低了铸件的力学性能和致密性。为减少合金的吸气性，可缩短熔炼时间；选用烘干过的炉料；在熔剂覆盖层下或在保护性气体介质中或在真空中熔炼合金；进行精炼除气处理；提高铸型和型芯的透气性；降低造型材料中的含水量和对铸型进行烘干。

3.2 常用液态成型合金及其熔铸

金属熔炼的质量对能否获得优质的铸件有着重要影响。熔炼的目的是要获得预定成分和温度的熔融金属，并尽量减少其中的气体和夹杂物。

在液态成型合金的生产中，铸铁是使用最多的金属原料，占铸件总量的 70% ~75% 以上；其次为铸钢和铝合金。

3.2.1 常用铸铁件及其熔铸工艺

铸铁在机械中应用很广，一般占机器总重量的 40% ~90%。生产中常用的铸铁件有以下几种：

1. 灰口铸铁

1)灰口铸铁的育孕处理

灰口铸铁的力学性能较低($\sigma \leqslant 250$MPa。$\delta \leqslant 0.5\%$)。为提高力学性能生产中常进行孕育处理。孕育处理就是在浇注前往铁水中加入孕育剂，以产生大量人工晶核，细化珠光体基体。经过孕育处理的铸称为“孕育铸铁”。常用的孕育剂是含硅 75% 的硅铁或者硅钙合金，其块度为 6 ~18mm，加入量为铁水重量的 0.2% ~0.5%。孕育剂可放在出铁槽或浇包中，随高温铁水冲熔，并被吸收。孕育处理前的原始铁水中碳、硅的含量必须低(一般 $w_C = 2.7\% \sim 3.3\%$、$w_{Si} = 1.0\% \sim 2.0\%$)，这种铁水若不经孕育处理就直接浇注将得到白口或麻口组织。因低碳铁水流动差，加上孕育处理时铁水温度要降低，所以铁水的出炉温度应高达1400～1450℃。

孕育铸铁的强度、硬度比一般灰铸铁有显著提高其抗拉强度为250～400MPa，硬度为170～270HBS。碳的含量愈低，石墨片愈细小，则强度、硬度愈高，耐磨性愈好。但因石墨仍为片状，故塑性、韧性仍很低。孕育铸铁的冷却速度对其组织、性能影响极小，这就使铸件的厚大截面上的组织、性能均匀。

孕育铸铁适用于对强度、硬度和耐磨性要求较高的重要铸件，尤其是厚大铸件；如床身、配换齿轮、凸轮轴、气缸体和气缸套等。

2)灰口铸铁的铸造性能

灰口铸铁有良好的铸造性能，主要表现在流动性好和收缩性小两个方面。

生产中一般用碳当量来综合反映灰口铸铁中主要元素对其流动性的影响。对未经处理和未加大量合金元素的铸铁，碳当量的计算方法是：将铸铁中硅、磷的含量折算为相当碳的含量，并与实有的碳的含量相加之和，用以下公式表示：

$$w_{CE}=[w_C+1/3(w_{Si}+w_P)]\times 100\%$$

共晶成分的铸铁当浇注温度一定时，随碳当量的增加，其流动性急剧增大。这是因为碳当量的增加可使液相线温度降低，增加了过热度，延长了纯液态流动时间。此外，碳当量的增加还可降低铁水粘度，使结晶温度范围减小，流动阻力减小。

对于过共晶铸铁，在一定范围内流动性随碳当量的增加而增加。这是因为从液体中析出的石墨热导性差，结晶潜热高(约为铁的14倍)，使铁水保持流动状态的时间增长所致。生产中常用的灰铸铁，其碳当量接近4.3%，结晶温度范围甚窄，基本上是按层状凝固方式结晶的，因此具有很好的流动性，可浇注薄壁和形状复杂的铸件。

灰口铸铁在凝固时易形成坚硬的外壳，这层硬壳可承受因金属液结晶时石墨析出体积膨胀所造成的压力，保证了铸型型腔不会因此压力而扩大或变形。与此同时，这种压力就可推动铸型内未凝固的铁水去填补结晶间的间隙，因而可抵消全部或部分凝固收缩，防止了缩孔、缩松的形成。灰铸铁这一结晶特点，称为“自身补缩”能力。自身补缩能力的程度取决于石墨化的程度，析出石墨愈多，产生的体积膨胀和压力愈大，自身补缩能力就愈强。一切能提高石墨化程度的因素都有利于防止产生收缩。铸铁碳当量是影响形成缩孔、缩松倾向大小的主要因素。低牌号铸铁(HT150、HT200)碳当量高，形成缩孔、缩松的倾向小，自身补缩能力强；高牌号铸铁碳当量低，形成缩孔、缩松的倾向大。在常用铸造合金中口铸铁收缩最小。

3)灰口铸铁的铸造工艺特点

目前90%的灰口铸铁用冲天炉熔炼，冲天炉炉料由金属炉料，燃料(焦炭、天然气)和熔剂(石灰石)组成。金属炉料包括高炉铸造生铁、回炉铁(废旧铸件、浇冒口等)、废钢和铁合金(硅铁、锰铁等)。用电弧炉和感应炉可熔炼出高质量的灰口铸铁。

灰口铸铁件主要用砂型铸造，高精度灰口铸铁件可用特种铸造方法铸造。因灰口铸铁的铸造性能好，所以其铸造工艺较简单。由于流动性好，故其浇注系统多采用封闭式($S_{内}<S_{横}<S_{直}$)或半封闭式($S_{内}<S_{直}<S_{横}$、S—浇道横截面积)，以达到较好的挡渣效果。因熔点低，浇注温度不高，所以对造型材料的耐火性要求不高，因其收缩小又具有自身补缩能力，故其防止收缩的工艺措施要求不高，一般不用冒口或只用出气口。灰口铸铁多采用

同时凝固原则，高牌号灰口铸铁常采用顺序凝固原则。

2. 球墨铸铁

1)球墨铸铁球化、孕育处理

球墨铸铁简称球铁，是用灰口铸铁成分的铁水经球化、孕育处理后制成的。为保证球墨铸铁质量，生产中应注意下列几点：

(1)球墨铸铁的化学成分选择。原铁水成分与灰口铸铁原则上相同，但要求严格。一般为：高碳($w_C = 3.6\% \sim 4\%$)、高硅($w_{Si} = 2.0\% \sim 3.2\%$)，以改善球化效果和铸造性能；低硫($w_S \leqslant 0.07\%$)，因硫会增加球化剂损耗，严重影响球化效果；低磷($w_P \leqslant 0.1\%$)，因磷会降低球铁塑性、韧性和强度，增加冷脆性。

(2)球化剂和孕育剂。球化剂的作用是促使石墨结晶时呈球状析出。常用的球化剂有镁或镁系合金和稀土硅铁镁合金。我国目前广泛采用的是稀土硅铁镁合金球化剂。镁是良好的促进石墨球化的元素，实验证明：铁水中只要残留 0.04% ~ 0.08% 的镁时，石墨就会完全球化。但镁的沸点低(1120℃)、密度小($1.738 g/cm^3$)，若直接加到铁水中，将立即沸腾气化，其回收率只有 5% ~10%，且操作方法复杂，劳动条件差，易出事故。仅用稀土元素作球化剂，其作用不如镁，但却有强烈的脱硫、去氧、除气、净化金属、细化晶粒、改善铸造性能的作用。把稀土元素、镁和硅铁熔化制成稀土镁合金作球化剂，综合了稀土和镁的优点，球化效果好。此外，稀土硅铁镁合金密度比铁水大，可使球化处理的设备简单，与铁水反应平稳，利用率高，劳动条件得到改善。球化剂的加入量一般为铁水重量的 1.3% ~1.8%。因镁等球化剂都是阻碍石墨化的元素，故球化处理后，为提高铁水石墨化能力，防止出现白口或麻口组织，还要进行孕育处理。常用的孕育剂是 $w_{Si} = 75\%$ 的硅铁，加入量一般为铁水重量的 0.4% ~1.0%。孕育剂还有细化石墨，使其分布均匀和减轻偏析的作用。

球化剂加入铁水的过程，称为球化处理。球化处理方法很多，用稀土镁合金进行球化处理时，一般采用包底冲入法，如图 3-10(a)所示；型内球化法，如图 3-10(b)所示。

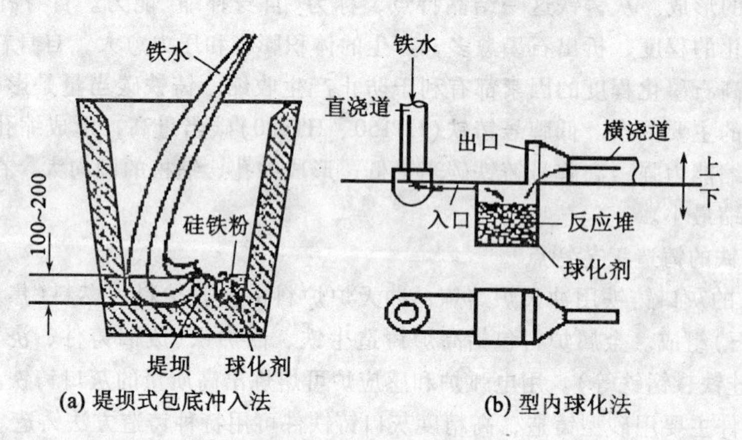

(a) 堤坝式包底冲入法 (b) 型内球化法

图 3-10 球化处理方法

2)球墨铸铁的铸造性能和工艺特点

球铁的铸造性能介于灰口铸铁与铸钢之间。因其化学成分接近共晶点(碳当量为

4.5%～4.7%)，其流动性与灰口铸铁相近，可生产壁厚为3～4mm铸件。但由于球化和孕育处理时，降低了铁水温度，且易于氧化，因此要求铁水的出炉温度高，以保证必需的浇注温度。同时要加大内浇道截面，采用快速浇注等措施，以防止产生浇不足、冷隔等缺陷。

球铁件表面完全凝固的时间长，而且外壁与中心几乎同时凝固，造成凝固后期外壳不坚实。此时因析出石墨的膨胀所产生的压力会使铸型型腔扩大，使铸件尺寸及铸件内各结晶体之间间隙增大，故容易产生缩孔、缩松等缺陷。球铁的线收缩率为1.25%～1.7%，常采用顺序凝固原则，并增设冒口以加强补缩。使用干型或水玻璃快干型，以提高铸型强度。此外，球铁凝固时有较大内应力，产生变形、裂纹的倾向大，所以要注意消除内应力。

由于铁水中MgS与型砂中水分作用，生成H_2S气体，易使铸件产生皮下气孔。所以应严格控制型砂中水分和铁水中硫的含量。

球铁还易产生石墨飘浮及球化不良等缺陷，所以必须严格控制碳、硅的含量和尽量缩短球化处理后铁水停留时间。一般不超过15～20min。球化处理后常含有MgO、MgS等夹渣，故应考虑排渣措施，一般常采用封闭式浇注系统。

3. 可锻铸铁

可锻铸铁件的生产过程是，首先获得白口铸铁件，然后经高温石墨化退火。

可锻铸铁的碳、硅含量较低，熔点比灰口铸铁高，结晶温度范围较宽，故其流动性差，凝固收缩大，易产生浇不足、冷隔、缩孔及裂纹等缺陷。为避免产生这些缺陷，在铸造工艺上应按照顺序凝固的原则设置冒口和冷铁，提高铁水的出炉温度和浇注温度；适当提高型砂的耐火性、退让性和透气性；为挡住熔渣，在浇注系统中应安放过滤网。

3.2.2 铸钢件

铸钢按化学成分分为碳素铸钢和合金铸钢两大类。碳素铸钢占铸钢总产量的80%以上，应用最广。碳素铸钢的强度与球铁相当，但塑性、冲击韧性、疲劳强度比球铁高得多。因此，对承受较复杂、交变应力和较大冲击载荷的铸件，铸钢比球铁更好。此外铸钢的焊接性比球铁好得多，便于采用铸-焊组合工艺制造重型零件。用于制造零件的铸钢主要是中碳钢。

低合金铸钢(合金总的质量分数<5%)的力学性能比碳钢高；高合金铸钢(合金总的质量分数>10%)常具有耐热、耐酸、耐磨和抗氧化性等特殊性能。例如，高锰钢用来铸造坦克履带、挖土机掘斗，高速钢可直接铸出异形铣刀，铸造不锈钢则用于制造耐酸泵等耐蚀件。合金铸钢件主要用于动力机械、石油化工、冶金等工业部门，其重量为几克至几十吨，壁厚为1～300mm。

1. 铸钢件的熔炼

铸钢的强度和韧性均较高，常用来制造较重要的铸件。熔炼铸钢的方法主要有平炉、电弧炉和感应电炉等。平炉炼钢适于重型机器厂生产重型铸件，其容量一般在100t以下，炼钢周期长、结构庞大复杂。生产中常用三相电弧炉来熔炼。其容量为1～5t，熔炼时间为2～4h。三相电弧炉的温度容易控制，熔炼质量好，速度快，操作较方便，它既可以用来熔炼碳钢，又可熔炼合金钢。但其消耗电能多、成本较高。

生产小型铸钢件也可用工频或中频感应炉来熔炼。感应电炉炼钢具有温度高、钢水质量高，熔炼速度快，操作简便，劳动条件好，能耗少特点。但设备投资大，容量小。它能熔炼各种合金钢和含碳量极低的钢种。

真空感应电炉和等离子感应炉等炼钢法也被广泛采用。等离子感应炉的生产率比感应电炉高25%～30%，但耗电量却比感应电炉低很多。

熔炼铸钢的炉料包括废钢、回炉钢、炼钢生铁、矿石、熔剂和其他材料。铸钢件可用砂型铸造、壳型铸造、熔模铸造、离心铸造和金属型铸造等方法生产。

2. 铸钢的铸造性能和工艺特点

铸钢的熔点高(约1500℃)、流动性差、收缩率高(达2.0%)，在熔炼过程中易吸气和氧化，易产生粘砂、浇不足、冷隔、缩孔、变形、裂纹、夹渣和气孔等缺陷。因此其铸造性能差，在铸造工艺上应采取相应措施，以确保铸钢件质量。

铸钢的浇注温度高(1550～1650℃)，因此所用型(芯)砂的透气性、耐火性、强度和退让性都要好。原砂要采用颗粒大而均匀的石英砂，大铸件常用人工破碎的石英砂。为防止粘砂，铸型表面要涂以石英粉或锆砂粉涂料。为减少气体来源，提高合金的流动性和铸型强度，大件多用干型或快干型来铸造。

中小型铸钢件的浇注系统开设在分型面上或开设在铸件的上面(顶注)，大型铸钢件的开设在下面(底注)。为使金属液迅速充满铸型，减少流动阻力，其浇注系统的形状应简单，内浇道横截面面积应是灰口铸铁的1.5～2倍，一般采用开放式。铸钢件大多需要设置一定数量的冒口，采用顺序凝固原则，以防缩孔、缩松等缺陷。冒口所耗钢水常占浇入金属重量的25%～50%。为控制凝固顺序，在热节处需设置冷铁。对少数壁厚均匀的薄件，因其产生缩孔的可能性小，可采用同时凝固原则，并常多开内浇道，以使钢水均匀、迅速地充满铸型。

3.2.3 有色合金铸件生产

常用的铸造有色合金有铜合金、铝合金、镁合金及轴承合金。在机械制造中应用最多的是铸造铝合金和铸造铜合金。

1. 铸造铝合金

1)铝合金铸造性能和工艺特点

铸造铝合金有铝硅、铝铜、铝镁和铝锌等四类合金。其中铝硅合金(又称硅铝明)具有良好的铸造性能，如流动性好、收缩率较小(0.8%～1.1%)、不易产生裂纹、致密性好。应用较广，约占铸造铝合金总产量的50%以上。含硅10%～13%的铝硅合金是最典型的铝硅合金，是共晶类型的合金。

铸造铝合金的熔点低，流动性好，对型砂耐火性要求不高，可用细砂造型，以减小铸件表面粗糙度，还可浇注薄壁复杂铸件。为防止铝液在浇注过程中的氧化和吸气，通常采用开放式浇注系统，并多开内浇道，使铝液迅速而平稳地充满铸型，不产生飞溅、涡流和冲击。为去除铝液中的夹渣和氧化物，浇注系统的挡渣能力要强。应能造成合理的温度分布，使铸件进行顺序凝固，并在最后凝固部位设置冒口进行补缩，以利于消除缩孔和缩松等缺陷。

2)铝合金的精炼和变质处理

精炼的目的在于去除铝液中的气体和各种非金属夹杂物，保证获得高质量的液态铝合金。常用的精炼剂是六氯乙烷或氯化锌等。在熔炼后期，将精炼剂用钟罩压入铝液中 1/3 深处，形成不溶于铝液的 Cl_2、$AlCl_3$、HCl 气泡并上浮，溶解于铝液中的氢气及其他气体迅速向气泡中扩散聚集，其中的氧化物等杂质也会被吸附在气泡表面被带到液面上来，氧化物等杂质经扒渣而除去，使铝液得到净化。

对铝合金熔液还要进行变质处理。当含硅量大于 6% 的铝合金浇注厚壁铸件时，易出现针状粗晶粒组织，使铝合金的力学性能下降。为了消除这种组织，在浇注之前向铝合金液中加入重量为其 2% ~3% 的钠盐和钾盐混合物（常用 NaF、NaCl、KCl、Na_3AlF_6）。在铝合金凝固结晶时，钠原子可阻止硅生成针状粗晶粒组织，使晶粒细化，从而提高力学性能。

2. 铸造铜合金

1）铜合金铸造性能和工艺特点

铸造铜合金分为铸造黄铜和铸造青铜两大类。

铸造黄铜的熔点低，结晶温度范围较窄（30 ~ 70℃），流动性好，对型砂耐火性要求不高，可用较细的型砂造型，以减小铸件表面粗糙度值，减少加工余量，并可浇注薄壁复杂铸件。但铸造黄铜容易产生集中缩孔，铸造时应配置较大的冒口。

锡青铜的结晶温度范围宽（150 ~ 200℃），流动性差，但凝固收缩及线收缩率均小，不易产生缩孔，却易产生枝晶偏析与缩松，降低了铸件致密度。然而这种缩松便于存储润滑油，故适于制造滑动轴承。为此，壁厚不大的锡青铜铸件，常用同时凝固的方法。锡青铜宜采用金属型铸造，因冷速大，使铸件结晶细密。锡青铜在液态下易氧化，在开设浇口时，应使金属液流动平稳，防止飞溅，故常用底注式浇注系统。

铝青铜的结晶温度范围窄，流动性好，易获得致密铸件。但其收缩大，易产生集中缩孔，为此需安置冒口、冷铁，使之顺序凝固。又因铝青铜易吸气和氧化，所以浇注系统宜采用底注式，并在浇注系统中安放过滤网以除去浮渣。

铅青铜浇注时因铅密度大会下沉，故需控制浇注温度，浇注前要充分搅拌，并加快铸件冷却，以减少偏析。

2）铜合金铸造熔炼特点

液态铜合金易氧化生成 Cu_2O 溶于铜中使力学性能下降，因此在熔化铜合金时，应使金属炉料不与燃料直接接触，以减少铜及合金元素的氧化和烧损，保持金属料的纯净。为此，常加入熔剂（硼砂或玻璃）以覆盖铜液，造成铜液与空气隔开。熔炼青铜时还要加入磷铜等脱氧剂进行脱氧。因锌是良好的脱氧剂，所以熔化黄铜时，不必另加熔剂和脱氧剂。熔化铜合金的金属炉料是纯铜、回炉铜、锌、锡、铅、铁、镍及其他材料。

3.3　砂型铸造方法

砂型铸造是铸造生产中的一项极重要的工艺过程。其基本工艺过程如图 3-11 所示。主要工序为制造模样、制备造型材料、造型、造芯、合箱、熔炼、浇注、落砂清理与检验等。

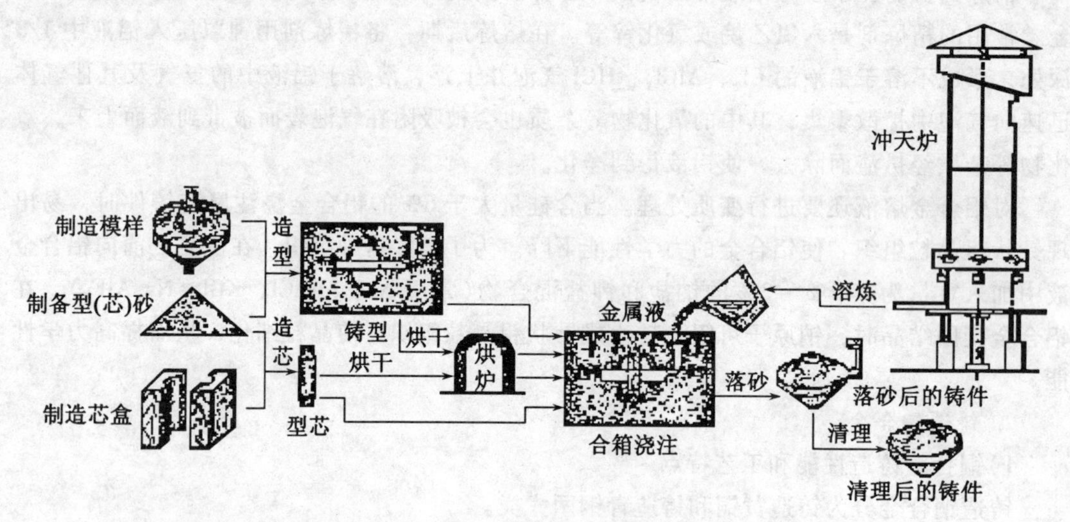

图 3-11 砂型铸造生产过程

3.3.1 各种造型方法的特点和应用

造型是砂型铸造的最基本工序，通常分为手工造型和机器造型两大类。

1. 手工造型方法的特点和应用

目前手工造型方法在铸造生产中应用很广。手工造型时最主要的紧砂和起模两工序是用手工进行的。手工造型具有操作灵活、适应性强、工艺装备简单、生产准备时间短、成本低等优点。但铸件质量较差、生产率低、劳动强度大、要求工人技术水平较高。因此主要用于单件小批生产，特别是重型和形状复杂的铸件生产。

手工造型方法很多，应用最广的是两箱分模造型法。生产中应根据铸件尺寸、形状、技术要求、生产批量、生产周期和生产条件等因素，合理地选择造型方法。这对保证铸件质量、提高生产率、降低生产成本是很重要的。

2. 机器造型的特点和应用

机器造型是现代铸造生产的基本方式，它主要是将紧砂和起模两工序的操作实现了机械化。较完善的造型机还可使整个造型过程(包括填砂、搬运和翻转砂箱等)自动进行。机器造型与手工造型相比，可提高生产率，提高铸件精度和表面质量，铸件加工余量小，改善了劳动条件。但它需要专用设备、专用砂箱和模板，投资较大，只有在大批量生产时才能显著降低铸件成本。

机器造型是采用模板进行两箱造型的(因不能紧实中箱，故不能进行三箱造型)。模板是模样和模底板的组合体。一般带有浇口模、冒口模和定位装置。它固定在造型机上，并与砂箱用定位销定位。造型后模底板形成分型面，模样形成铸型型腔。模板上要避免使用活块，否则会显著降低造型机的生产率。在设计大批量生产的铸件及确定其铸造工艺时，应考虑这些要求。

造型机多以压缩空气为动力，也可以是液压的。按照不同的紧砂方式，造型机分为很多种，常用的是震压式造型机，其工作原理如图 3-12(a)所示。工作时打开砂斗门向砂箱

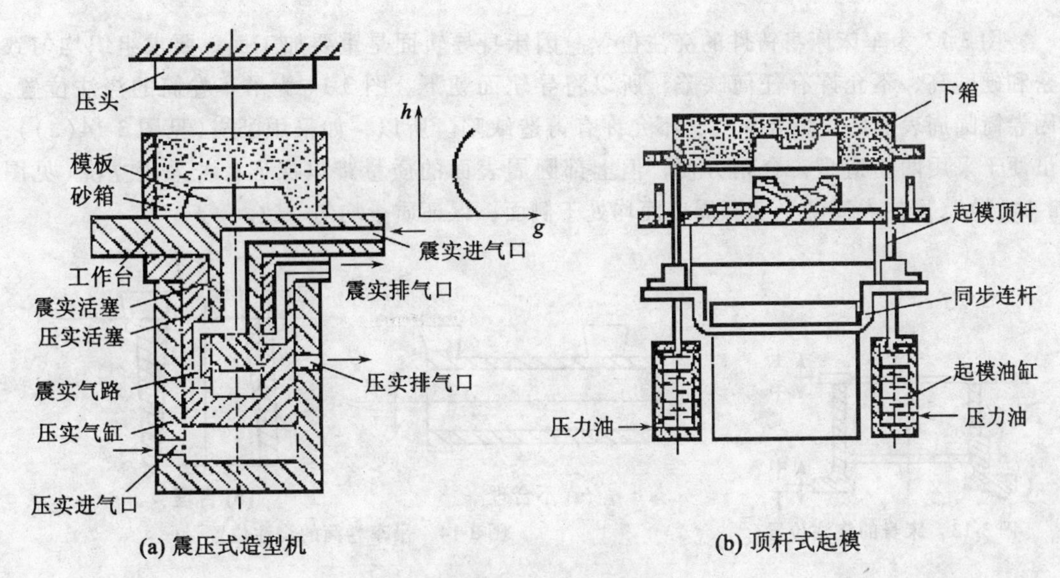

h—砂箱高度　g—型砂紧实度

图 3-12　震压式造型机的工作过程

中放满型砂。压缩空气从震实进气口进入震实活塞的下面，工作台上升过程中先关闭震实进气通路，后打开震实排气口，于是工作台带着砂箱下落，与压实活塞的顶部产生了一次撞击。如此反复震击，可使型砂在惯性力作用下被初步紧实。为提高砂箱上层型砂的紧实度，在震实后还应使压缩空气从压实进气口进入压实气缸的底部，压实活塞带动工作台上升，在压头作用下，使型砂受到辅助压实。型砂紧实后，压缩空气推动压力油进入起模油缸，四根起模顶杆将砂箱顶起，分开，完成了起模，如图 3-12(b)所示。

在设计大批大量生产的铸件以及确定其造型工艺时，必须考虑到造型机上不能进行三箱造型，模型上尽量避免活块。此外，上箱的型腔应尽量简单，以满足顶箱起模的要求。

3.3.2　铸造工艺设计

为保证铸件质量，提高生产率，降低成本，铸造生产必须首先根据零件结构特点、技术要求、生产批量和生产条件等进行铸造工艺设计，并绘制铸造工艺图。铸造工艺图是利用各种铸造工艺符号，将各种工艺参数、制造模样和铸型所需的资料，直接用红蓝笔绘在零件图上的图样。图中应表示出：铸件的浇注位置，分型面，型芯的形状、数量、尺寸及其固定方法，机械加工余量，拔模斜度，收缩率以及浇口、冒口、冷铁的尺寸和位置等。铸造工艺图是制造模样、铸型、生产准备和验收的最基本工艺文件。

1. 铸造工艺方案的确定

1)浇注位置的选择

浇注位置是指浇注时铸件所处的空间位置。浇注位置对铸件质量有很大影响。选择时应考虑以下原则：

(1)铸件的重要加工面或主要工作面应朝下或位于侧面。这是因为铸件下部的缺陷(砂眼、气孔、夹渣等)比上部少，组织比上部致密。当铸件有数个面要加工时，应将较大的面朝下，并对朝上的面采用加大加工余量的办法来保证质量。

图 3-13 为车床床身铸件的浇注位置。因床身导轨面是重要加工面，要求组织均匀致密和硬度高，不允许有任何缺陷，所以将导轨面朝下。图 3-14 为吊车卷筒的浇注位置。因卷筒圆周表面的质量要求高，不允许有铸造缺陷。所以，如采用卧浇(见图 3-14(a))，虽便于采用两箱造型，合箱方便，但上部圆周表面的质量难以保证；若采用立浇(见图 3-14(b)),可使卷筒的全部圆周表面均处于侧面，保证质量均匀一致。

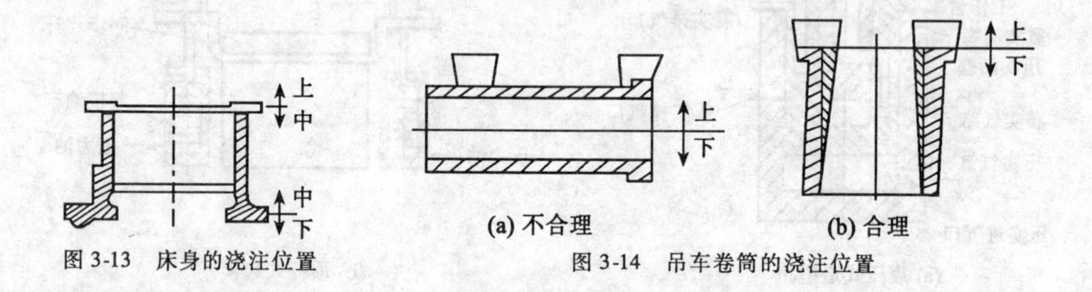

图 3-13 床身的浇注位置

图 3-14 吊车卷筒的浇注位置

(2)铸件的宽大平面应朝下。因为在浇注过程中，高温的金属液对型腔的上表面有强烈的热辐射，易导致上表面型砂急剧膨胀而拱起或开裂，使铸件表面产生夹砂、气孔等缺陷。例如图 3-15 平板类铸件，应使大平面朝下，以防产生夹砂等缺陷。

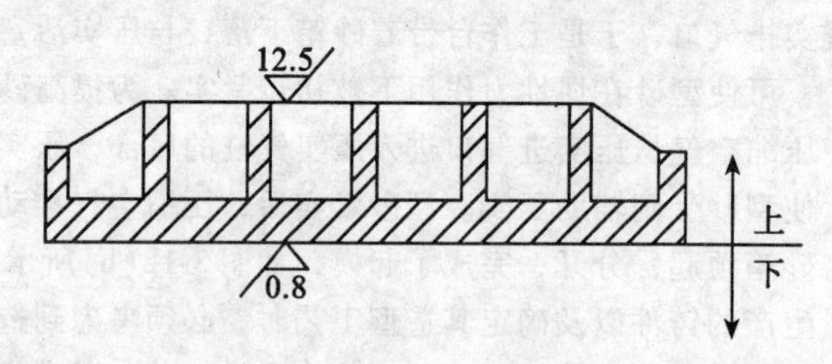

图 3-15 平板的浇注位置

铸件上壁薄而大的平面应朝下或垂直、倾斜，这将有利于金属液的充型，以防止产生冷隔或浇不足等缺陷。图 3-16(b)为箱盖的合理浇注位置。

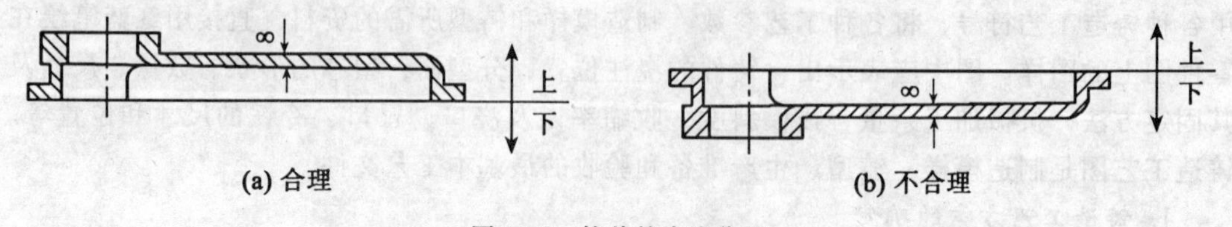

图 3-16 箱盖的浇注位置

(3)易形成缩孔的铸件应将截面较厚的部分放在分型面附近的上部或侧面，以便于在厚壁处直接放置冒口，形成自下而上的顺序凝固，有利于补缩，如图 3-17 所示。

(4)应能减少型芯的数量(见图 3-18)，便于型芯的固定、排气和检验。图 3-19(b)所示为支架的合理浇注位置，它便于合箱和排气，且安放型芯牢固。

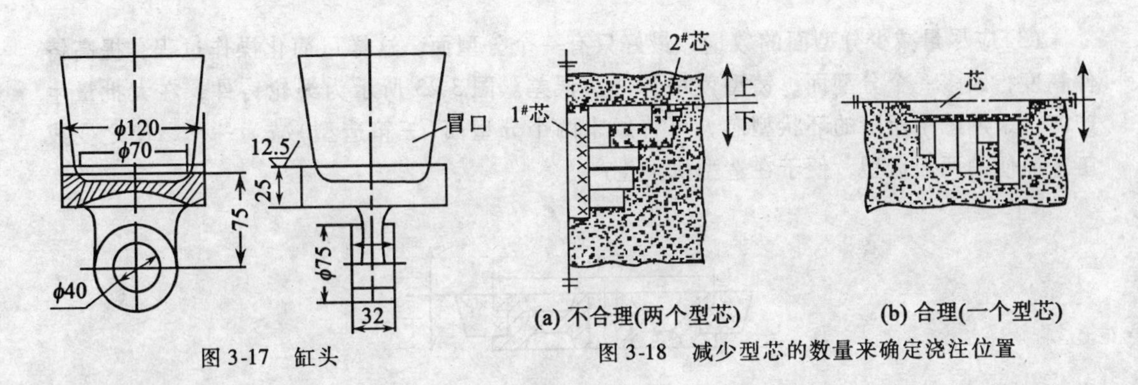

图 3-17 缸头　图 3-18 减少型芯的数量来确定浇注位置

2)铸型分型面的选择

两半个铸型相互接触的表面，称为分型面。它对于铸件质量、制模、制芯、合箱和切削加工等工艺的复杂程度有很大影响。选择时应在保证铸件质量的前提下，考虑下列原则：

(1)应使铸件的全部或大部处于同一砂箱内。图 3-20 中分型面 A 是正确的，既便于合箱，又可防止错箱，保证了质量。

(2)应使铸件的加工面和加工基准面处于同一砂箱中。图 3-21(b)所示螺栓塞头的分型面是合理的。因为铸件上部的方头(夹具夹紧处)是车削外圆面上螺纹的基准，它们处于同一砂箱，可避免错箱，保证铸件质量。

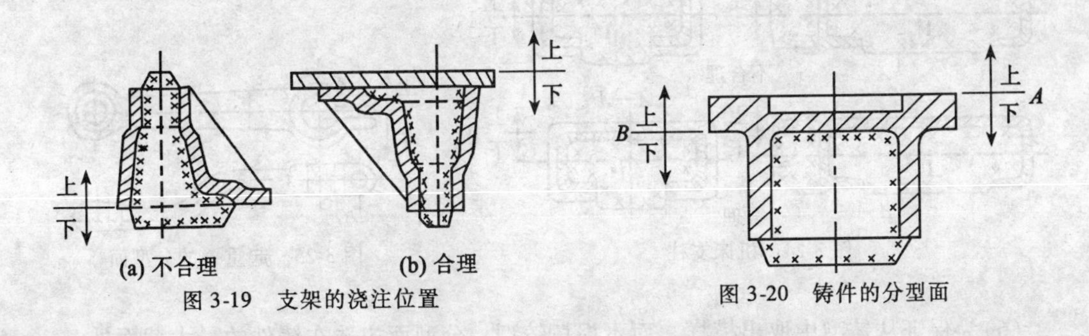

图 3-19 支架的浇注位置　图 3-20 铸件的分型面

若铸件的加工面很多，又不可能都与基准面放在分型面的同一侧时，则应使加工基准面与大部分加工面处在分型面的同一侧。图 3-22 所示轮毂铸件在加工 φ161mm 外圆时是以 φ278mm 为基准。因此，分型面 A 比 B 好，否则容易因错箱而使 φ161mm 外圆的加工余量不够。

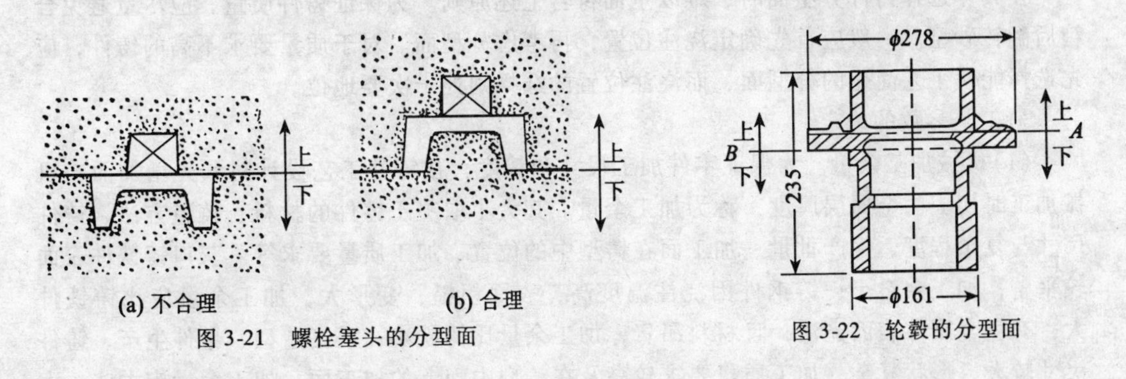

图 3-21 螺栓塞头的分型面　图 3-22 轮毂的分型面

(3)应尽量减少分型面的数量，最好只有一个分型面。这样可简化操作过程，提高铸件精度，因多一个分型面，铸型就增加一些误差。图3-23所示为绳轮铸件，在大批量生产时，采用图中所示的环状型芯，可将原来两个分型面(三箱造型)减为一个，使之变成工艺简便的两箱造型，便于在造型机上生产。

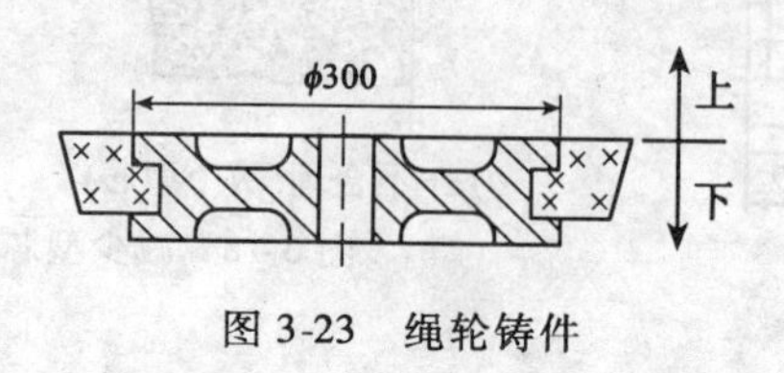

图3-23 绳轮铸件

(4)应尽量减少型芯和活块的数量，以简化制模、造型、合箱等工序。

(5)为便于造型、下芯、合箱及检验型腔尺寸，应尽量使型腔和主要型芯处于下箱。但下箱的型腔也不宜过深，并力求避免使用吊芯和大的吊砂。图3-24所示的两种分型方案。虽然都便于在下芯时检查铸件壁厚，但方案Ⅱ可使型腔及型芯的大部分都位于下箱。上箱型腔浅，形状简单，这可减低上箱高度，有利于起模和翻箱操作。

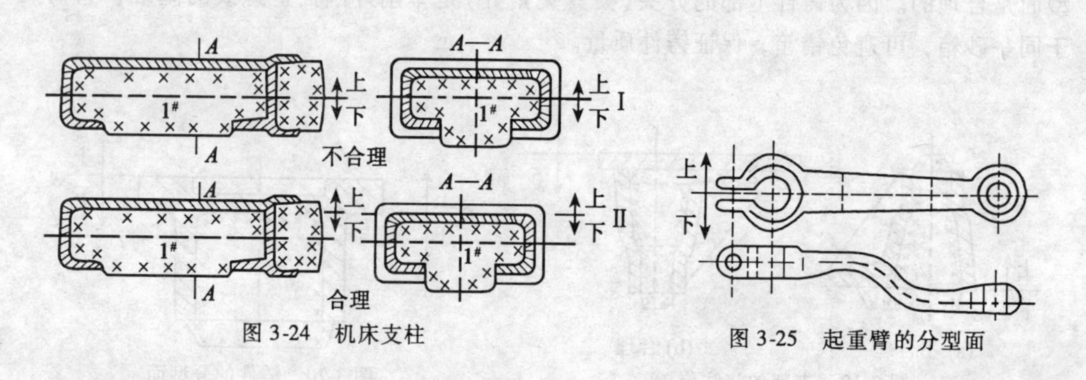

图3-24 机床支柱

图3-25 起重臂的分型面

(6)为保证从铸型中取出模样，而不损坏铸型，分型面应选在铸件的最大截面处。

(7)应尽量选用平直面作分型面，少用曲面，以简化模具制造和造型工艺。图3-25所示为起重臂铸件，图中的分型面为平面，可用分模造型。如用俯视图所示的弯曲分型面，则需用挖砂或假箱造型。即使是大批量生产，也会使模板的制造成本增加。

在具体选择铸件分型面时，难以全面符合上述原则。为保证铸件质量，应尽量避免合箱后翻转砂型。一般应首先确定浇注位置，再考虑分型面。对于质量要求不高的铸件，应先选择能使工艺简化的分型面，而浇注位置的选择则处于次要地位。

3)工艺参数的确定

(1)机械加工余量。为保证零件加工尺寸和精度，在铸件工艺设计时预先增加而在机械加工时切去的金属层厚度，称为加工余量。其大小取决于铸件的材料、铸造方法、铸件尺寸与复杂程度、生产批量、加工面在铸型中的位置、加工质量要求等。灰口铸铁件表面较平整，加工余量小；铸钢件因浇注温度高，表面粗糙，变形大，加工余量应比铸铁件大；有色金属件表面光洁，且材料昂贵，加工余量比铸铁小；手工造型、单件生产、铸件尺寸较大、形状复杂、加工质量要求较高及在铸型中朝上的加工面，加工余量应大些；大批量生产，因使用机器造型，工艺装备完善，故加工余量小些。一般取值为3~10mm。

铸铁件上直径小于30mm和铸钢件上直径小于60mm的孔。在单件小批生产时可不出，待机械加工时钻孔。否则，会使造型工艺复杂，还会因孔的偏斜给机械加工带来困难，经济上也不合算。

(2)收缩率。因收缩的影响，铸件冷却后，其尺寸要比模样的尺寸小。为保证铸件所要求的尺寸，必须加大模样的尺寸。合金的线收缩率与合金的种类及铸件的尺寸、结构形状的复杂程度等因素有关。通常灰口铸铁的线收缩率为0.7%~1.0%，铸钢为1.6%~2.0%，有色金属为1.0%~1.5%。

(3)拔模斜度(起模斜度)。为使模样(或型芯)易从铸型(或芯盒)中取出，在制造模样或芯盒时，凡平行于拔模方向上的壁，需给出一定的斜度，此斜度称为拔模斜度。木模外壁的拔模斜度。一般为30′~3°，如图3-26所示。平行壁愈高，其斜度愈小；内壁的斜度比外壁大；金属模的斜度小于木模；机器造型的斜度比手工造型小，具体数值可查有关手册。

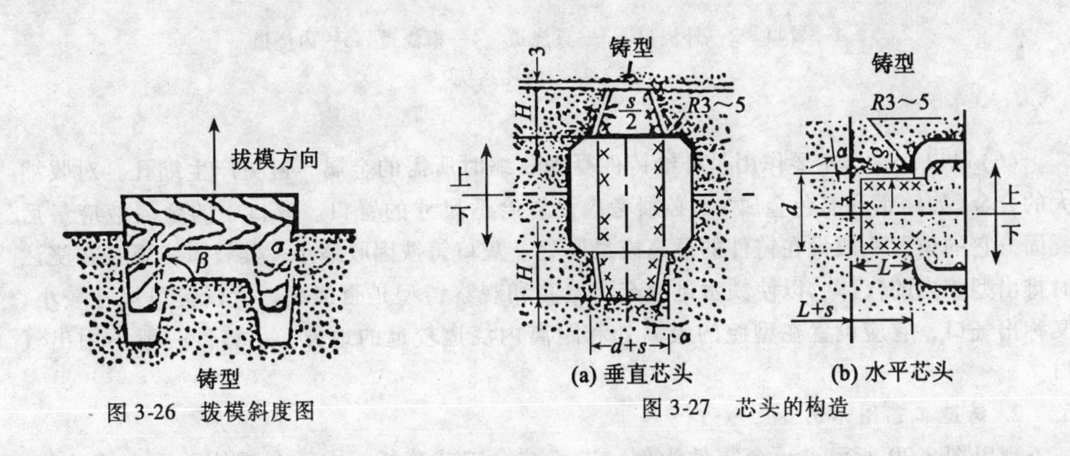

图3-26　拔模斜度图

图3-27　芯头的构造

(4)芯头。在铸型中芯头可使型芯定位准确，安放牢固，排气顺利。芯头的形状和尺寸对于型芯在合箱时的工艺性和稳定性有很大影响。芯头分为垂直芯头和水平芯头两大类。垂直型芯一般都有上、下芯头(见图3-27(a))，但短而粗的型芯也可不留上芯头。芯头高度H主要取决于芯头直径d。为增加芯头的稳定性和可靠性，下芯头的斜度小($\alpha=5°\sim10°$)、高度H大；为易于合箱，上芯头的斜度大($\alpha=6°\sim15°$)、高度H小。水平芯头(见图3-27(b))的长度L主要取决于芯头的直径d和型芯的长度。为便于下芯及合箱，铸型上的芯座端部也应有一定的斜度α。为便于铸型的装配，芯头与铸型芯座之间应留1~4mm的间隙δ。

(5)浇注系统。为引导金属液填充型腔和冒口而设于铸型中的一系列通道，称为浇注系统。它由外浇口2、直浇道3、横浇道4和内浇道5组成。如图3-28所示。浇注系统要保证金属液均匀、平稳地充满型腔，以免冲坏型腔；应阻止熔渣、砂粒、气体和其他杂质进入型腔，能调节铸件冷却凝固顺序，并有一定的补缩能力。

内浇道与型腔直接相连，它的位置和方向应能引导金属液平稳地流入型腔，不能冲击、飞溅。一般高度较大，形状较复杂的铸件，其内浇道应开设在型腔底部，称为底注式。高度小，形状简单的铸件，内浇道多开设在型腔顶部，称顶注式，圆形铸件的内浇道多从切线方向开设在圆周上，为使灰口铸铁件各部分均匀冷却，常将内浇道开设在铸件壁较薄的部位，尺寸较大，形状复杂的薄壁铸可在多处开设内浇道。

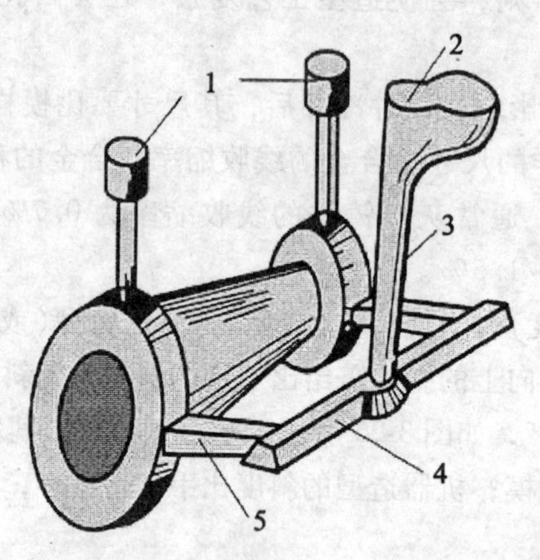

1—冒口 2—外浇口 3—直浇道 4—横浇道 5—内浇道

图 3-28 浇注系统

(6)冒口。冒口主要作用是补给铸件凝固收缩时所需的金属，避免产生缩孔。对收缩大的合金(如铸钢和有色金属)则必须考虑设置合适尺寸的冒口。冒口中的金属液应最后凝固，它的位置一般设在铸件的最高或最厚处。灰口铸铁因收缩小，其冒口主要是在浇注时排出型腔内的气体，以使铁水迅速充满型腔和观察铸型是否浇满。所以冒口尺寸较小，又称出气口，它应设置在型腔的最高处和距离内浇道较远的地方。小铸件一般不用出气口。

2. 铸造工艺图示例

现以图 3-29 所示支承台零件为例，进行综合工艺分析。支承台零件承受中等载荷，起支承作用，材料为灰铸铁(牌号 HT200)，小批量生产。

由于材料为灰铸铁，铸造性能良好，能满足质量要求。支承台是一个回转体构件，宜采用分模两箱造型方法。生产批量小，宜采用砂型铸造手工造型方法。

1)选择分型面

选择通过轴线的纵向剖面为分型面，工艺简便。

2)确定浇注位置

水平浇注使两端面侧立，因两端面为加工面有利于保证铸件质量。

3)确定工艺参数

(1)加工余量。图样要求仅两端面加工，需留加工余量，ϕ20mm 的 8 个孔不能铸出，采用干、湿型砂铸型铸出的灰铸铁件的尺寸公差等级为 IT13 ~ IT15，与加工量等级 MA 的匹配关系是(IT13 ~ IT15)/H。若取 IT14/H，基本尺寸为 200mm(大于 160 ~ 250mm，双侧切削加工)。查铸造专用表(尺寸公差表、加工余量表)可知，铸件尺寸公差数值为 14mm，支承台两侧面的加工余量值为 7.5mm。

(2)拔模斜度。使用木模，拔模斜度选择为 $\alpha = 3°$；铸件法兰(两端圆盘)较厚，可在远离分型面处减少 2mm 加工余量，以获得拔模斜度。

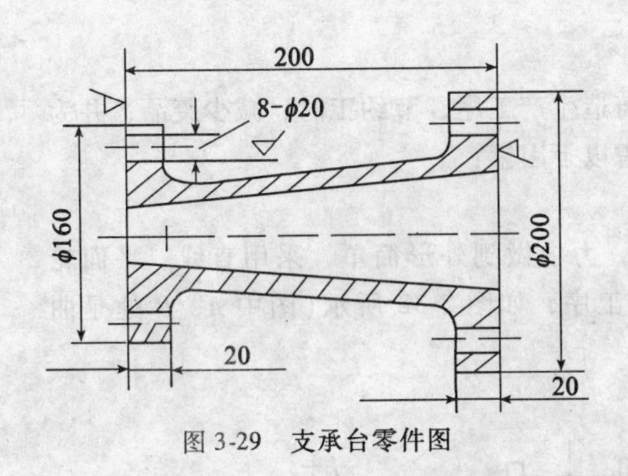

图 3-29　支承台零件图

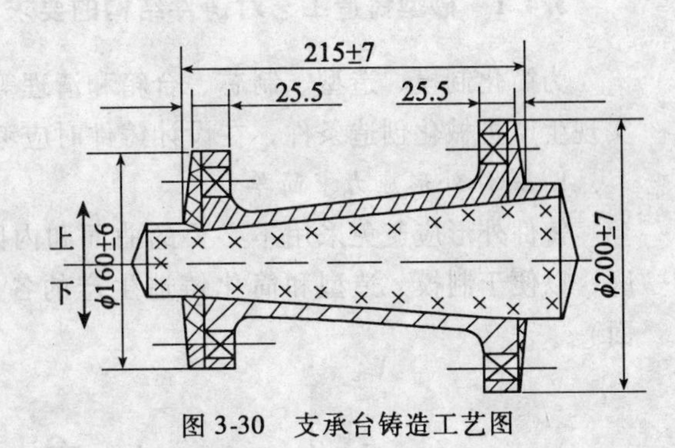

图 3-30　支承台铸造工艺图

(3)线收缩率。材料为灰铸铁，铸件结构有一定的受阻收缩，线收缩率选择为1%。

(4)型芯头。支承台具有锥形空腔，宜设计整体型芯，芯头尺寸及装配间隙可查有关手册确定。

将上面确定的各项内容，用规定的颜色，符号(一般分型线，加工余量，浇注系统均用红线表示，分型线用红色写出"上"、"下"字样，不铸出的孔、槽用红线打叉。芯头边界用蓝色线表示，芯用蓝色"×"标注)。描绘在零件的主要投影图上，铸造工艺图的绘制即告完成，如图 3-30 所示。

根据铸造工艺图就可画出铸件(毛坯)图，如图 3-31 所示。铸件图是反映铸件实际形状，尺寸和技术要求的图样，是铸造生产、铸件检验与验收的主要依据。

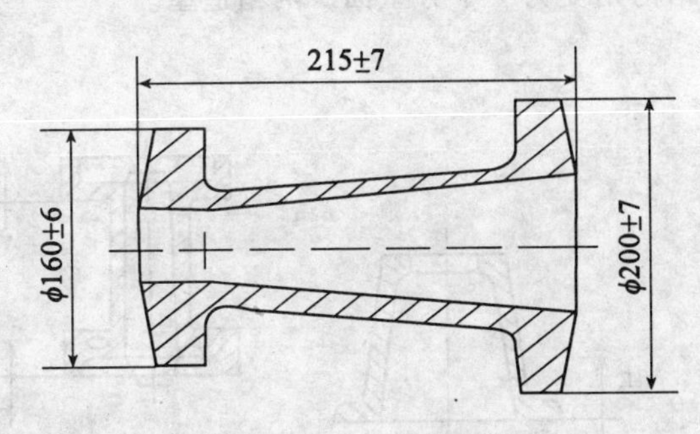

图 3-31　支承台毛坯图

3.4　合金液态成型件的结构工艺设计

设计合金液态成型件结构时，不仅要保证其使用性能和力学性能的要求，还必须考虑合金液态成型方法、液态成型工艺和合金铸造性能等对液态成型件结构的要求，同时还要考虑后期机械加工、装配和运输方面的要求，使零件全部生产过程能做到技术合理、工艺可行、造价经济。

正确的铸件结构应使液态成型生产工艺过程简便，能减少和避免产生缺陷，铸件结构是否合理，即结构工艺性是否好，对铸件质量，生产率及成本有很大影响。

3.4.1 砂型铸造工艺对铸件结构的要求

为简化制模、造型、制芯、合箱和清理等铸造生产工序，节约工时，减少废品，并为实现生产机械化创造条件，在设计铸件时应考虑以下因素：

1. 铸件外形应力求简单

铸件外形应避免采用不必要的曲面和内凹，力求做到外形简单，采用直线、平面轮廓，以便于制模、造型和简化铸造生产的各个工序，如图 3-32 所示(图中 *A*、*B* 处是曲面)。

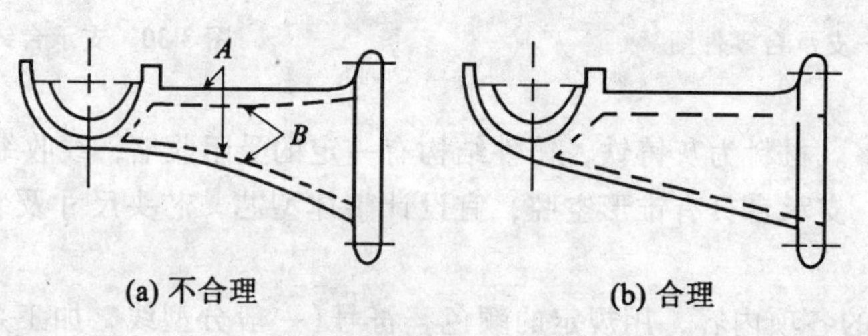

图 3-32 托架外形设计

2. 减少与简化分型面

铸件分型面的数量应尽量少，且尽量为平面，以利于减少砂箱数量和造型工时，简化造型工艺，减错箱、偏芯等缺陷，提高铸件尺寸精度。图 3-33(a)的两个分型面，三箱造型，若改为图 3-33(b)结构则变为一个分型面，两箱造型。

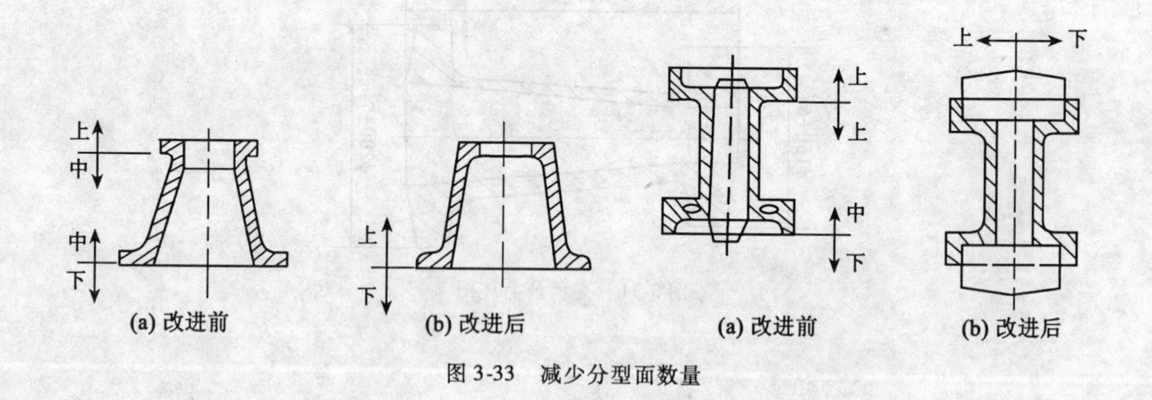

图 3-33 减少分型面数量

3. 避免不必要的型芯和活块

因型芯和活块会使造型、造芯及合箱工艺复杂，工作量增加，成本提高，并易产生缺陷。

因此设计铸件结构时应尽量减少型芯和活块。图 3-34 的两种结构均能满足使用要求，但用筋板结构(见图 3-34(b))代替“箱形”结构(见图 3-34(a))，可省去型芯，简化工艺操作。

铸件内腔一般由型芯制出。但在一定条件下，也可用内腔自然形成的砂垛(上箱叫吊

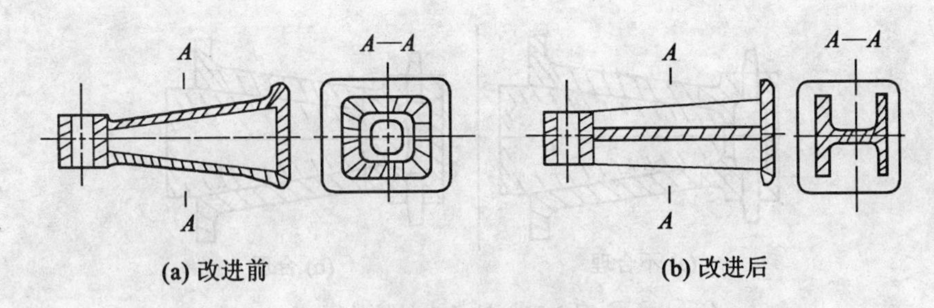

图 3-34　两种结构设计

砂，下箱叫自带型芯）来获得。图 3-35（a）所示铸件批量不大，其内腔出口处较小，所以只好采用普通型芯。图 3-35（b）是改进后的结构，内腔改为开口式，且 $H/D<1$，所以可采用自带型芯来取代普通型芯，使造型简便，成本低。

铸件上的凸台、筋条等突出部分，应尽量不妨碍起模。如果模样上采用活块或型芯，造型过程复杂；要避免活块或型芯，使造型简便。当凸台与分型面距离较近时，可将凸台延长到分型面，如凸台间距离小，也可将局部凸台连成一片；改变凸台和筋条的形状和位置，使之布置合理。凸台的厚度不宜过大，以防引起金属的局部积聚而产生缩孔，凸台厚度一般应小于或等于相邻壁的厚度。同一平面上的凸台高度应尽量一致，以节省画线、调整等机加工工时。

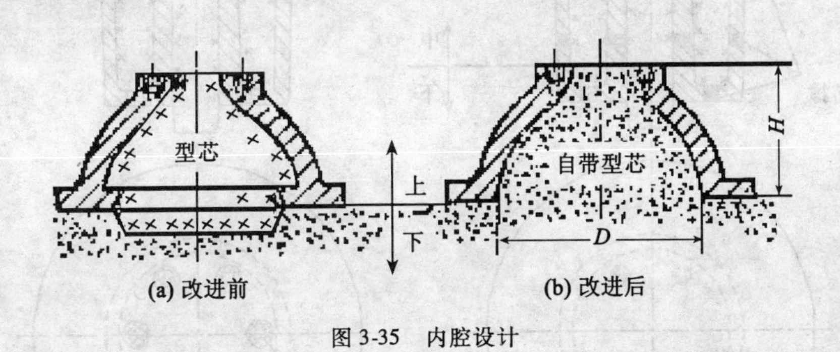

图 3-35　内腔设计

4. 有利于型芯的定位、固定、排气和清理

为避免铸件产生偏芯、气孔等缺陷，铸型中的型芯必须支承牢固和便于排气。型芯主要用芯头固定，当支撑型芯的芯头数量不足，可用芯撑作辅助支撑。芯撑只能用于非滑动表面、非加工表面和不进行耐压试验的铸件，一般应尽量避免。这是因为：芯撑表面因氧化或铸件壁薄冷速太快，造成芯撑不能与金属液完全熔合而形成孔隙，使铸件承受水压或气压时易产生渗漏；在芯撑熔合处铸件硬度很高，将影响加工质量和使用性能。

图 3-36 所示的结构需用两个型芯，其中大芯呈悬臂状，安装时需用芯撑支承牢固、排气和清理都困难。若改用图 3-36（b）所示的结构，型芯成为一个整体，既可解决图 3-36（a）结构的缺点，还可减少型芯数量，使装配简单。

有时一些铸件内腔的结构，虽能满足使用要求，但却不利于型芯的稳定、排气和清理。如图 3-37（a）所示的紫铜风口。从使用出发只需两个通循环水的孔即可，但从铸造工

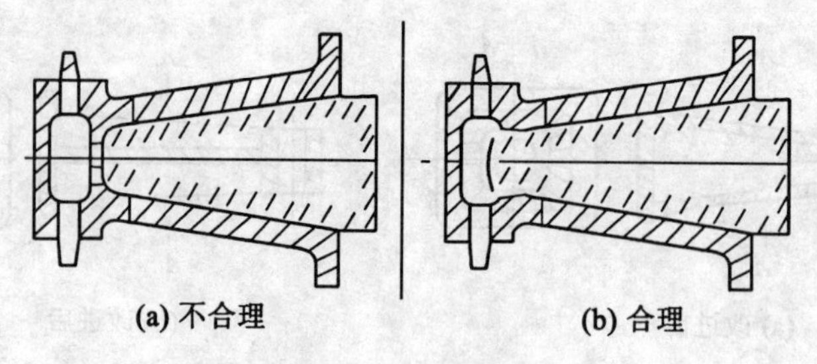

图 3-36 轴承支架铸件

艺的角度看，该型芯只靠这两个芯头来固定、排气和清理显然很困难。为此在法兰面上增设工艺孔，如图 3-37(b)所示。该型芯采用吊芯，通过 6 个芯头固定在上型盖上，省去了芯撑，改善型芯的稳固性，并使其排气顺畅和清理方便。

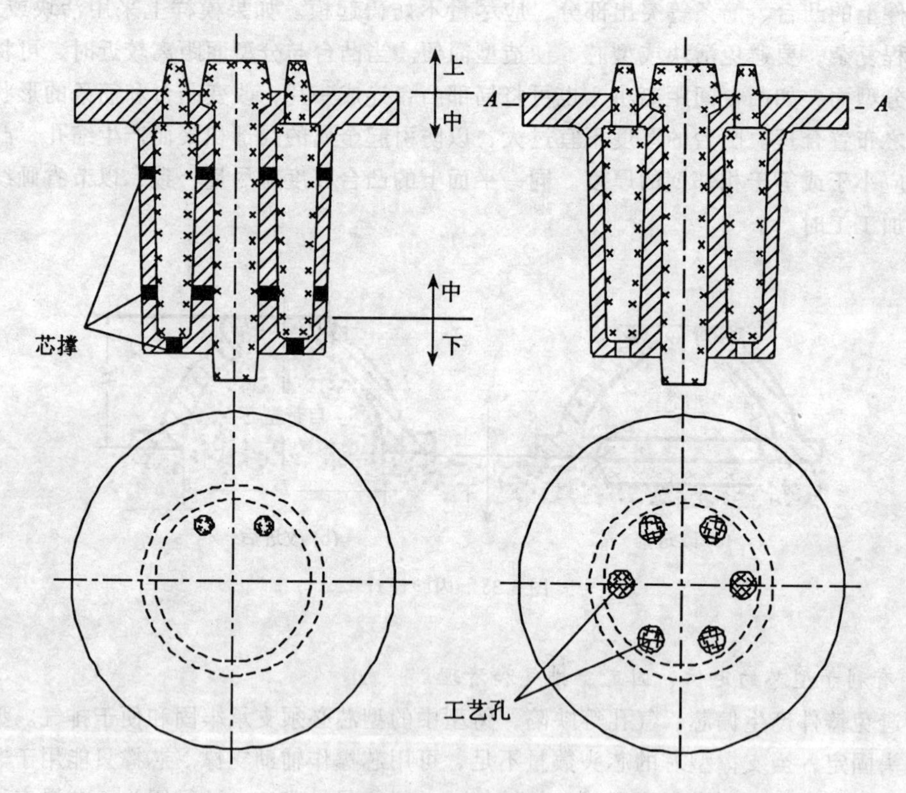

图 3-37 增设工艺孔

5. *应有结构斜度*

凡垂直于分型面的不加工面都应有一定的倾斜度，即结构斜度(见图 3-38)。结构斜度可使起模方便，延长模样寿命；起模时不易损坏型腔表面；模样或芯盒的松动量减少，提高了铸件的尺寸精度；具有结构斜度的内腔，有时可采用吊砂或自带型芯，以减少型芯数量；图(a)为不合理结构，图(b)为合理结构。此外，结构斜度还可美化铸件外形。

结构斜度大小与铸件垂直壁高度有关，高度愈小，斜度愈大。一般，铸件凸台或壁厚过渡处，其斜度为 30°～45°，铸件内侧的斜度大于外侧；木模或手工造型时的斜度大于金属模或机器造型。对于垂直于分型面的加工面，设计时不给结构斜度，为便于起模，仅在制模时才给予很小的拔模斜度(30′～3°)。

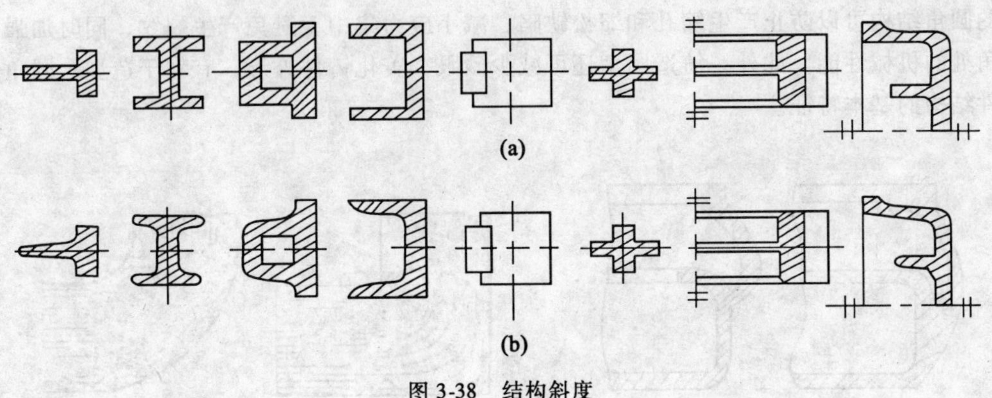

图 3-38　结构斜度

3.4.2　合金铸造性能对铸件结构的要求

为减少或避免铸件产生缩孔、气孔、变形、裂纹等缺陷，在设计铸件结构时还应考虑合金铸造性能的要求：

1. 铸件壁的设计

1)铸件壁厚应适当

(1)最小壁厚。铸件壁厚选择适当，既能保证铸件力学性能，又便于铸造生产、减少缺陷、节约金属。在一定的铸造条件下，不同的铸造合金所能铸出的最小壁厚也不同，若设定的壁厚小于合金所允许的最小壁厚，则易产生浇不足、冷隔等缺陷。铸件的最小壁厚主要取决于合金的种类、铸造方法和铸件尺寸。

(2)合理截面形状设计结构时，应根据载荷性质和大小，合理选择截面形状(如空心、工字形、丁字形、槽形和箱形)，并在脆弱处增设加强筋。为减轻重量、便于固定型芯、排气和清理，可在壁上开窗口。

(3)铸件外壁、内壁和筋的临界厚度。一般情况铸件外壁、内壁和筋的厚度之比是 1∶0.8∶0.6,以使各部分壁的冷却速度均匀，保证铸件强度和刚度，避免厚大截面和防止金属积聚。

铸件各部分壁厚若相差过大，则在厚壁处易形成金属积聚的热节，凝固收缩时在热节处易形成缩孔、缩松等缺陷。此外，因冷却速度不同，各部分不能同时凝固，易形成热应力，并有可能使厚壁与薄壁连接处产生裂纹(见图 3-39(a))。如铸件壁厚均匀(见图 3-39(b)),则可避免这些缺陷。

检查壁厚是否均匀时，应将铸件的加工余量考虑在内，这样才能准确。因有时不包括加工余量时，各壁厚较均匀，但包括加工余量后，加工面的铸造厚度增加，致使各部分壁厚不均。

2)铸件壁的连接应合理

壁的连接处或转角处易产生应力集中、缩孔、缩松等缺陷。设计时应避免壁厚突变，铸件壁的连接处或转角处应有结构圆角，如图 3-40(a)所示，在转弯处具有直尖角结构，这时由于金属在直角处结晶方向性的影响而使该处的机械性能下降。直角连接与圆角连接相比，金属积聚的程度更大，且直角连接易产生应力集中现象。因此，采用图3-40(b)所示的圆角结构可以防止产生缩孔和缩松缺陷，减小应力集中，避免产生裂纹，同时加强了转角处的机械性能。此外，铸造圆角还可减少砂眼，美化铸件外形，有利于造型。圆角是铸件结构的基本特征。

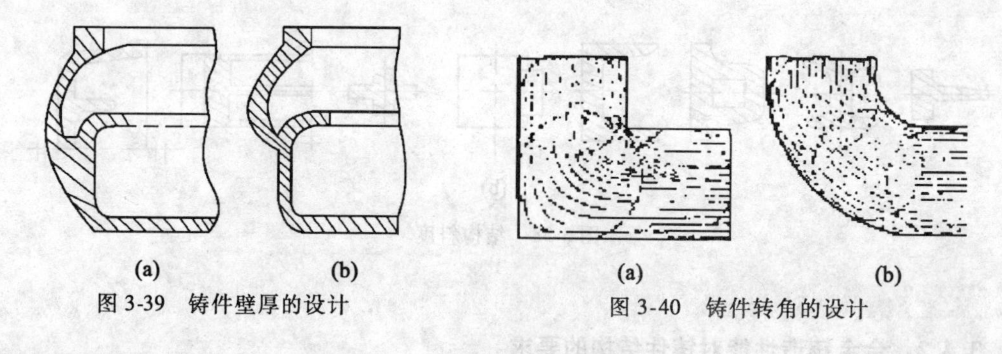

(a) (b)

图 3-39 铸件壁厚的设计

(a) (b)

图 3-40 铸件转角的设计

(1)铸件内圆角的大小应与其壁厚相适应，过大会造成金属局部积聚，增加形成缩孔的倾向。一般圆角处内接圆直径，不超过相邻壁厚的 1.5 倍。

(2)筋或壁的连接应避免交叉和锐角，主要目的是为了减少热节，防止产生缩孔、缩松等缺陷。中小型铸件可选用交错接头(见图 3-41(a))，环状接头用于大型铸件(见图 3-41(b))；壁与壁间应避免锐角连接，若两壁间需呈小于 90°的夹角，则应采用图3-41(c)所示合理的过渡形式。

(a) 交错接头 (b) 环状接头 (c) 两壁夹角小于90°的连接

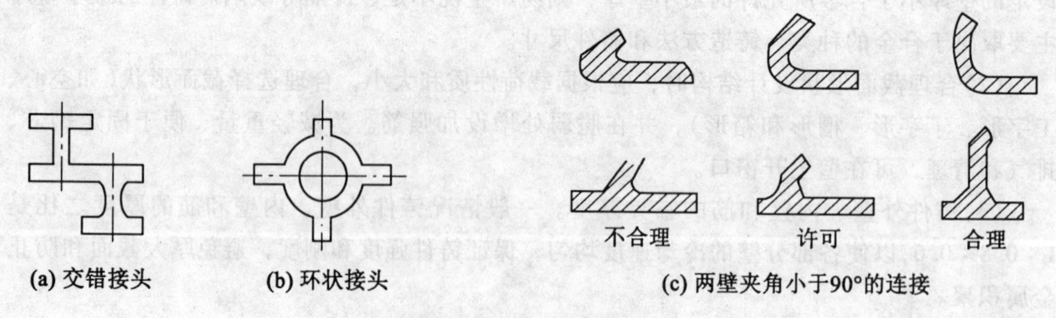

图 3-41 铸件接头结构

(3)厚壁与薄壁间的连接要逐步过渡。铸件壁厚不可能完全均匀，有时差异很大，为减少应力集中、防止裂纹，设计时不同壁厚间的连接应采用逐步过渡，避免壁厚的突变。其过渡形式和尺寸见表 3-2。

表 3-2　　几种不同铸件壁厚的过渡形式及尺寸

图例	过渡尺寸		
	$b \leqslant 2a$	铸铁	$R \geqslant \left(\frac{1}{6} - \frac{1}{3}\right)\left(\frac{a+b}{2}\right)$
		铸钢	$R \approx \frac{a+b}{4}$
	$b>2a$	铸铁	$L \geqslant 4(b-a)$
		铸钢	$L \geqslant 5(b-a)$
	$b \leqslant 2a$	$R \geqslant \left(\frac{1}{6} - \frac{1}{3}\right)\left(\frac{a+b}{2}\right)$，$R \geqslant R_1 + \left(\frac{a+b}{2}\right)$	
	$b>2a$	$R \geqslant \left(\frac{1}{6} - \frac{1}{3}\right)\left(\frac{a+b}{2}\right)$，$R \geqslant R_1 + \left(\frac{a+b}{2}\right)$ $c \approx 3\sqrt{b-a}$；对于铸铁：$h \geqslant 4c$，对于铸钢：$h \geqslant 5c$	

3) 铸件应尽量避免有过大的水平面

铸件上大的水平面不利于金属液的填充，易产生浇不足、冷隔等缺陷；水平型腔的上表面，因受高温金属液长时间烘烤，易开裂使铸件产生夹砂；大的水平面也不利于气体和非金属夹杂物的排除。图 3-42(b)铸件的斜面比图 3-42(a)大的水平面工艺性好，有利于防止产生上述缺陷。

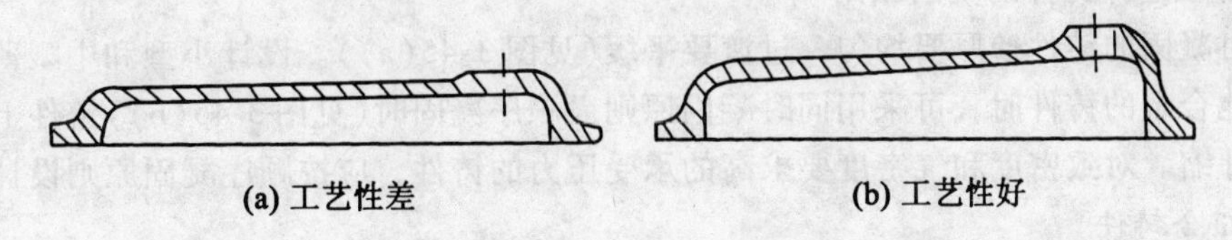

(a) 工艺性差　　(b) 工艺性好

图 3-42　防止大平面的设计

4) 铸件结构应有利于自由收缩

当铸件收缩受到阻碍，产生的内应力超过合金的强度极限时，将产生裂纹。所以，设计铸件时应尽量使其能自由收缩。图 3-43(a)所示轮辐为偶数，直线形，易制模，若采用刮板造型时，分割轮辐较准确。但对线收缩很大的合金，有时因内应力过大，会使轮辐产生裂纹。为防止裂纹可改用弯曲轮辐(见图 3-43(b))或奇数轮辐(见图 3-43(c))，这样就可借弯曲轮辐或轮缘的微量变形自行减小内应力。

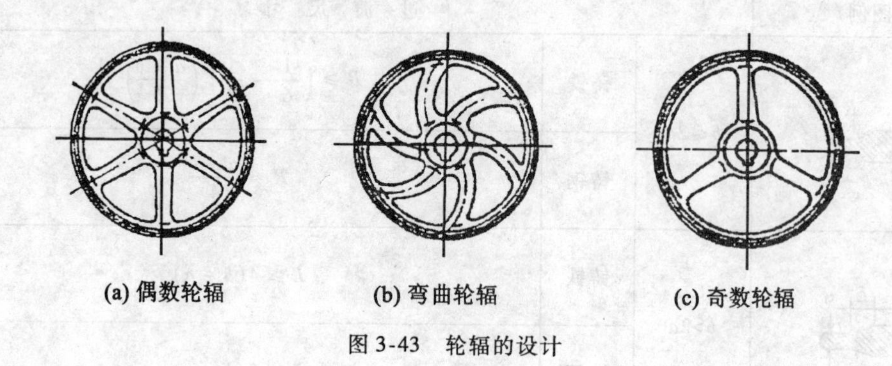

图 3-43　轮辐的设计

5)应防止铸体翘曲变形

细长铸件、大而薄的平板铸件及壁厚不均匀的长形箱体在收缩时易翘曲变形。在设计这类铸件时，应正确设计零件截面形状和合理设置加强筋，以提高其刚性。

图 3-44(b)就是采用加强筋防止变形的平板设计。为充分发挥加强筋的作用，应将其布置在受力方向的反面，使它承受压力。

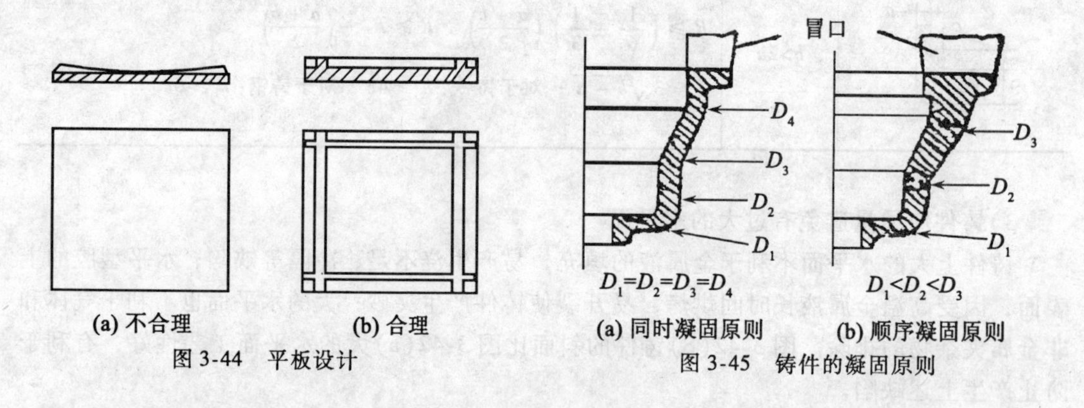

图 3-44　平板设计

图 3-45　铸件的凝固原则

6)合理选择铸件的凝固原则

同时凝固的铸件壁厚要均匀，过渡要平缓(见图 3-45(a))。设计小型和中型薄壁铸铁件或其他合金的铸件时，可采用同时凝固原则。顺序凝固时(见图 3-45(b))铸件上部截面由冒口补缩。对致密度和气密度要求高的承受压力的铸件，应按顺序凝固原则设计。

2. 组合铸件

生产中，有些铸件(特别是大型的复杂铸件)，整体铸造时因受具体生产条件的限制，可能比较困难或者质量不易保证。这时可以考虑将其分成几部分铸造，加工后再用螺栓或焊接等方法连接起来，这种结构的铸件称为组合铸件。组合铸件由于铸件由大化小，结构由复杂化为比较简单，故使制模，造型等工艺过程大为简化，且运输，加工也比较方便，有利于提高生产率和降低成本，铸件质量也容易保证。

图 3-46 为铸钢底座的组合铸件。底座分成两部分铸造，然后再用焊接连接起来，这种铸件有的称为铸焊结构铸件。

组合铸件的缺点是零件的精度，强度和刚度比整体铸造时差，施工的工时也较多，故对具体铸件是否采用组合铸件应作具体分析。

除了用螺栓或焊接的方法连接起来的组合铸件外，浇合（或镶合）铸件也是组合铸件的一种。它是把一种金属制成的零件（或铸件）浇合到另一种金属的铸件中去，结合而成一个整体。这种组合铸件除了具有易于保证铸件的质量和简化机械加工工艺等优点外，而且可以充分利用在一个铸件内不同金属的性能特点。图 3-47 所示为浇合铸件的一些例子。

此外，铸件的结构工艺性除了考虑到上述的保证铸件质量、简化铸造工艺和铸造合金特点等几方面因素外，还应该考虑到车间具体生产条件的影响。例如，铸件的批量大小，采用的铸造方法，车间的设备条件及工人的技术水平等，另外还要考虑到机械加工和装配时的方便。

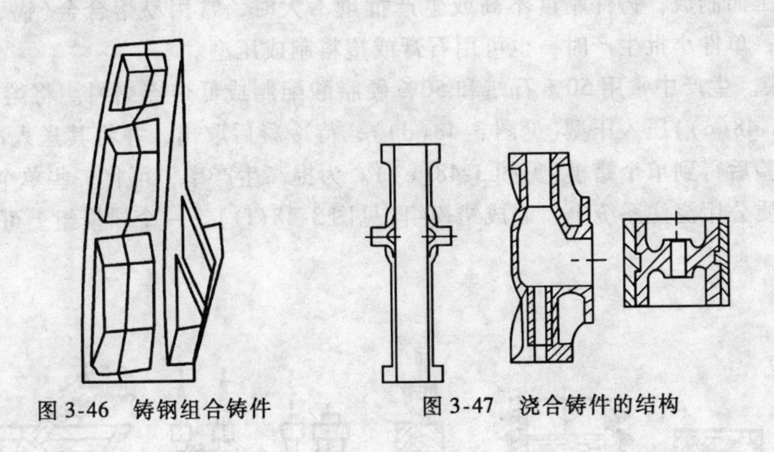

图 3-46　铸钢组合铸件　　图 3-47　浇合铸件的结构

3.5　特种铸造及铸造新工艺技术简介

铸造是一种液态金属成型的方法。长期以来，应用最广泛的是普通砂型铸造。然而，随着科学技术的不断发展和生产水平的不断提高以及人类社会生活的需要，对铸造生产提出了一系列新的、更高的要求。为此，近几十年来，铸造工作者在继承、发展古代铸造技术和应用近代科学技术成就的基础上，开创了许多新的铸造方法及工艺，如近代化学冷硬砂铸造工艺、高效金属型铸造工艺、挤压铸造工艺、熔模以及气化模铸造工艺等。这些与砂型铸造不同的其他铸造方法称为特种铸造。与普通砂型铸造相比，这些铸造工艺的共同优点可概括为六个字，即“精密”、“洁净”、“高效”。具体表现在以下几个方面：可以大量生产同类型、高质量而且稳定的铸件；铸件尺寸精度和表面光洁度较高，从而实现少切割或无切削加工；能进一步简化生产工艺过程，缩短生产周期，便于实现生产工艺过程的机械化、自动化，提高劳动生产率，改善劳动条件，使铸造工厂（或车间）绿色化；可大量减少生产原材料的消耗，降低生产成本，获得良好的经济效益和社会效益。常用的特种铸造方法主要有以下几种：熔模铸造、气化模铸造、金属型铸造、压力铸造、低压铸造、离心铸造、连续铸造、冷硬砂铸造等。

3.5.1 熔模铸造

用易熔材料(如蜡料)制成模样，在模样上包覆若干层耐火涂料，制成型壳，熔出模样后经高温焙烧即可浇注的铸造方法，称为熔模铸造或失蜡铸造。因铸件质量高，又称精密铸造。

1. 熔模铸造的工艺过程

熔模铸造工艺过程如图3-48所示。

(1)母模。母模(见图3-48(a))是用钢或铜合金制成的标准件。用它来制造压型。

(2)压型。压型(见图3-48(b))是用来制造蜡模的特殊铸型。为保证蜡模质量，压型的尺寸精度和表面质量要求很高。当铸件精度高或大批量生产时，压型常用钢、锡青铜或铝合金经加工而制成；铸件精度不高或生产批量不大时，常用易熔合金(锡、铅、铋)直接浇注出来；单件小批生产时，也可用石膏或塑料制成压型。

(3)蜡模。生产中常用50%石蜡和50%硬脂酸配制成低熔点蜡料。将熔融(糊状)的蜡料(见图3-48(c))压入压型(见图3-48(d))，待冷凝后取出，并将其送入冷水槽冷却，再经修整检验后得到单个蜡模(见图3-48(e))。为提高生产率，可将一些单个蜡模粘焊在预制好的蜡质公用浇注系统上，制成蜡模组(见图3-48(f))。一个蜡模组上可粘焊2~100个蜡模。

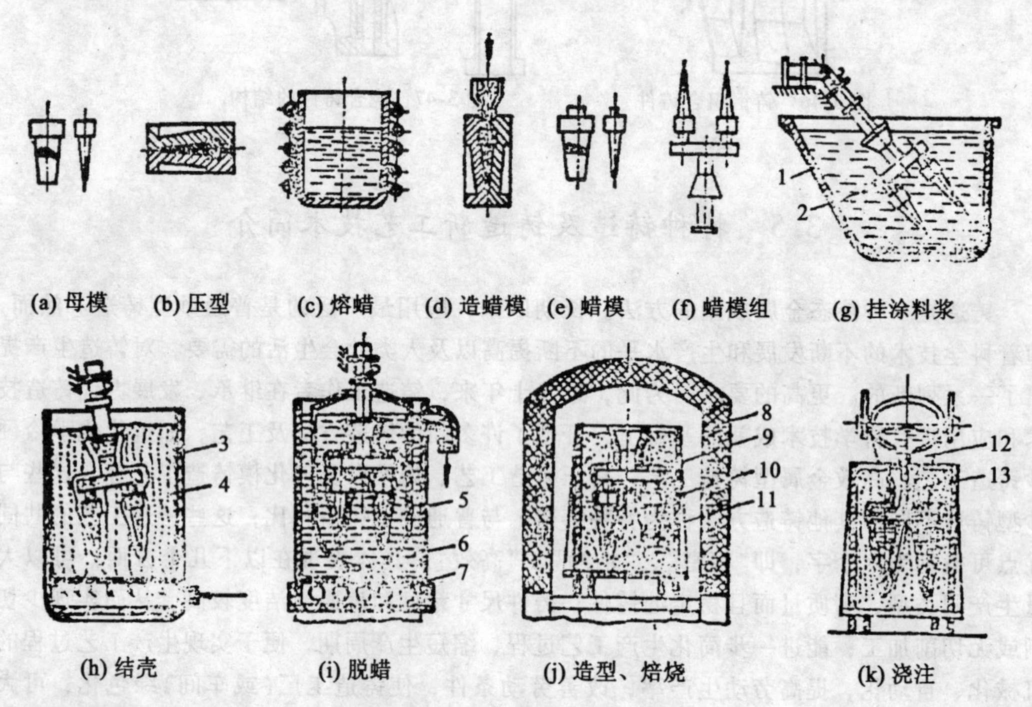

1—挂浆容器 2—涂料浆 3—结壳装置 4—石英砂 5—水罐 6—水 7—加热装置 8—电炉 9—型壳 10—耐热砂箱 11—石英砂 12—浇包 13—金属液

图3-48 熔模铸造工艺过程

(4)结壳。将蜡模组浸到容器 1 中(见图 3-48(g)),挂上涂料浆 2(由水玻璃作黏结剂与石英粉配成)后,再放入装置 3 中(见图 3-48(h))往其表面撒一层石英砂 4,然后将黏附了石英砂的蜡模组放入硬化剂(多为氯化铵溶液)中,利用化学反应生成的硅酸溶胶将砂粒粘牢并硬化。如此反复涂挂 4 ~ 8 层,直到结壳厚度达到 5 ~ 10mm。这种有足够强度的硬壳铸型称为型壳。

(5)脱蜡。用加热装置 7 将水罐 5 中的水 6 加热至 85 ~ 95℃,把型壳放入(见图 3-48(i)),使蜡模熔化并浮到热水面上流出,收取蜡料供重复使用。蜡模流出后的型壳即为具有空腔的铸型。

(6)造型和焙烧。为提高型壳强度,防止浇注时型壳变形或破裂,可将型壳 9 竖放在耐热砂箱 10 中(见图 3-48(j)),周围填满干石英砂 11 并紧实,此过程称为造型。

为烧尽型壳内的残余挥发物,蒸发掉水分,提高其质量,需将装好型壳的耐热砂箱放在电炉 8 中,在 900 ~ 950℃下焙烧。

(7)浇注。为提高金属液的充型能力,防止产生浇不足、冷隔等缺陷,焙烧后趁热(型壳温度为 600 ~ 700℃)将浇包 12 中的金属液 13 浇入铸型(见图 3-48(k))。

铸件冷却后毁掉铸型,切去浇口,放入 150℃浓度为 45% 的苛性钠水溶液中进行化学处理,以彻底清洗铸件。化学处理后用流水洗净并烘干,对其进行热处理和成品检验。

2. 熔模铸造的特点及应用范围

(1)能铸造各种合金铸件,尤其适于铸造高熔点、难切削加工和用别的加工方法难以成型的合金,如耐热合金、磁钢等。

(2)可生产形状复杂、轮廓清晰、薄壁(0.2 ~ 0.7mm),且无分型面的铸件。一般的凸台、小孔(D_{min} = 1.5mm)均可直接铸出。铸件的公差等级为 IT14 ~ IT11,表面粗糙度 R_a 值为 12.5 ~ 1.6μm,减少了切削加工工作量(加工余量为 0.2 ~ 0.7mm),实现了少、无切削加工,节约了金属材料。

(3)生产批量不受限制,可实现机械化流水生产。

(4)工艺过程复杂,生产周期较长(4 ~ 15d),生产成本较高。

(5)因蜡模容易变形,型壳强度不高等原因,铸件的重量一般限制在 25kg 以内。

熔模铸造主要用于生产汽轮机、涡轮发动机的叶片或叶轮,切削刀具,以及飞机、汽车、拖拉机、风动工具和机床上的小型零件。目前它的应用还在日益扩大。

3.5.2　金属型铸造

金属液靠重力浇入用金属制成的铸型中,以获得铸件的方法,称为金属型铸造。金属型可重复使用,故又称永久型铸造。

1. 金属型的构造

根据分型面位置的不同,金属型分为整体式、垂直分型式、水平分型式和复合分型式。其中垂直分型式(见图 3-49)便于开设内浇道和取出铸件,也易于实现机械化,所以应用较多。金属型多用灰铸铁制成,也可用铸钢。金属型本身无透气性,为排出型腔内气体,在分型面上开出一些通气槽。通气槽的深度应小于 0.2 ~ 0.4mm,以防止金属液流出。为防止产生气孔和利于金属液的充型,大多数金属型开有出气口。为能在高温下从铸型中取出铸件,多数金属型设有顶出铸件的机构。铸件的内腔可用砂芯或金属芯制成。金属芯一般只用于有色金属铸件，为能从形状复杂的内腔中取出金属芯，型芯可由几部分组合而成，浇注后按先后顺序取出。

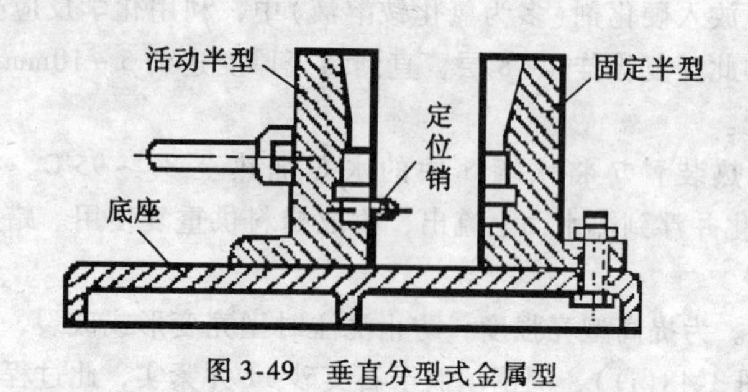

图 3-49　垂直分型式金属型

2. 金属型铸造的工艺特点

金属型导热比砂型快，没有退让性，所以铸件易产生冷隔、浇不足、裂纹等缺陷，灰铸铁件常产生白口组织。此外，在高温金属液的冲刷下，易损坏铸型，影响了金属型的寿命和铸件的表面质量，造成取出铸件困难。为减少和避免这些缺点，生产时需采用下列工艺措施：

(1)金属型应保持合理的工作温度。合理的工作温度可减缓铸型的冷却速度、提高金属液的充型能力、促进铸铁的石墨化和延长铸型寿命。为此，浇注前要对金属型进行预热；在连续生产中，如铸型温度过高时，应利用散热装置(气冷或水冷)散热。金属型的合理工作温度为：铸铁件 250 ~ 350℃，有色金属铸件 100 ~ 250℃。

(2)为保护型腔和减缓铸型的传热速度，型腔表面和浇冒口中要涂以厚度为 0.2 ~ 1.0mm 的耐火涂料，以使金属液和铸型隔开。在黑色金属铸造中，还要在涂料外面喷涂一薄层重油或乙炔烟，在浇注时可产生还原性气体，形成隔热气膜，以减小铸件表面粗糙度值。

(3)因金属型无退让性，故应掌握好适宜的开型时间。铸件宜早些从型中取出，以防产生裂纹、白口组织和造成铸件取出困难。但开型过早也会因金属强度较低而产生变形。一般铸铁件的出型温度为 780 ~ 950℃。

(4)为防止铸铁件产生白口组织，其壁厚一般应大于 15mm，并控制铁水中碳、硅的质量分数不小于 6%。采用孕育处理的铁水来浇注，对预防产生白口非常有效。对已产生白口的铸件要利用自身余热，及时进行退火处理。

3. 金属型铸造的特点和应用范围

与砂型铸造相比，金属型铸造有以下特点：

(1)实现了“一型多铸”(几十次至几万次)，节约了大量造型材料、工时和占地面积，提高了生产率，改善了劳动条件。

(2)金属型冷却快，铸件结晶组织细密，力学性能和致密度高，例如铜、铝合金铸件的抗拉强度比砂型铸造提高 20% 以上。

(3)铸件的公差等级可达 IT14 ~ IT12，表面粗糙度 R_a 值为 12.5 ~ 6.3μm，加工余量为 0.8 ~ 1.6mm。可实现少、无切削加工。

(4)金属型制造成本高、周期长，不适于小批量生产，不宜铸造形状复杂、大型薄壁件，铸铁件易产生白口组织。此外，必须采用机械化、自动化装置进行生产，才能改善劳动条件。

金属型铸造主要适于大批量生产形状简单的有色合金铸件和灰铸铁件。如发动机中的铝活塞、气缸体、缸盖、油泵壳体、水泵叶轮、铜合金轴瓦和轴套等。壁厚为2～100mm，重量为几十克至几百千克。若采用特殊的铸型也可生产钢铸件。

3.5.3　压力铸造

在高压下，将液态或半液态金属高速压入金属铸型，并在高压下凝固成型的铸造方法，称为压力铸造(亦称挤压铸造，简称压铸)。常用的比压为 5～150MPa，金属液流速为 5～100m/s。

1. 压铸工艺过程

压铸工艺过程主要工序有闭合压铸型、压射金属、打开压铸型和顶出铸件。压铸所用的铸型叫压铸型，它与垂直分型的金属型相似，由两个半型组成。安装在压铸机固定板上，固定不动的半型叫定型；安装在压铸机移动板上的半型叫动型，可作水平移动。压铸型上装有拔出金属型芯的机构和自动顶出铸件的机构。压铸型用耐热的合金工具钢制成，加工质量要求很高，需经严格的热处理。

压铸机是压铸生产中的专用设备，主要由合型机构和压射机构组成。合型机构的作用是开合压铸型，并在压射金属时用压力顶住压铸型以防金属液由分型面处漏出。压铸机的规格一般用合型力(MN)表示。压射机构的作用是对金属液施以高压，使其高速充满型腔，并在高压下凝固成型。

压铸机分为热压室式和冷压室式两类。

热室压铸机(见图 3-50)的压室 2 位于盛有金属液的热坩埚 1 中。金属液经孔 4 注满压室，压射冲头 3 向下运动时，金属液在 10～30MPa 的压力下充满压铸 5 的型腔。保压、冷凝后压射冲头返回，剩余金属液由浇口流回压室。打开压铸型，铸件由顶杆顶出。

热室压铸机的压力由杠杆机构或压缩空气产生，压力较小，且压室浸在金属液中易被腐蚀，只适于压铸低熔点合金(如锌、镁、铅、锡等)。铸件重量为几克到 25kg。

冷压室式的压室有立式和卧式两种。冷室压铸机的压室和坩埚炉分开。在工作时才将金属液浇入压室进行压射。这种压铸机一般用高压油为动力，合型力很大，为 0.25～2.5MN。

卧式冷室压铸机工作过程如图 3-51 所示。将金属液定量浇入压室 4 中，压射冲头(活塞)5 以 40～100MPa 的压力将其压入压铸型 1 和 3 的型腔。保压、冷凝后抽出型芯 2，打开压铸型，用顶杆 6 把铸件 7 顶出。浇注前将压铸型加热至 120～320℃。取出铸件后用压缩空气吹净压铸型工作面并涂刷专用涂料，以防铸件与压型表面熔结在一起。

此压铸机可压铸铜、铝、镁和锌等合金，铸件的重量可达 45kg。因其生产率高、结构简单，便于自动化生产，所以比立式压铸机应用广泛。

2. 压铸的特点和应用范围

由于液态金属的充填、成型和凝固都是在压力作用下完成的。因此，该工艺具有如下优点：

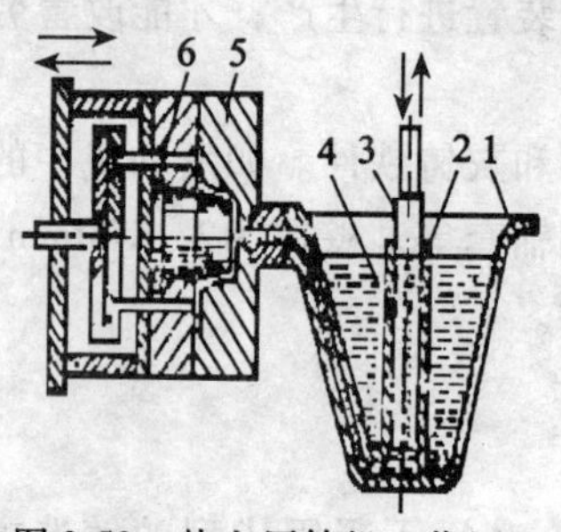

图 3-50 热室压铸机工作原理

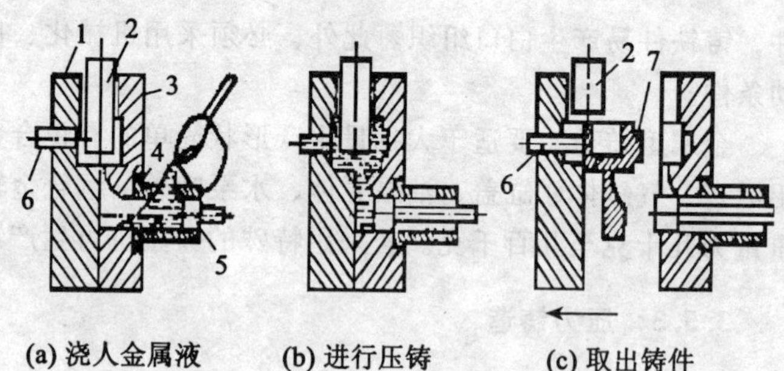

图 3-51 卧式冷室压铸机工作原理

(1)生产率比其他铸造方法都高，并易于实现半自动化、自动化。例如，一般锌合金压铸件平均生产率可达500件/小时。

(2)可铸出结构复杂、轮廓清晰的薄壁、深腔、精密铸件，可直接铸出各种孔眼、螺纹、齿形、花纹和图案等，也可压铸镶嵌件。铸孔的最小直径为0.7mm，铝合金铸件最小壁厚为0.5mm。

(3)可获得公差等级为IT13~IT11、表面粗糙度 R_a 值为3.2~0.8μm的铸件，可实现少、无切削加工。因大多数压铸件不需切削加工即可直接进行装配，此外不必设置浇冒口系统，减少液态金属的消耗，提高了工艺实收率，所以省工、省料，成本低。

(4)铸件强度和表面硬度高，组织细密，其抗拉强度比砂型铸件提高25%~40%。

(5)压铸设备和压铸型费用高，压铸型制造周期长，只适于大批量生产。

(6)因金属液充型速度高，又在压力下成型，所以铸件内常有小气孔，并常存在于表皮下面。

由于上述优点，故该工艺发展迅速。压铸工艺已发展了直接冲头挤压、间接冲头挤压、柱塞挤压、型板挤压等多种方法。

压铸目前主要用于大批量生产铝、镁、锌、铜等有色合金的中小型铸件，在汽车、拖拉机、电器仪表、航空、航海、精密仪器、医疗器械、日用五金及国防工业等部门已获得广泛应用。

3. 压力铸造工艺的发展趋势

(1)用压力铸造法将液态金属压渗到陶瓷纤维增强材料中，制成局部增强金属基复合材料，将成为廉价，便捷的批量生产先进金属基复合材料的良好方法。

(2)扩大应用，提高质量，使铸件向更优质、高性能、大型化、复杂化的方向发展。重点解决的问题是：尽量减少液态金属充型过程中空气的卷入(这也是造成铸件起泡的主要原因)。为此，一则要改进压射系统，尽量做到低速大流量全部壁横截面平稳充型；二是改进模具设计并采取真空、充氧等措施排除充型前型腔中的空气。尽量减少冲头挤压前挤压料缸(压室)中浇入的液态金属过早“凝固结壳”给铸件带来的缺陷，为此，除改进工艺与模具设计外，近年来国外新发展的固体粉末润滑剂和采用升液管向挤压料缸供给金属液系统也有显著效果。

(3)改造原有压力铸造设备，发展新的压力铸造机系列。可从两个方面努力：一是对国内原有设备进行改造，赋予它新的功能，主要是添加自动化措施，国内已有设备厂家予以关注；二是开发新的压力铸造机系列，以达到系列化、标准化。

3.5.4　低压铸造

低压铸造是介于重力铸造(如砂型、金属型铸造)和压力铸造之间的一种铸造方法。它是使液态合金在压力下，自下而上地充填型腔，并在压力下结晶，以形成铸件的工艺过程。由于所用的压力较低($2 \sim 7N/cm^2$)，所以称低压铸造。

1. 低压铸造的工艺过程

图 3-52 为低压铸造工作原理示意图。该装置的下部为一密闭的保温坩埚炉，用以储存熔炼好的金属液。坩埚炉的顶部紧固着铸型(通常为金属型)，垂直的升液管使金属液与朝下的浇口相通。铸型为水平分型，金属型在浇注前必须预热，并喷刷涂料。低压铸造的工艺过程如下：

(1)升液、浇注。通入干燥的压缩空气，合金液在较低压力下从升液管平稳地上升进入型腔。

(2)加压、凝固。型内合金液在较高压力下结晶，直至全部凝固。

(3)减压、降液。坩埚上部与大气连通，升液管与浇口内尚未凝固的合金液因重力作用而流回坩埚。

(4)开型、取出铸件。

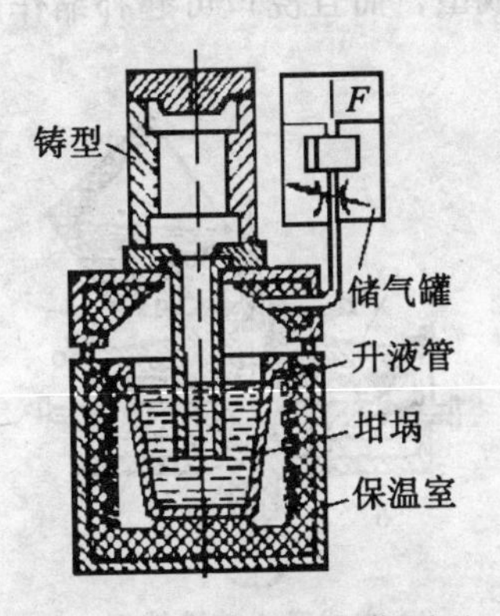

图 3-52　低压铸造工作原理

2. 低压铸造的特点和应用范围

(1)底注充型，平稳且易控制，减少了金属液注入型腔时的冲击，飞溅现象，提高了产品的合格率。

(2)金属液上升速度和结晶压力可人为控制，故适于各种不同的铸型，如金属型、砂型、熔模壳型、树脂壳型等。

(3)不需另设冒口，而由浇口兼起补缩作用，故浇注系统简单，金属利用率高(通常利用率为 90% ~95%)。

(4)与重力铸造(砂型、金属型)比较，铸件的轮廓清晰，组织致密，力学性能好，尤其是对大型薄壁件的铸造非常有利。

(5)此外，设备较压铸简易，便于实现机械化和自动化生产。

低压铸造是 20 世纪 60 年代发展起来的一种工艺，在国内外均受到普遍重视。目前我国主要用来生产质量要求高的铝、镁合金铸件，如发动机的缸体、缸盖、高速内燃机的活塞、带轮、纺织机零件等，并已用它成功地制造出重达30t的铜螺旋桨及球墨铸铁曲轴等。但低压铸造如何消除铝、镁合金铸件中的氧化夹渣和提高升液管的使用寿命等问题，还有待于进一步解决。

3.5.5 离心铸造

金属液态合金浇入高速旋转(250～1500r/min)的铸型中，使金属液在离心力作用下充填铸型并结晶，这种铸造方法称离心铸造。如图3-53所示。

离心铸造必须在离心铸造机上进行，根据铸型旋转轴在空间位置的不同，离心铸造机可分为立式离心铸造机和卧式离心铸造机。立式离心铸造机的铸型是绕垂直轴旋转的，此种方式的优点是便于铸型的固定和金属的浇注。生产中空铸件时，金属液并不填满型腔，这样便于自动形成空腔。而铸件的壁厚则取决于浇入的金属量。但此种方式形成中空铸件的自由表面(即内表面)呈抛物线形状，使铸件上薄下厚，因此主要用来生产高度小于直径的圆环类铸件(见图3-53(a))。

立式离心铸造机也可生产成型铸件，如图3-53(b)所示，浇注时金属液填满型腔，故不形成自由表面，金属液在离心力作用下充型力得到提高，便于流动性较差的合金和薄壁铸件，如涡轮、叶轮等铸件的成型，而且浇口可起补缩作用，使组织致密。

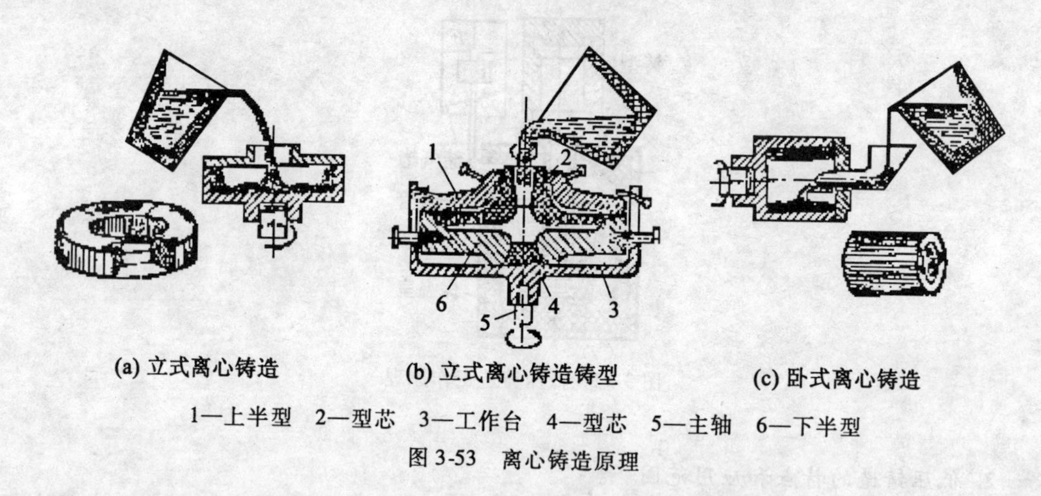

(a) 立式离心铸造　　(b) 立式离心铸造铸型　　(c) 卧式离心铸造

1—上半型　2—型芯　3—工作台　4—型芯　5—主轴　6—下半型

图3-53　离心铸造原理

卧式离心铸造机上的铸型是绕水平轴旋转的(见图3-53(c))，由于铸件在各部分的冷却条件相近，中空铸件无论在长度或圆周方向的壁厚都是均匀的，因此适于生产长度较大的套筒和管子。

离心铸造主要用于生产回转体的中空铸件，如铸铁管、气缸套、活塞环、造纸机卷筒等。它也可用于生产双金属铸件，如钢套镶铜轴承等，其结合面牢固、耐磨，可节省许多贵重金属。

3.5.6 连续铸造

连续铸造是生产铸管和铸锭的一种铸造方法，其原理是将液态金属不断地浇入称为结晶器的特殊的金属型中，然后将冷凝的铸件连续不断地从结晶器的另一端拉出，按需要截取，可获得任意长度的铸件。

1. 连续铸造的工作原理

连续铸造的工作原理如图 3-54 所示，液态金属从浇包 6 浇入雨淋式转动浇杯 5，连续而均匀地注入内结晶器 3 与外结晶器 2 的间隙中，液态金属在水冷却的内外结晶器之间逐步凝固成有一定强度的硬壳，内部呈半凝固状态，借助电力升降盘 9 将成型的铸管 7 以相应的速度从结晶器内向下拉出，拉到管子的标准长度。

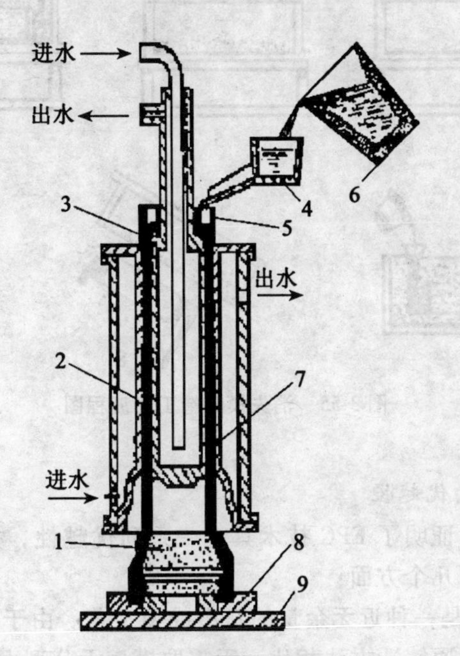

图 3-54　连续铸造原理图

2. 连续铸造的特点及应用范围

(1)连续铸造免去了浇口、冒口，降低了金属消耗。

(2)冷却迅速，表层组织细密，且易实现机械化生产，生产率高。

(3)铸件合金不受限制，钢、铁、铜、铝及其他合金均可铸造。

连续铸造主要用于自来水管道、煤气管道及铸锭的生产，铸管的内径为 300～1200mm，长度可达 6000mm。

3.5.7　消失模铸造技术

消失模铸造(又称实型铸造，简称 EPC)是将与铸件尺寸形状相似的泡沫模型粘结组合成模型簇，刷涂耐火涂料并烘干后，埋在干石英砂中振动造型，在负压下浇注，使模型气化，液体金属占据模型位置，凝固冷却后形成铸件的新型铸造方法。

1. 生产原理及工艺流程

(1)生产原理。该法首先采用预发泡成型机制成泡沫塑料模样(包括铸件及浇注系统的模样)，经粘接组成实体模组，并在其上涂刷特制涂料，待干燥后放置于特制砂箱中，填入不含水分及粘结剂的干砂，经三维振动紧实，抽真空状态下浇铸，泡沫模型气化消耗后被金属液充填，复制出与泡沫塑料模样相同的铸件，冷凝后取出铸件，进行下一循环。

(2)工艺流程。消失模铸造工艺流程如图 3-55 所示。

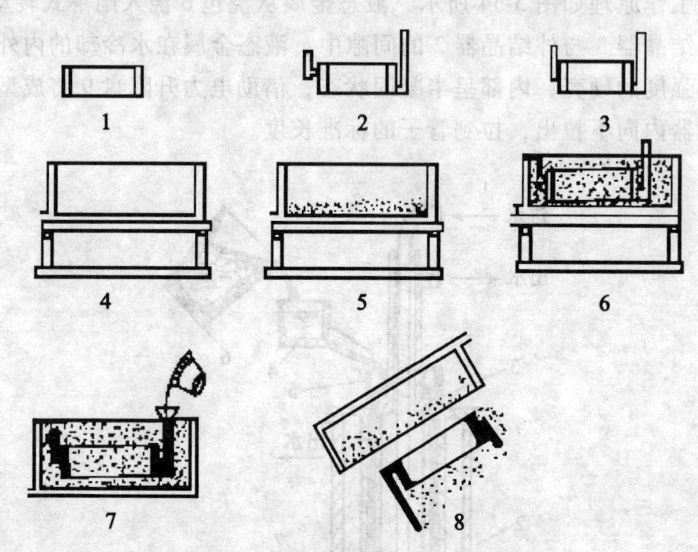

图 3-55　消失模铸造工艺流程图

2. 消失模铸造工艺的优越性

国内外工厂的实践，证明了 EPC 技术具有一系列优越性，并取得了显著的经济和社会效益，具体表现在以下几个方面：

(1)消失模铸造工艺是一种近无余量的新型成型工艺。由于用作造型的模型是采用极易气化的泡沫材料，与普通铸造方法相比，无需取模，无分型面。也无泥芯，因而无飞边毛刺。无拔模斜度，故尺寸精度和表面粗糙度近似熔模精密铸件，重量一般比传统砂型铸造件减轻 30% ~40%。

(2)铸件内部质量提高。因为填充砂采用干砂，且型砂中无水分，无粘结剂以及其他附加物，自然减少了由此带来的缺陷，铸件废品率显著下降。

(3)对环境无公害，易实现清洁生产。由于不用造型机减少噪声，由于型砂中无水分和粘结剂减少了浇注时一氧化碳和水蒸气的危害。同时大大降低了清理工作量，旧砂的回收率高于 95%。整个工艺过程易实现机械化、自动化生产，即使泡沫塑料模浇注时气化会有少量有机物排出。但排放量只占铁液重量的 0.3%，且产生时间短，地点集中易于收集并集中处理。

(4)方便了铸件结构的设计。原先由多个零件加工后组装的构件，可以通过分别局部制模后粘合成整体一次铸出，使铸件美观、耐用；原有孔、洞可以无需泥芯直接铸出，这就大大节约了加工装配费用。

(5)简化砂处理工序，减少设备占地面积，从而降低设备费用，一般来说，采用 EPC 技术，其设备投资可减少 30% ~50%，相应地铸件成本可下降 10% ~30%。

3. 消失模铸造技术发展趋势

(1)随着严格的质量控制体系的建立和各关键工序监控仪表的完善，消失模铸件的质量将进一步提高，废品率将大为下降。如美国的某消失模车间，由于对涂料的透气性，对液态热解产物的吸附性以及绝热能力等的严格监控，结果实现了优质涂料的稳定使用，铸件废品率由 1.0% 下降到 0.25%；又如美国另一消失模生产线由于采用了新的振动台，其变形废品率由 17% 下降到 1%；由于使用传感器三坐标测量仪，使模样测量精度可控制在±0.0125mm以内。

(2)在模具设计和制造领域，将大量采用快速原形制造技术和并行环境下计算机模拟仿真，从而大大缩短模具的生产时间，实现铸件的快捷生产。

(3)随着泡沫塑料尾气净化装置和旧砂处理设备的进一步改善，以及各工序间自动化程度的提高，将使消失模铸造工厂(车间)绿色化。

(4)随着技术的进步，消失模铸造技术将与其他先进的铸造工艺相结合，开创出更新的复杂工艺，将使铸件质量和生产效率进一步提高。例如，将消失模技术与低压铸造相结合，将实现对金属液充填速度的严格控制，同时也会实现气化模型的有序气化，使铸件在一定压力下结晶凝固，从而获得组织致密、高气密性的铝合金铸件。

3.5.8　近代化学冷硬砂铸造工艺

到目前为止，普通铸造生产中使用的型砂与芯砂，按其所用粘结剂的化学性质可分为两大类，即无机化学粘结剂砂和有机化学粘结剂砂。它们主要是通过发生物理-化学反应而达到硬化的目的，可以采用一种或多种方法使之自行硬化，因此，统称为化学硬化砂。

1. 无机化学粘结剂型(芯)砂

当前铸造生产中应用最广泛的无机化学粘结剂是水玻璃，其次为水泥，近年来又开发出磷酸盐聚合物的无机化学粘结剂。

2. 有机化学粘结剂型(芯)砂

长期以来，铸造生产中就采用植物油作粘结剂配芯砂，然而随着科学技术的进步以及对铸件的产量和精度的要求越来越高，人工合成的有机高分子材料和化工副产品也就逐步地应用于铸造生产。开创出各种类型的有机化学(树脂)粘结剂型(芯)砂。

3.5.9　金属液态成型工艺技术发展状况

1. 铸造工艺技术现状

铸造工艺技术是应现代工业和科学技术的发展需求而发展起来的。现代工业和科学技术的发展越来越要求制造加工出来的产品精度更高、形状更复杂，被加工材料的种类和特性更加复杂多样，同时又要求加工速度更快、效率更高，具有高柔性以快速响应市场的需求。现代工业与科学技术的发展又为制造工艺技术提供了进一步发展的技术支持，如新材料的使用、计算机技术、微电子技术，控制理论与技术，信息处理技术，测试技术、人工智能理论与技术的发展与应用都促进了铸造工艺技术的发展。

2. 金属液态成型过程的计算机模拟技术研究有一定发展

我国已开始进行金属液态成型过程的计算机模拟技术的研究，对大型铸件充型凝固过程进行了三维数值模拟，对铝合金、镍合金的微观组织形成过程进行二维、三维模拟。材料热成型过程模拟技术的研究已成为国内研究热点。

3. 精密成型技术取得较大进展

在精密成型技术方面，国内已取得了较大进展。精密铸造方面，近几年重点发展了熔模精密铸造、陶瓷型精密铸造、消失模铸造等技术，采用消失模铸造生产的铸件质量好铸件壁厚公差达到±0.15mm，表面粗糙度 $R_a=25\mu m$。国内研究成功一种电渣铸接新工艺，并铸接了一块300mm×190mm×700mm的试验件，这种工艺是大型水轮机叶片、下环等特大型铸件的一种理想熔铸方法。国内也攻克了强度高、形态复杂、薄壁、净重2.7t铝合金铸件的铸造技术。

4. 先进制造工艺技术发展趋势

随着社会经济和科学技术的不断发展，新材料、新能源、新设计、新产品将会不断涌现，人们对物质产品的需求更加多样化，因而对机械制造工艺技术提出更多、更高要求。从总体发展趋势看，优质、高效、低耗、灵捷、洁净是机械制造业永恒的追求目标，也是先进制造工艺技术的发展目标。

铸造生产正向轻量化、精确化、强韧化、复合化及无环境污染方向发展，加强精确铸造成型技术基础理论研究，特别是新一代生产铝合金铸件为代表的精确铸造成型技术及其基础理论研究，包括不同压力条件下，铝合金壳型成型凝固过程的基本规律及其缺陷形成机理，以及精确铸造成型工艺铸件尺寸精度预测及控制研究，开展新材料及特殊材料的铸造成型新工艺的基础理论研究。

思考练习题3

1. 提高合金流动性的主要措施有哪些?
2. 铸造生产时，合金结晶温度范围宽窄对铸件质量有何影响?为什么?
3. 缩孔和缩松是怎么形成的?防止的措施有哪些?
4. 何谓顺序凝固原则和同时凝固原则?
5. 铸造应力有哪几种?形成的原因是什么?
6. 试述砂型铸造手工造型的特点和应用。选择手工造型方法时，应考虑哪些因素?
7. 确定浇注位置和分型面的原则是什么?
8. 为什么要规定铸件的最小壁厚?灰口铁件的壁厚过大或局部过薄会出现哪些问题?
9. 零件、铸件、模样三者在尺寸与形状上有何区别?
10. 为什么真正的空心球不采取工艺措施难以铸造出来，采取什么措施才能铸出?绘图说明。
11. 如图3-56所示各零件的分型面有哪几种方案?哪种方案较合理?为什么?
12. 区别下列名词概念：模样与型腔，铸件与零件，芯头与芯座，浇不到与冷隔，分型面与分模面，拔模斜度与结构斜度，浇注位置与浇注系统位置，出气口与冒口，缩孔与缩松，逐层凝固与顺序凝固，造型位置与浇注位置。
13. 灰铸铁的铸造性能和力学性能有何特点?为什么?灰铸铁最适宜制作哪类铸件?
14. 为何可锻铸铁只适宜制作薄壁小铸件?若壁厚过大易出现什么问题?
15. 分别按大批量和单件生产绘出下面零件的铸造工艺图和铸件图(见图3-57)。
16. 图3-58为空压机活塞零件图，材料HT200，要求水压试验1.2MPa，历时5min不渗漏、不许有气、缩孔等缺陷。请绘制其铸造工艺图，并给出适当的分析。

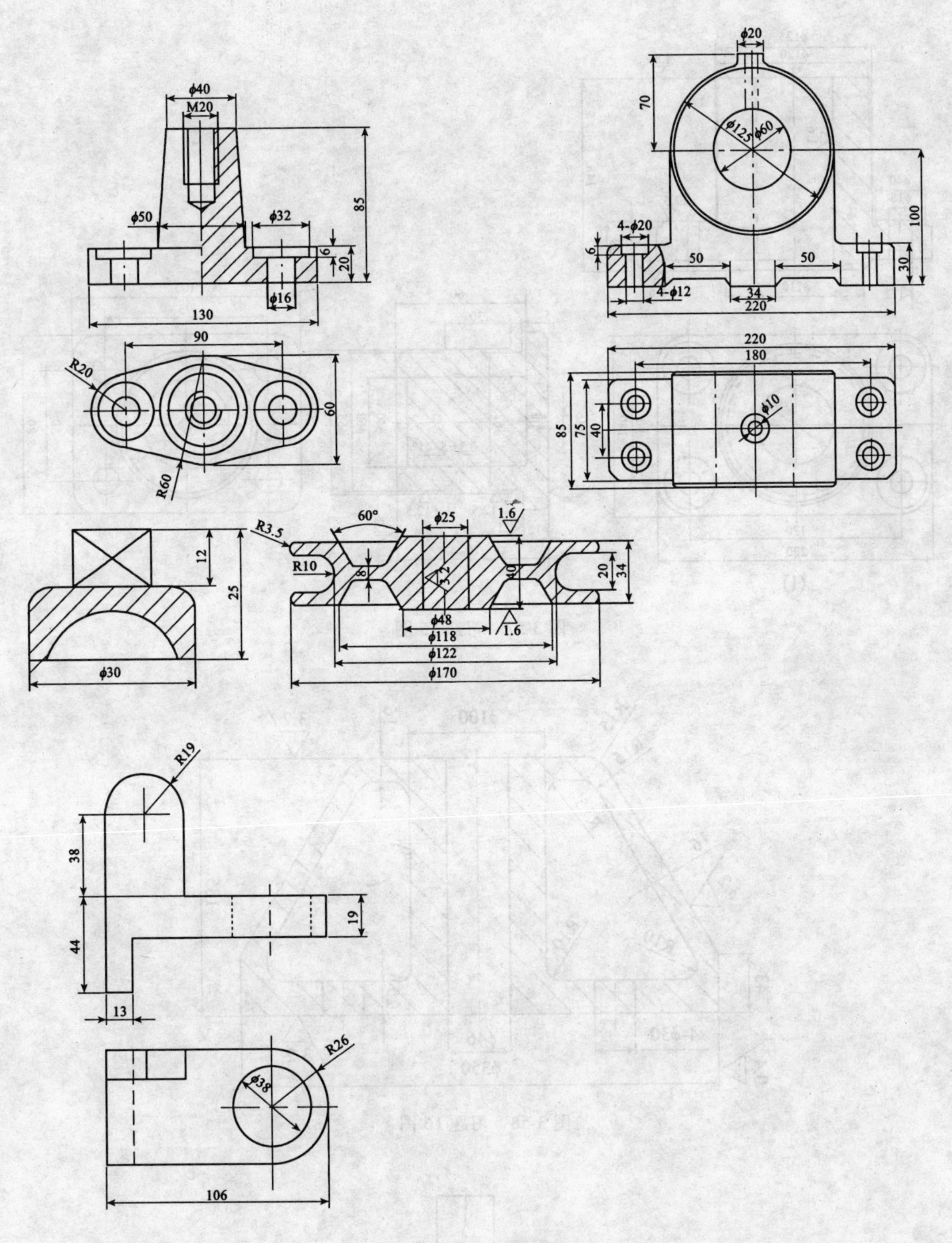

图 3-56　习题 11 图

17. 图 3-59 为某厂排渣阀的阀门，主体部分 1 材料为高铬白口铸铁(属难切削加工材料)，2 为铸造时的预埋件，材料为 45 钢。从经济的角度给出合理的生产方法。

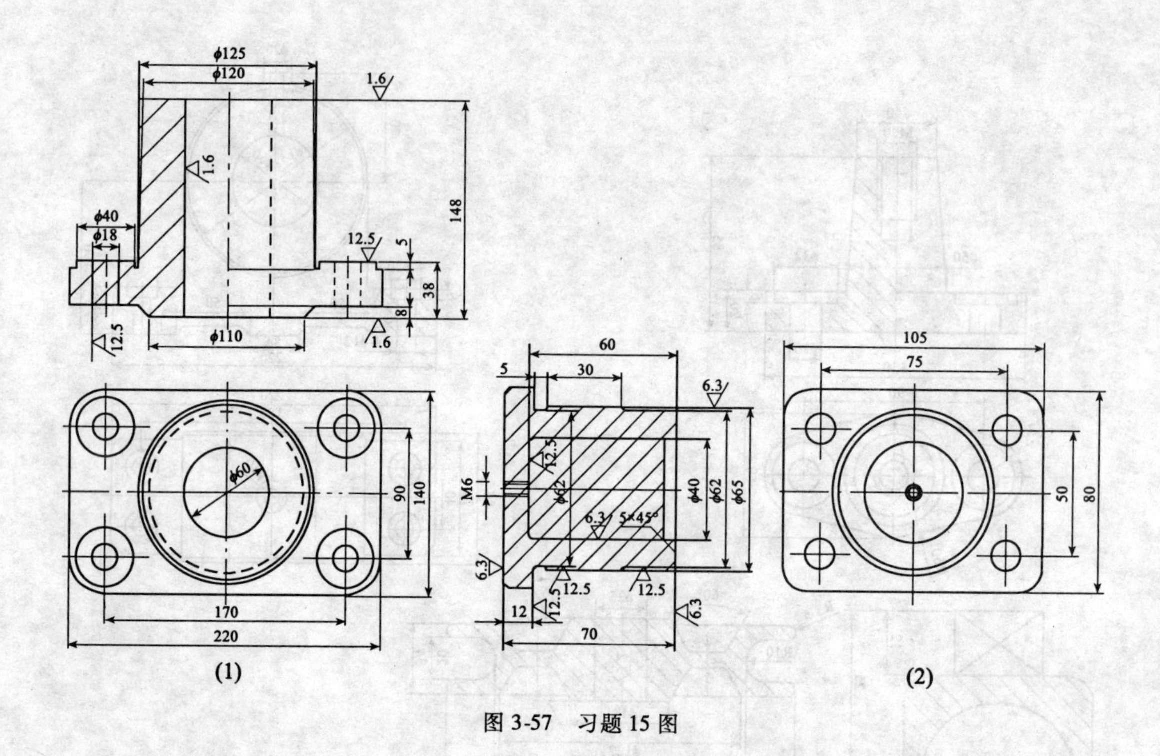

图 3-57 习题 15 图

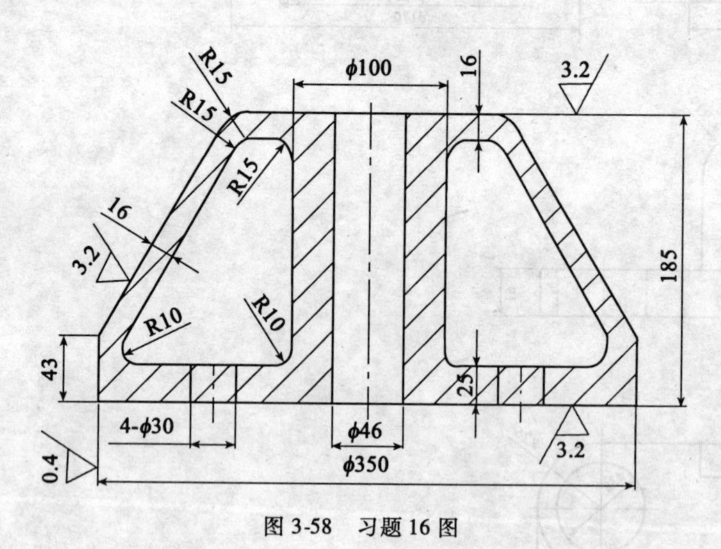

图 3-58 习题 16 图

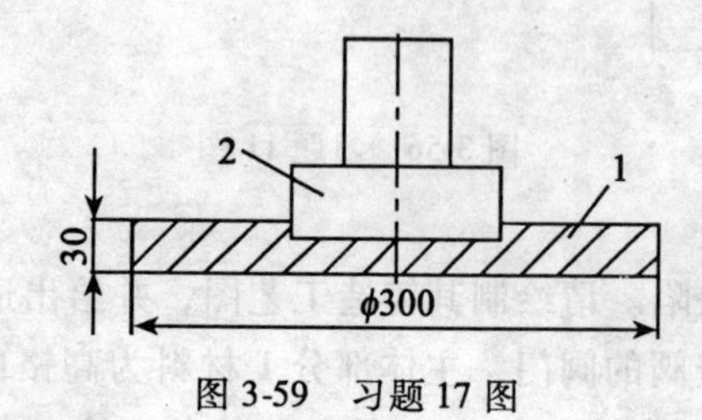

图 3-59 习题 17 图

18. 试分析比较灰铸铁、球墨铸铁和铸钢的铸造性能和力学性能有何不同？

19. 灰铸铁与铸钢在铸造工艺和铸件结构上有何不同？为什么？

20. 为什么铸件要有结构圆角？图示铸件上哪些圆角不够合理？应如何修改？

21. 试用内接圆方法确定图 3-60 所示铸件的热节部位。在保证尺寸 H 的前提下，如何使铸件的壁厚尽量均匀。

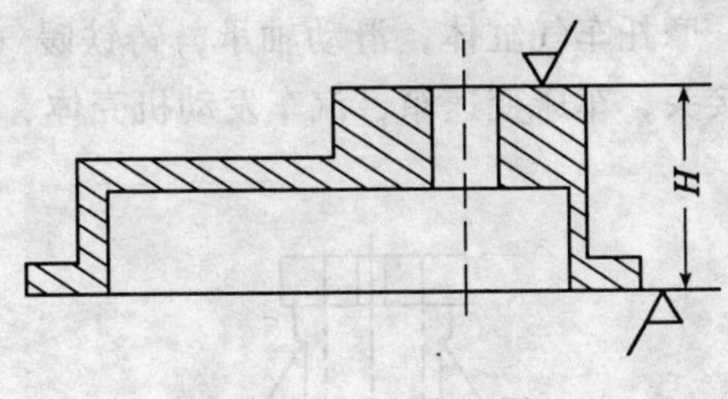

图 3-60　习题 21 图

22. 什么是铸件的结构斜度？它与起模斜度有何不同？

23. 分析图 3-61 中砂箱箱带的两种结构各有何优缺点，为什么？

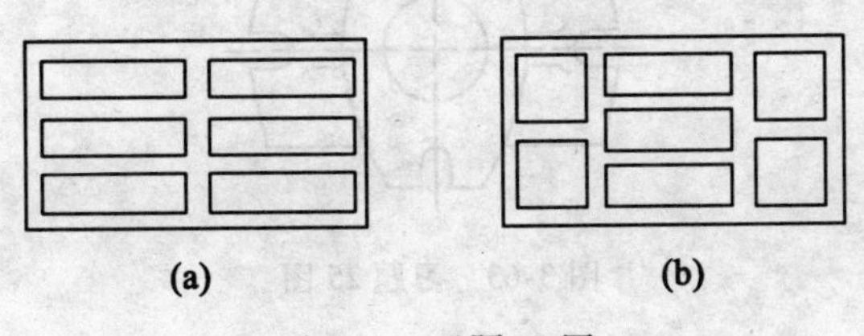

图 3-61　习题 23 图

24. 如图 3-62 所示铸件的两种结构设计，应选用哪一种较为合理？为什么？（提示：从工艺方面分析）

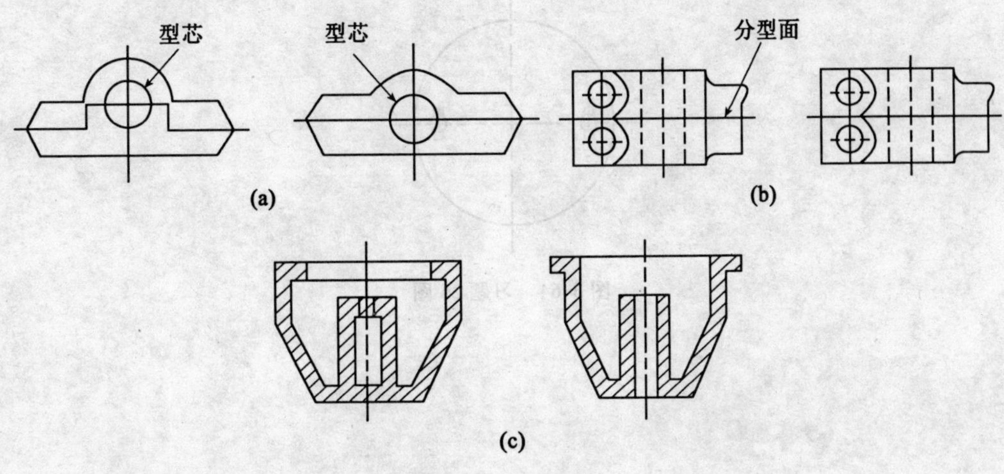

图 3-62　习题 24 图

25. 如图 3-63 所示的支架件在大批量生产中该如何改进其设计才能使铸造工艺得以简化?

26. 如图 3-64 所示为 ϕ800 下水道井盖，其上表面可采用光面或网状花纹。请分析哪种方案易于获得健全铸件。

27. 下列铸件在大批量生产时，采用什么铸造方法为宜(先选择所用材料，后选择成型方法)：车床床身，汽轮机叶片，铸铁污水管，铝活塞，缝纫机机头壳体，缝纫机机架，哑铃，生活用铸铁锅，摩托车气缸体，滑动轴承，铸铁暖气片，生活用炉盖和炉条，机床手轮，自来水三通管接头，车床变速箱，汽车发动机壳体、曲轴等。

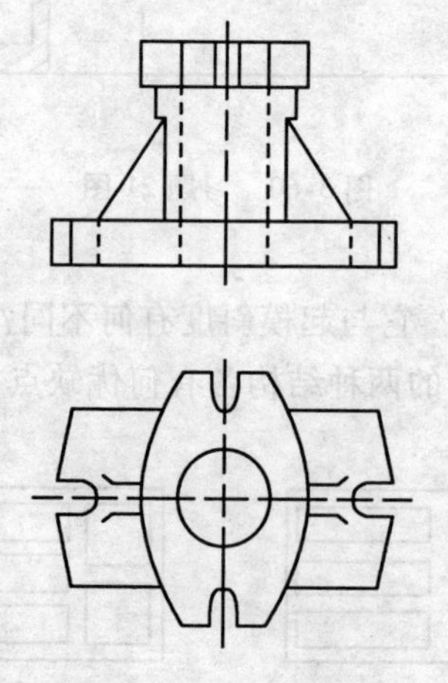

图 3-63　习题 25 图

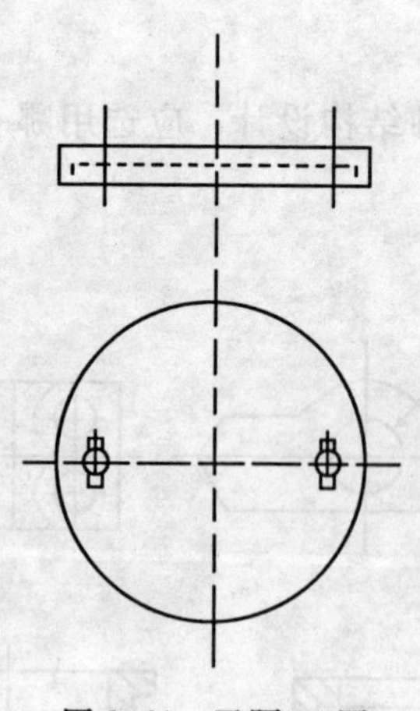

图 3-64　习题 26 图

第 4 章　金属塑性成型

4.1　金属的塑性成型工艺基础

4.1.1　金属的塑性成型

金属材料在一定的外力作用下，利用其塑性而使其成型并获得一定力学性能的加工方法称为塑性成型，也称塑性加工或压力加工。

按照成型的特点，一般将塑性成型分为块料成型(又称体积成型)和板料成型两大类，每类又包括多种加工方法，形成各自的工艺领域。

1. 块料成型

块料成型是在塑性成型过程中靠体积转移和分配来实现的。这类成型又可分为一次加工和二次加工。

1)一次加工

这是属冶金工业领域内的原材料生产的加工方法，可提供型材、板材、管材和线材等。其加工方法包括轧制、挤压和拉拔。在这类成型过程中，变形区的形状随时间是不变化的，属稳定的变形过程，适于连续的大批量生产。

(1)轧制。轧制是将金属坯料通过两个旋转轧辊间的特定空间使其产生塑性变形，以获得一定截面形状材料的塑性成型方法。这是由大截面坯料变为小截面材料常用的加工方法。轧制可分纵轧(见图 4-1(a))、横轧和斜轧。利用轧制方法可生产出型材、板材和管材。

(2)挤压。挤压是在大截面坯料的后端施加一定的压力，让金属坯料通过一定形状和尺寸的模孔使其产生塑性变形，以获得符合模孔截面形状的小截面坯料或零件的塑性成型方法。挤压又分正挤压(见图 4-1(b))、反挤压和正反复合挤压。因为挤压是在很强的三向压应力状态下的成型过程，所以更适于生产低塑性材料的型材、管材或零件。

(3)拉拔。拉拔是在金属坯料的前端施加一定的拉力，让金属坯料通过一定形状、尺寸的模孔使其产生塑性变形，以获得与模孔形状、尺寸相同的小截面坯料的塑性成型方法(见图 4-1(c))。用拉拔方法可以获得各种截面的棒材、管材和线材。

2)二次加工

这是为机械制造工业领域内提供零件或坯料的加工方法。这类加工方法包括自由锻和模锻，统称为锻造。在锻造过程中，变形区随时间是不断变化的，属非稳定性塑性变形过程，适于间歇生产。

(1)自由锻。自由锻是在锻锤或水压机上，利用简单的工具将金属锭料或坯料锻成所需形状和尺寸的加工方法(见图4-1(d))。自由锻时不使用专用模具，因而设件的尺寸精度低，生产率也不高，主要用于单件、小批量生产或大锻件生产。

(2)模锻。模锻是将金属坯料放在与成品形状、尺寸相同的模腔中使其产生塑性变形，从而获得与模腔形状、尺寸相同的坯料或零件的加工方法。模锻又分开式模锻(见图4-1(e))和闭式模锻(见图4-1(f))。由于金属的成型受模具控制，因而模锻件有相当精确的外形和尺寸，也有相当高的生产率，适合于大批量生产。

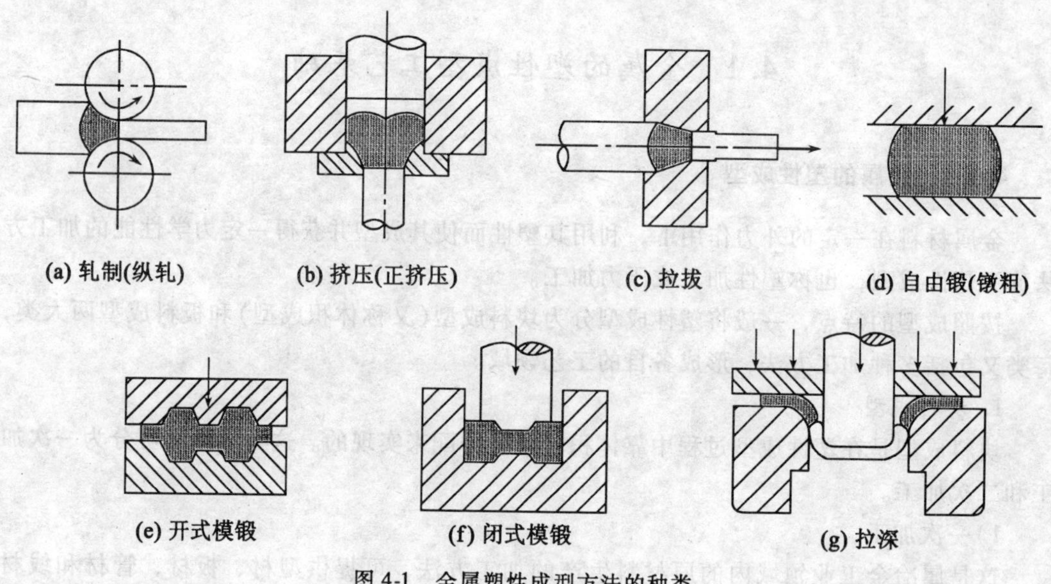

图4-1 金属塑性成型方法的种类

2. 板料成型

板料成型一般称为冲压。板料成型是对厚度较小的板料，利用专门的模具，使金属板料通过一定模孔而产生塑性变形，从而获得所需的形状、尺寸的零件或坯料。冲压这类塑性加工方法可进一步分为分离工序和成型工序两类。分离工序用于使冲压件与板料沿一定的轮廓线相互分离，如冲裁、剪切等工序；成型工序用来使坯料在不破坏的条件下发生塑性变形，成为具有要求形状和尺寸的零件，如弯曲、拉深(见图4-1(g))等工序。

随着生产技术的发展，还不断产生新的塑性加工方法，例如连铸连轧、液态模锻、等温锻造和超塑性成型等，这些都进一步扩大了塑性成型的应用范围。

塑性加工按成型时工件的温度还可以分为热成型、冷成型和温成型三类。热成型是在充分进行再结晶的温度以上所完成的加工，如热轧、热锻、热挤压等；冷成型是在不产生回复和再结晶的温度以下进行的加工，如冷轧、冷冲压、冷挤压、冷锻等；温成型是在介于冷、热成型之间的温度下进行的加工，如温锻、温挤压等。

4.1.2 加工硬化和再结晶

当用手反复弯铁丝时，铁丝越弯越硬，弯起来越费劲，这个现象就是金属塑性变形过程中的加工硬化，即随着塑性变形程度的增加，金属的强度，硬度升高，塑性和韧性下降。

产生加工硬化的原因：一方面是由于经过塑性变形晶体中的位错密度增高，位错移动所需的切应力增大；另一方面是金属塑性变形后原来的晶粒被“碎化”了，形成许多位向略有不同的小晶块，它们的晶界是严重的晶格畸变区，对金属的强化起十分重要的作用。

加工硬化现象在工业上具有实际意义。首先，它是强化金属的方法之一，对纯金属和不能用热处理强化的合金尤为重要；其次，加工硬化也是金属能够用塑性变形方法成型的重要原因。例如金属板料在拉深过程中，在凹模圆角处的金属板塑性变形最大，该处先产生加工硬化，使随后的变形能转移到其他部位，从而获得厚薄均匀的制品。但加工硬化亦给金属的进一步加工带来困难，为此，在加工过程中必须增加热处理退火工序，以消除硬化，使加工能继续进行。

加工硬化是一种不稳定状态，具有自发地恢复到稳定状态的倾向。但在室温下，原子活动能力较低，自发恢复非常迟缓，几乎觉察不到。当升高到一定温度时，原子获得的热能使热运动加剧，得以恢复正常排列，部分消除晶格畸变，使加工硬化也得到部分消除，这一过程称为回复(见图 4-2(b))。

当温度继续升高，金属原子获得更高的热能时，在变形晶粒的晶界和晶格畸变的严重地区会生成新的结晶核心，并向周围长大，形成新的等轴晶粒，消除全部加工硬化现象，这个过程称为再结晶，如图 4-2(c)所示。这时的温度称为再结晶温度。实验表明，各种纯金属再结晶温度 $T_{再}$ 与其熔点 $T_{熔}$ 间的关系大致可用下式表示：

$$T_{再} \approx 0.4T_{熔}$$

式中，各温度值均按绝对温度计算。

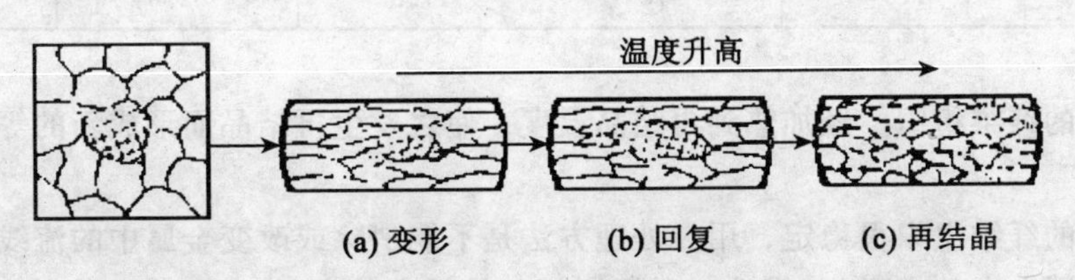

图 4-2　回复和再结晶示意图(图中虚线为原来的晶界)

冷变形与热变形的区别，是以再结晶温度为界限的。金属的塑性变形在再结晶温度以下进行的，称为冷变形；而在再结晶温度以上进行的则称为热变形。例如，钨的再结晶温度约为 1200℃，故钨即使在稍低于 1200℃ 的高温下进行变形仍属于冷变形；锡的再结晶温度约为-7℃，故锡即使在室温下进行变形也属于热变形。

金属冷变形时必然产生加工硬化，因此变形程度不宜过大，以避免制件破裂。冷变形能使金属获得较小的表面粗糙度并使金属强化。冷外压、冷挤压和冷轧等加工方法对大多数金属均属于冷变形。

金属热变形时加工硬化和再结晶过程是同时存在的，故塑性良好，变形抗力低，可用较小的能量获得较大的变形量，并能获得具有较高机械性能的再结晶组织。但热变形时金属表面易产生氧化，产品表面粗糙度较大，尺寸精度较低。热锻、热轧等加工方法对大多数金属均属热变形。

温变形——温锻(半热锻)在再结晶温度上下进行，能保证获得精度及粗糙度方面略次于冷锻加工的零件，而在变形抗力方面比冷锻小很多，材料的塑性也比冷态高得多，残余应力也较冷锻时小，是一种有前途的加工工艺方法。

4.1.3 塑性变形使金属形成纤维组织

金属在外力作用下发生冷塑性变形时，随着外形的变化，金属内部的晶粒形状也由原来等轴晶粒变为沿变形方向延伸的晶粒，同时晶粒内部出现了滑移带。当变形程度很大时，可观察到晶粒被显著延伸成纤维状。这种呈纤维状的组织称为冷变形纤维组织。

热塑性变形时，铸态金属毛坯中的粗大柱晶及各种夹杂物，都要沿变形方向伸长，使铸态金属枝晶间密集的夹杂物逐渐沿变形方向排列成纤维状。这些夹杂物在再结晶时不会再改变形状。这样，在变形金属的纵向宏观试样上，可见到沿着变形方向的一条条细线，这就是热变形的纤维组织(流线)。

冷、热塑性变形形成的纤维组织，会使金属材料机械性能呈现各向异性，沿纤维方向(纵向)较垂直于纤维方向(横向)具有较高的强度、塑性和韧性。表4-1为45号钢经热变形后机械性能与纤维方向的关系。

表 4-1 45号经热变形后钢机械性能与纤维方向的关系

取样 \ 性能	σ_b/MPa	$\sigma_{0.2}$/MPa	δ/%	φ/%	a_{KU}/J/cm^2
横　向	675	440	10	31	30
纵　向	715	470	17.5	62.8	62

冷变形的纤维组织，经加热到再结晶温度，使之发生再结晶而形成新的等轴晶粒，即可消除。

热变形的纤维组织很稳定，用热处理方法是不能消除或改变金属中的流线分布的，而只能采用不同方向的变形(如锻造时采用镦粗与拔长交替进行)以打乱流线的方向。

考虑到热变形金属纤维组织的存在，在设计和制造零件时，应使零件工作时的最大正应力方向与纤维方向重合，最大切应力方向与纤维方向垂直，并使纤维与零件的轮廓相符而不被切断。

例如，当采用棒料直接用切削法制造螺钉时，其头部与杆部的纤维不完全连贯而被切断，切应力顺着纤维方向，故质量较差(见图4-3(a))；当采用局部镦粗法制造螺钉时(见图4-3(b))，纤维不被切断，纤维方向也较为有利，故质量较好。

齿轮毛坯常用镦粗法制也可获得较好的纤维分布(见图4-4(c))以提高齿轮质量。图4-4(d)为轧制的齿轮，其纤维沿齿形分布，质量较好。图4-4(a)、图4-4(b)棒料坯和板料坯的齿轮，质量就差了。图4-5所示为使用弯曲工序锻造的吊钩，纤维组织沿吊钩外形连续分布，因而质量较好。

图4-6(a)所示为采用三角剁刀切槽，在中间冲孔锻成的曲轴，纤维被切断。若采用全纤维锻造，纤维沿曲轴外形连续分布(见图4-6(b))，可提高曲轴质量并节约原材料。

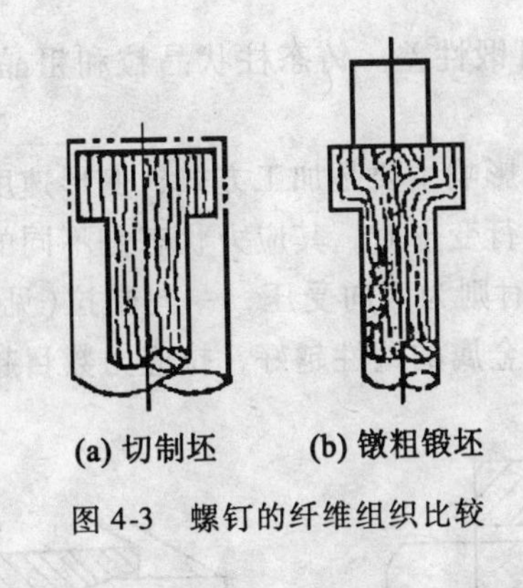

(a) 切制坯　(b) 镦粗锻坯

图 4-3　螺钉的纤维组织比较

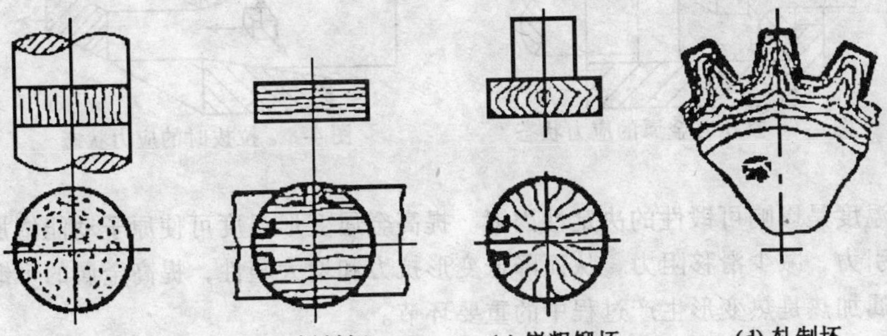

(a) 棒料坯　(b) 板料坯　(c) 镦粗锻坯　(d) 轧制坯

图 4-4　不同加工方法制成齿轮坯的纤维组织

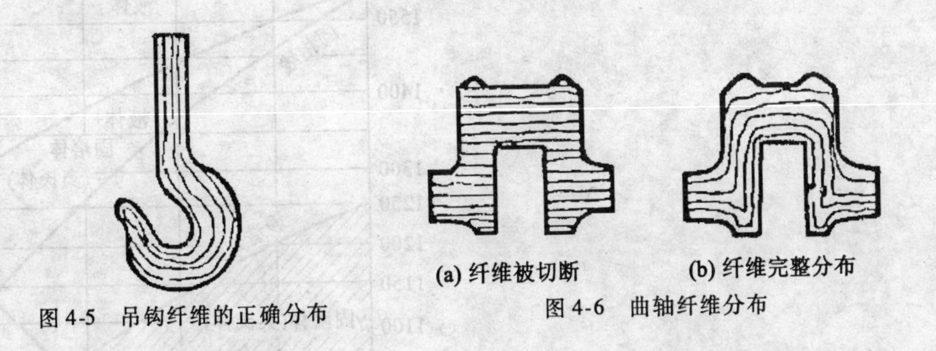

图 4-5　吊钩纤维的正确分布

(a) 纤维被切断　(b) 纤维完整分布

图 4-6　曲轴纤维分布

4.1.4　金属的可锻性

金属的可锻性是指金属接受锻压加工的难易程度。金属可锻性好，表明金属易于锻压成型；可锻性差，则表明该金属不宜选用锻压法成型。

金属的可锻性常用塑性指标和变形抗力综合衡量，塑性越大，变形抗力越小，则可认为金属的可锻性好；反之则差。

金属的可锻性取决于金属的化学成分、金相组织和加工条件。

不同化学成分的金属可锻性不同。纯金属的可锻性比合金好。钢中含有强碳化物形成元素如铬、钨、钼，钒等时，可锻性显著下降。

同一金属的组织不同，可锻性也有很大差别。纯金属或单相固溶体(如奥氏体)可锻性好，而碳化物(如渗碳体)可锻性差。铸态柱状晶粒和粗晶粒组织不如等轴晶粒和细晶粒组织的可锻性好。

加工条件对金属可锻性的影响主要是加工方式，变形速度和变形温度。

金属以不同的加工方式进行变形时，其应力状态是不同的。如挤压变形时的应力状态为三向受压(见图4-7)，拉拔时则为两向受压，一向受拉(见图4-8)。实践表明：三个方向中压应力的数目越多，变形金属的塑性越好，拉应力数目越多，塑性越差。

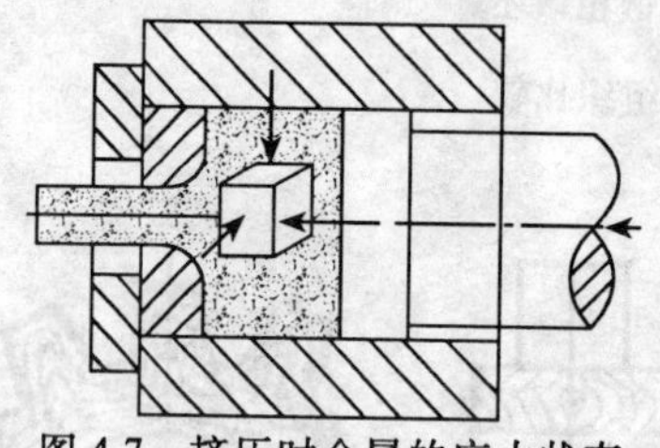
图4-7　挤压时金属的应力状态

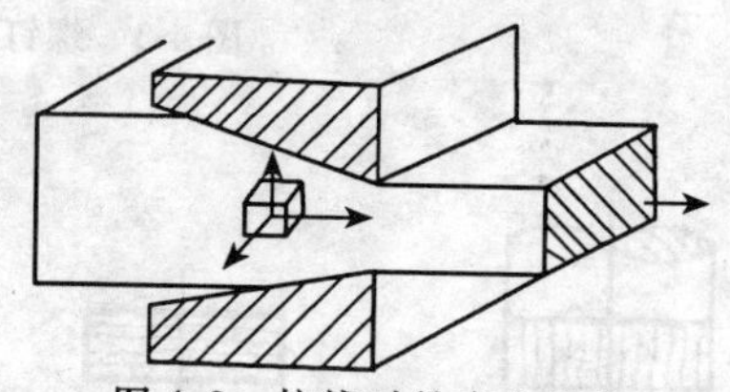
图4-8　拉拔时的应力状态

变形温度是影响可锻性的决定性因素。提高金属变形温度可使原子动能增加，削弱原子间的吸引力，减少滑移阻力，从而降低变形抗力和增大塑性，提高金属的可锻性。

对金属加热是热变形生产过程中的重要环节。

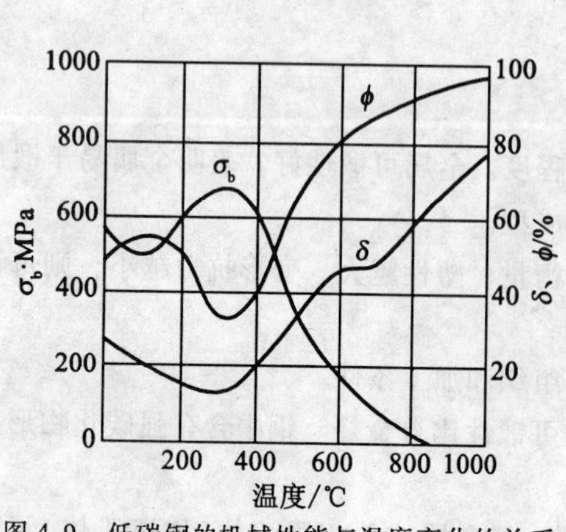

图4-9　低碳钢的机械性能与温度变化的关系

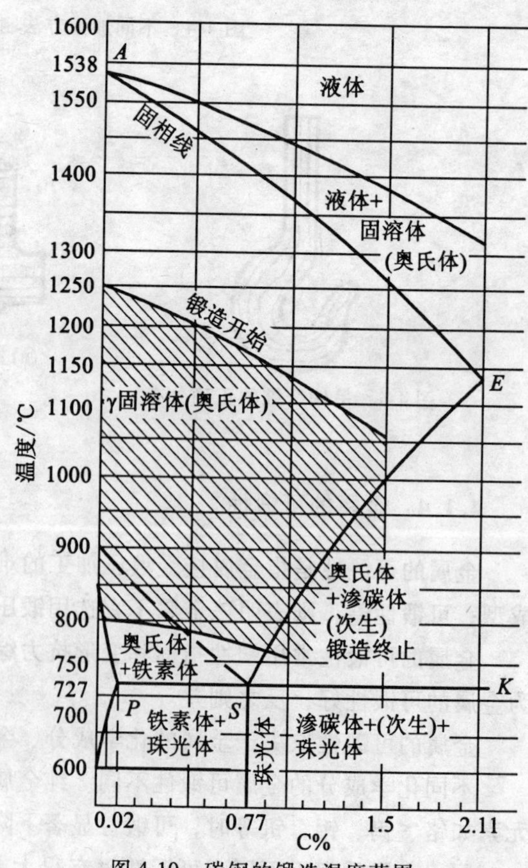

图4-10　碳钢的锻造温度范围

图 4-9 是低碳钢加热到不同温度时的机械性能变化曲线。由图可见，随着温度的升高，低碳钢的塑性增加、变形抗力下降。

但是，热变形金属的加热温度也不能过高。当加热到一定温度时，晶粒急剧长大，金属的可锻性反而下降，这种现象称为过热。如果温度继续升高，则晶间低熔点物质开始熔化，破坏了晶粒间的联系，使金属失去可锻性，这种现象称为过烧。过热的金属可以用热处理方法消除，过烧的金属只能报废。

(1)始锻温度。开始锻造的温度叫始锻温度。在不出现过热和过烧的前提下，提高始锻温度可使金属的塑性提高，变形抗力下降，以便于锻压加工。碳钢的始锻温度比固相线低 200℃左右，即 1100～1200℃，如图 4-10 所示。

(2)终锻温度。停止锻造的温度叫终锻温度。就可锻性而言，碳钢的终锻温度应在 *GSE* 线以上。为了扩大锻造温度区间，减少加热次数，实际的终锻温度，对亚共析钢定在 *GS* 线之下，出现的少量铁素体对可锻性影响不大。对过共析钢，定在 *SK* 线以上 50～70℃，锻造时钢中出现的渗碳体虽然降低一些可锻性，但可以阻止形成连续的网状渗碳体，从而提高锻件的机械性能。如果在较高的温度停止锻造，则在随后的冷却过程中晶粒继续长大，得到粗大晶粒组织，这是十分不利的。

碳钢的终锻温度定在上 A_1 线以上 50℃左右，即 760～800℃。

常用金属的锻造温度范围见表 4-2。

表 4-2　　锻造温度范围

合金种类	始锻温度℃	终锻温度℃
碳素钢：0.3%C 以下	1200～1250	750～800
0.3%～0.5%C	1150～1200	800
0.5%～0.9%C	1100～1150	800
0.9%～1.5%C	1050～1100	800
合金钢：合金结构钢	1150～1200	850
低合金工具钢	1100～1150	850
高速钢	1100～1150	900
有色合金：9-4 铝铁青铜	850	700
10-4-4 铝铁镍青铜	850	700
硬铝	470	380

4.2　金属的锻造

4.2.1　金属的锻前加热和锻成后冷却

1. 加热的目的

金属的锻前加热是锻件生产过程中的重要工序之一。能否把金属坯料转化为高质的锻件，对压力加工领域来说主要面临两个方面的问题：一是金属的塑性，二是变形抗力。因而锻造生产中，金属坯料锻前大部分需要加热以改善这两个条件。所以，锻前加热的目的可以概括为：提高金属的塑性、降低变形抗力，使其易于流动成型并获得良好的锻后组织。

通常金属加热时，随温度的升高，原子的动能增大，离开其平衡位置的可能性也增大，与常温相比，位错容易运动，滑移容易进行，于是变形抗力降低。另外，高温时原子的活动能力增大，扩散速度加快，易于进行恢复与再结晶，因此金属的塑性提高。当加热有同素异构转变的材料时，在一定的温度区间有相态转变，正确地利用这一规律，恰当地选择加热温度，就可以使金属坯料在塑性较好的组织状态下进行成型。

2. *加热的方法*

目前的加热方法有两大类，根据热源不同可分为火焰加热法和电加热法。前者是利用燃料(煤、油、煤气等)燃烧时所产生的大量热能(高温气体的火焰)，通过对流、辐射把热能传给坯料表面，然后再由表面向中心作热传导使整个坯料加热；后者是通过把电能转变为热能来加热坯料的。生产实践发明，二者各有优缺点。

火焰加热的优点是：燃料来源方便，炉子修造容易，费用较低，加热的适应性强等；缺点是：劳动条件差，加热速度慢，加热质量较难控制等。

电加热的优点是：升温快(如感应电加热等)，炉温容易控制(如电阻炉)，氧化和脱碳少，劳动条件好，便于实现机械化、自动化；其缺点是：对坯料尺寸，形状变化的适应性不强，设备结构复杂，投资费用较大。

3. *锻件的冷却规范*

锻件的冷却规范，主要是根据材料的化学成分、组织特点、锻前状态和锻件尺寸等因素来确定合适的冷却速度或冷却方法。

根据所需的冷却速度不同，常用的冷却方法有空冷、坑(箱)冷、炉冷等。

1)空冷

指锻件锻后单个或成堆放在车间地面上在空气中冷却。注意不要放在潮湿地或金属板上，也不要放在有过堂风的地方。以免锻件局部冷却过快引起缺陷。

2)坑(箱)冷

指锻件锻后放入地坑或铁箱中封闭的冷却，或埋入地坑成铁箱中的砂子、石灰或炉渣内冷却。锻件入砂温度一般不低于500℃，周围蓄砂厚度不少于80mm。放填料的目的是减慢冷却速度，其中以石灰最好，炉渣次之。

3)炉冷

指锻件锻后直接放入炉中缓慢冷却。入炉温度一般不低于600～650℃，而入炉时的炉温应与锻件温度相同。出炉温度以不高于100～150℃为宜。炉冷时还要注意把炉门关严，防止冷空气进入。由于炉冲可以按冷却规范准确控制炉温来达到所规定的冷却速度，因此适用于高合金钢、特殊钢及各种大型锻件的锻后冷却。

一般中小型碳钢和低合金钢锻件，锻后均采用冷却速度较快的空冷，因为钢料的化学成分越单纯，允许的冷却速度越大；相反，成分复杂或合金化程度高的合盘钢锻件，在锻后则采用冷却速度缓慢的坑(箱)冷或炉冷。

碳素工具钢，合金工具钢和轴承钢等含碳量较高的钢种，如果锻后缓冷，在晶界上形成网状碳化物，将严重影响锻件的机械性能。因此这类钢锻后应快速冷却至 600～700℃，可采用空冷，鼓风或喷雾冷等，600℃以下采用坑冷或炉冷。

4.2.2　自由锻造

自由锻造是金属在锤面与砧面之间受压变形的加工方法。锻造时，金属能在垂直于压力的方向自由伸展变形，因此锻件的形状和尺寸主要是由工人的操作技能来控制的。

自由锻造所用的设备和工具都是通用的，能生产各种大小的锻件。但是，自由锻造的生产率低，只能锻造形状简单的工件，而且精度差，加工余量大，消耗材料较多。目前自由锻造还是广泛应用于品种多、产量少的单件小批生产，特别适用于生产大型锻件，所以自由锻造在重型机器制造业中占有重要的地位。

1. 自由锻造设备

一般锻造车间里常用的自由锻造设备是空气锤和蒸汽-空气锤，其吨位是以落下部分的质量表示的。在重型机械厂的锻造车间里则常装置有水压机，其吨位是以压头上能达到的最大静压力来表示的。

1)空气锤

空气锤的工作原理如图 4-11 所示，它有两个汽缸：工作缸和压缩缸。电动机通过减速机构带动曲轴转动，再通过连杆带动活塞在压缩缸内做上下往复运动产生压缩空气，通过旋阀使压缩空气交替进人工作缸的上部和下部空间，从而带动活塞、锤杆和上抵铁作上下运动，完成对锻件的锻造工作。

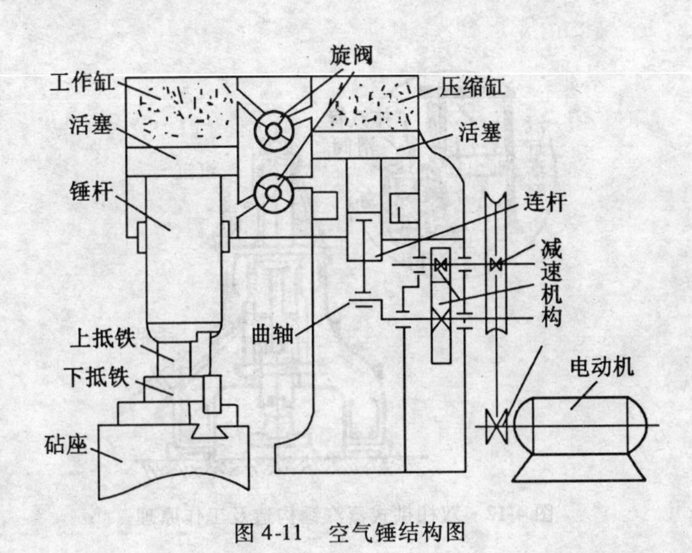

图 4-11　空气锤结构图

空气锤的规格用其落下部分的重量(包括上抵铁、锤杆和活塞)来表示，如 560kg 空气锤，表示其落下部分重量为 560kg。空气锤落下部分重量一般为 50～1000kg。

空气锤结构简单，设备费用低，使用维护方便，广泛应用于中小型锻件的生产。

表 4-3 所列是我国生产的空气锤的主要技术规格。

表 4-3 国产空气锤的主要技术规格

型号	C41-65	C41-75	C41-150	C41-250	C41-400	C41-560	C41-750
落下部分质量/kg	65	75	150	250	400	560	750
锤击次数/(次/分)	200	210	180	140	120	115	105
锤击能量/kJ	0.9	1.0	2.5	5.3	9.5	13.7	19.0
可锻工件最大尺寸/mm	65 $\phi85$	– $\phi85$	130 $\phi145$	– $\phi175$	– $\phi220$	270 $\phi280$	270 $\phi300$

2)蒸汽-空气锤

蒸汽-空气锤是以 6 ~9 个大气压的蒸汽或压缩空气作为动力，带动锤头进行锻造工作的。图 4-12 所示为双柱拱式蒸汽锤的结构和工作原理图。当滑阀在图示位置时，来自进汽管的新蒸汽经滑阀进入汽缸的上部，推动活塞、锤杆和锤头向下运动进行锤击。汽缸下部的废蒸汽由排气管排出。当滑阀移到下部位置，新蒸汽进入汽缸下部空间，推动锤头上升。工人操纵手柄，使滑阀上下移动，即可使蒸汽锤连续锤击。

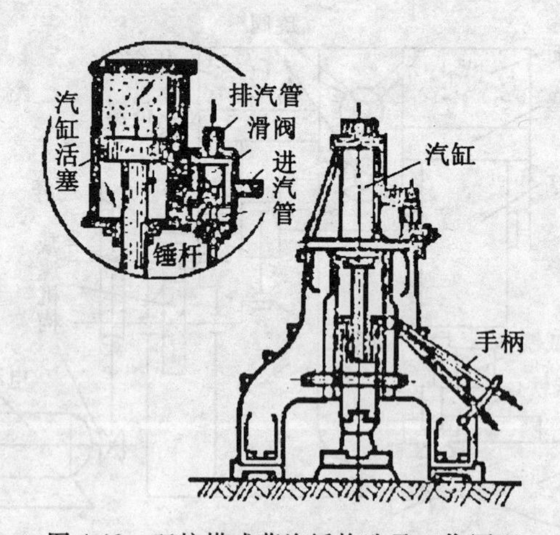

图 4-12 双柱拱式蒸汽锤构造及工作原理

蒸汽-空气锤需要配备一套辅助设备，如蒸汽锅炉或空气压缩机，但锤击功能大，落下部分重量一般为 0.5 ~5t，适于锻造大中型锻件。

选择蒸汽-空气锤的吨位主要根据锻件的质量和形状，参考数据列于表 4-4。

表 4-4　　蒸汽-空气锤吨位选用的概略数据

锻锤落下部分质量/kg	锻件质量/kg			方断面坯料的最大边长/mm
	成型锻件质量		光轴类锻件的最大质量	
	一般质量	最大质量		
1000	20	70	250	160
2000	60	180	500	225
3000	100	320	750	275
5000	200	700	1500	350

3）水压机

水压机是以高压水为动力来进行工作的。图 4-13 所示为常见的具有三个工作缸的水压机，其基本工作原理是把高压水通入工作缸，推动工作柱塞，使活动横梁沿着立柱下压。回程时，把压力水通入回程缸，通过回程柱塞和回程拉杆把活动横梁吊起。

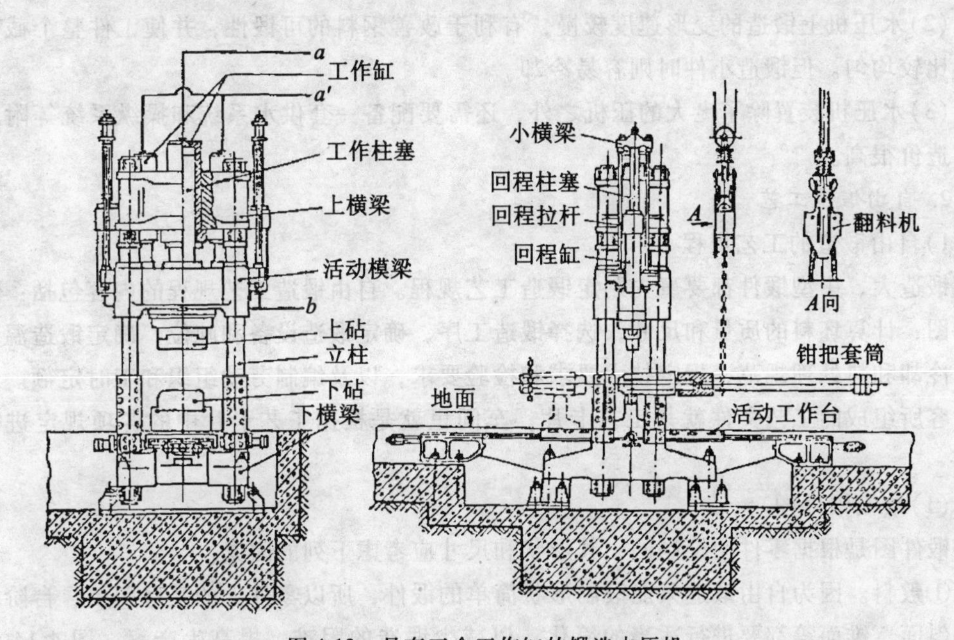

图 4-13　具有三个工作缸的锻造水压机

水压机的吨位规格为 500 ~ 15000t，能锻造的钢锭质量为 1 ~ 300t。各种吨位的水压机的锻造能力可参考表 4-5。

表 4-5　　水压机锻造能力表

水压机吨位规格/t	拔长的锻造范围		镦粗的锻造范围	
	钢锭质量/t	钢锭最大直径/mm	钢锭质量/t	钢锭最大直径/mm
800	~5	700	1	420
1000	~8	850	~3	620

续表

水压机吨位规格/t	拔长的锻造范围		镦粗的锻造范围	
	钢锭质量/t	钢锭最大直径/mm	钢锭质量/t	钢锭最大直径/mm
1600	~10	885	~4	700
2500	~45	1540	~20	1240
3000	~50	1540	~32	1260
6000	~150	2200	~80	2035
12000	~250	2750	~165	2340

与锻锤相比，水压机有下列特点：

(1)水压机靠静压力工作，无振动，对于周围建筑物及地基没有影响，并能改善工人的劳动条件。

(2)水压机上锻造的变形速度较慢，有利于改善钢料的可锻性，并使工件整个截面上变形比较均匀。但锻造小件时则容易冷却。

(3)水压机装置除了庞大的压机之外，还需要配备一套供水系统和操纵系统等附属装置，造价很高。

2. 自由锻造工艺

1)自由锻造的工艺规程

锻造大、中型锻件都要事先制定锻造工艺规程。自由锻造工艺规程的内容包括：绘制锻件图，计算坯料的质量和尺寸，选择锻造工序，确定锻造设备和吨位，确定锻造温度范围、冷却和热处理规范，规定技术要求和检验要求，以及编制劳动组织和工时定额。由这些内容所组成的工艺文件就是工艺卡片，车间里就是根据工艺卡片中的各项规定进行生产。

(1)绘制锻件图。

锻件图是根据零件图绘制的，其形状和尺寸应考虑下列的因素。

①敷料。因为自由锻造只能锻制形状简单的锻件，所以零件上的某些凹档、台阶、小孔、斜面、锥面等都要进行适当的简化，以减少锻造的困难，提高生产率。图 4-14 为曲柄曲轴简化后的形状。为了简化锻件形状而增加的金属称为敷料。

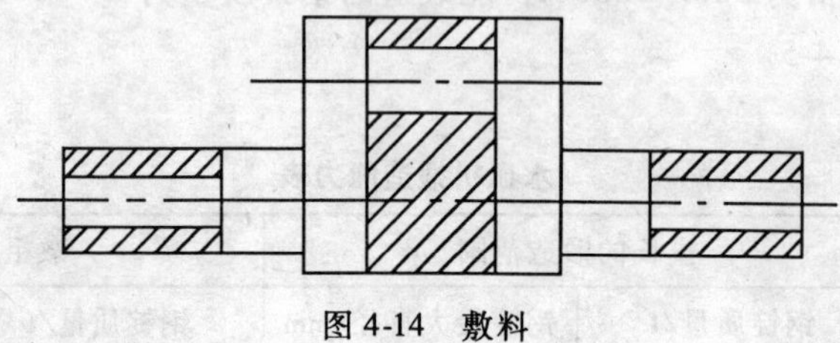

图 4-14 敷料

②加工余量。因为自由锻造的锻件精度和表面质量都很差，所以零件的全部表面都应

切削加工，一般是不允许有黑皮毛面的。因此，增加敷料之后，零件尺寸上都要加放机械加工余量，就成为锻件的名义尺寸。

③锻造公差。锻件的实际尺寸与名义尺寸之间所允许的偏差，称为锻造公差。因为锻造操作中掌握尺寸比较困难，外加金属的氧化和收缩等原因，使锻件的实际尺寸总有一定的误差。规定了锻造公差，有利于提高生产率。

图 4-15(b)所示为双联齿轮的锻件图。为了使工人了解零件的形状和尺寸，在锻件图上用假想线画出零件的轮廓，并在锻件尺寸的下面，用括号注明零件的名义尺寸。

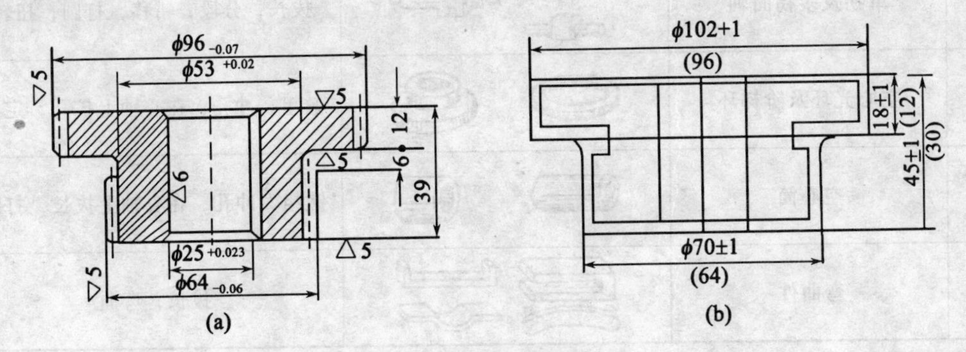

图 4-15　双联齿轮的锻件图

(2)计算坯料的质量和尺寸。

锻件的坯料质量=锻件质量+氧化损失+截料损失

锻件的质量是根据锻件的名义尺寸来计算的。金属氧化损失的大小与加热炉的种类有关。在火焰炉中加热钢料时，首次加热的烧损可按锻件质量的 2% ~3% 计算，以后每次火烧损量按 1.5% ~2% 计算。截料损失是指冲孔、修整锻件形状和长度等截去的金属废料。截料损失的多少与锻件形状的复杂程度有关。一般情况下，用钢材作坯料时，截料损失可按锻件质量的 2% ~4% 计算。如果用钢锭作坯料，则在截料损失中还应计入钢锭头部和底部被切除的废料质量。

锻件的坯料尺寸与所用的锻造工序有关。

应用拔长工序：坯料的截面积=锻件最大部分的截面积×锻造比。

应用镦粗工序：根据镦粗规则，坯料的高度与直径之比应大于 2.5，而小于 2.8。坯料太高，镦粗时容易弯曲；直径较大，则下料比较困难，而且可能锻造比不足。因此，确定坯料尺寸时，高度可按直径的 2.5 倍计算。

(3)选择锻造工序。

自由锻造的基本工序有：拔长、镦粗、冲孔、弯曲、扭转、错移、切割等。选择锻造工序是根据锻件的形状来确定的。但是，由于生产中长期实践所积累的经验不同，锻造工序的选择有较大的灵活性。对于一般锻件的工序选择，可按锻件的分类参考表 4-6 所示。

表 4-6　　　　　　　　　　**锻件分类及锻造用工序**

	类别	图例	锻造用工序
Ⅰ	实心圆截面光轴及阶梯轴		拔长，压肩，打圆
Ⅱ	实心方截面光杆及阶梯杆		拔长，压肩，整修，冲孔
Ⅲ	单拐及多拐曲轴		拔长，分段，错移，打圆，扭转
Ⅳ	空心光环及阶梯环		镦粗，冲孔，在心轴上扩孔，定径
Ⅴ	空心筒		镦粗，冲孔，在心轴上拔长，打圆
Ⅵ	弯曲件		拔长，弯曲

(4)确定锻造温度范围和加热、冷却规范。

(略)

2)自由锻造典型工艺举例

台阶轴的典型锻造工艺如表 4-7 所示。

表 4-7　　　　　　　　　　**台阶轴的自由锻造工艺**

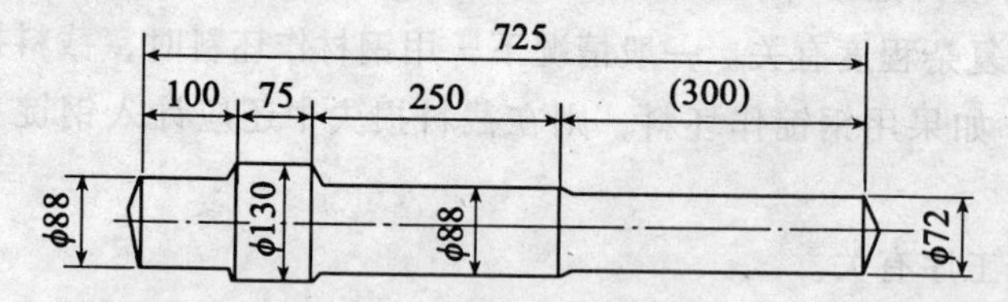

锻件名称：轴

坯料重量：40kg

坯料规格：ϕ140mm×340mm

锻件材料：45 钢

锻造设备：750kg 空气锤

序号	操作方法	简图	序号	操作方法	简图
1	压肩	62 ϕ140	4	拔长，倒棱，滚圆	
2	拔长一端切去料头		5	端部拔长切去料头	
3	调头压肩		6	全部滚圆并校直	

4.2.3　模型锻造

模型锻造简称模锻。模锻过程中，金属坯料是在一定形状的锻模模腔内受压变形的。显然，金属的变形受到模腔形状的限制，金属的流动以充满模腔而告终，于是就得到与模腔形状相同的锻件。

与自由锻比较，模锻生产具有如下特点：

(1)有高的生产率。

(2)锻件尺寸精确，表面粗糙度小，因而加工面的加工余量可以减少，以节省加工时间、金属材料和能耗。

(3)可以生产形状较为复杂的锻件。

(4)模锻所用锻模价格较贵。一方面是因为模具钢较贵，另一方面是模膛加工困难，故模锻只适用于大批、大量生产。

(5)需要能力较大的专用设备。由于模锻是整体变形，故需要能力较大的锻造设备。目前，由于设备能力的限制，模锻件一般在 150kg 以下。

模锻生产适用于大量生产的汽车，拖拉机制造业以及国防工业的制造厂。

1. 模锻用设备

1)蒸汽-空气模锻锤

图 4-16 所示为蒸汽-空气模锻锤，它的工作原理与蒸汽-空气锤相同，仅在结构上有所不同，锻模固定在锤头和砧座上。模锻生产要求精度高，模锻锤锤头与导轨之间的间隙比自由锻锤小，机架直接与砧座连接，这样锤头运动精确，能保证上下锻模对准。模锻锤一般均由模锻工用脚踩踏板直接操纵。

模锻锤的吨位为 1 ~ 16t。

模锻锤工作时噪音和震动大，环境污染严重，不便于机械化操作，但由于其通用性好，能锻造各种不同类型的锻件，仍得到广泛应用。

2)热模锻曲柄压力机

热模锻曲柄压力机的传动系统如图 4-17 所示。电动机通过带轮、齿轮带动曲轴转动，

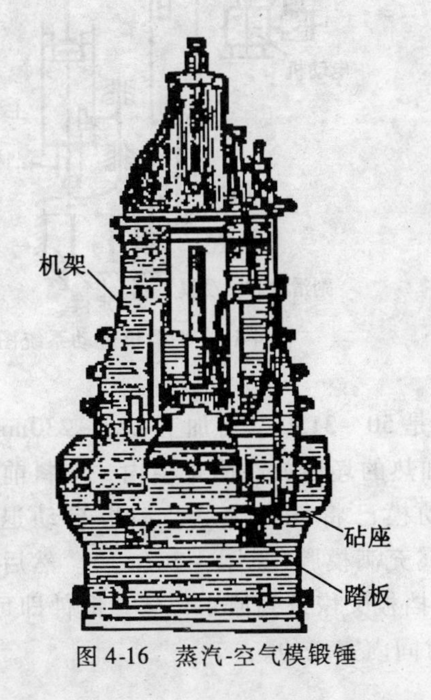

图 4-16　蒸汽-空气模锻锤

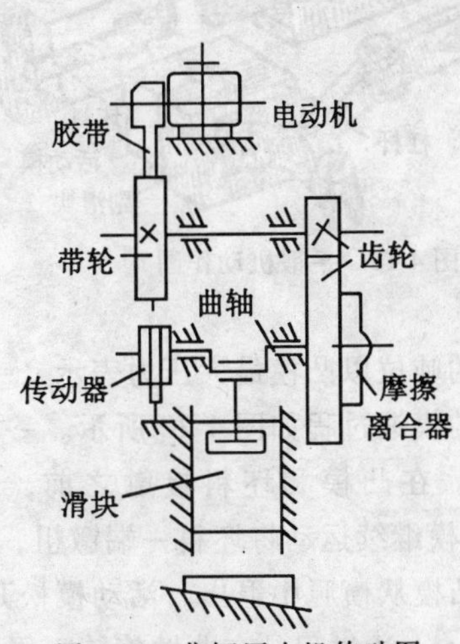

图 4-17　曲柄压力机传动图

曲轴带动连杆和滑块作往复运动。锻模安装在滑块和楔形工作台上。滑块及工作台内装有顶杆，可将锻件从上下锻模中顶出。

压力机模锻时滑块运动速度低(0.5～0.8m/s)，金属的变形速度亦低，有充分时间进行再结晶，故低塑性金属适宜在压力机上模锻。此外，压力机机架刚度大，滑块导向精确，故锻件的精度比锤上模锻的高，并且锻压时无震动，噪音小，劳动条件好。但由于滑块行程一定，坯料在模膛中一次锻压成型，不能轻击、快击，故不宜进行拔长、滚挤等操作，需要用辊锻机为共轧制毛坯。

热模锻曲柄压力机结构复杂，造价高。目前，我国仅打少数工厂组成了以辊锻机制坯、曲柄压力机模锻的生产线。

热模锻曲柄压力机的吨位一般为200～12000t。

3)平锻机

平锻机的主要结构与曲柄压力机相同，只因滑块作水平方向运动，故称平锻机。

图4-18、图4-19为平锻机的动作图和传动系统图。电动机通过胶带、带轮把运动传给传动轴，传动轴的一端装有离合器，另一端通过齿轮把运动传给曲轴，曲轴通过连杆与主滑块相连，另外通过一对凸轮与副滑块相连，副滑块与连杆系统与活动模相连。运动传给曲轴后，主滑块带着凸模作前后往复运动。同时凸轮的转动使副滑块作直线移动并驱使活动模作左右方向的移动。挡料板通过辊子轴与主滑块的轨道相连，当主滑块向前运动(工作行程)时，轨道斜面迫使辊子上升，并使挡料板绕其轴线转动，挡料板的末端移至一边，给凸模让出位置来。

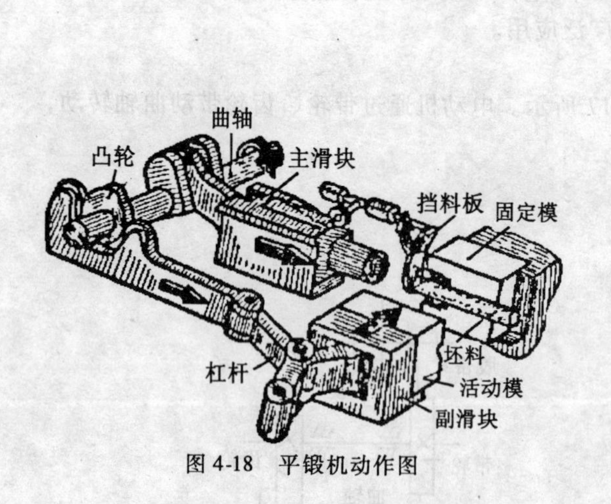

图4-18 平锻机动作图

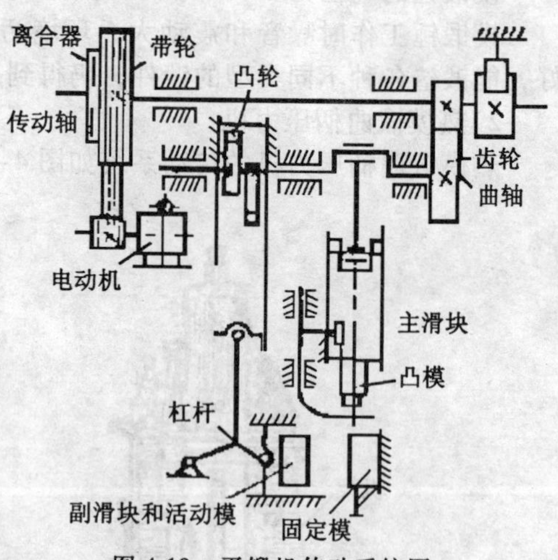

图4-19 平锻机传动系统图

平锻机的吨位以凸模最大压力表示，一般是50～3150t，可加工ϕ25～230mm的棒料。

平锻机的模锻过程如图4-20所示。一端加热的坯料放在固定模内，坯料前端的位置由挡板限定。在凸模和坯料接触之前，活动模已将坯料夹紧，挡板自动退出(见图4-20(b))。凸模继续运动将坯料一端镦粗，金属充满模膛(见图4-20(c))。然后主滑块反方向运动，凸模从模膛中退出，活动模松开，挡板又恢复到原来位置，锻件即可取出(见图4-20(d))。上述过程是在曲轴旋转一周的时间内完成的。

最适合在平锻机上模锻的锻件是带头部的杆类和有孔(通孔或不通孔)的锻件(见图4-21),亦可锻造模锻锤和热模。压力机上不能模锻的一些锻件，如汽车半轴、倒车齿轮等。

平锻机模锻生产率高，锻件质量好。但平锻机造价高，对非回转体及中心不对称锻件较难锻造。

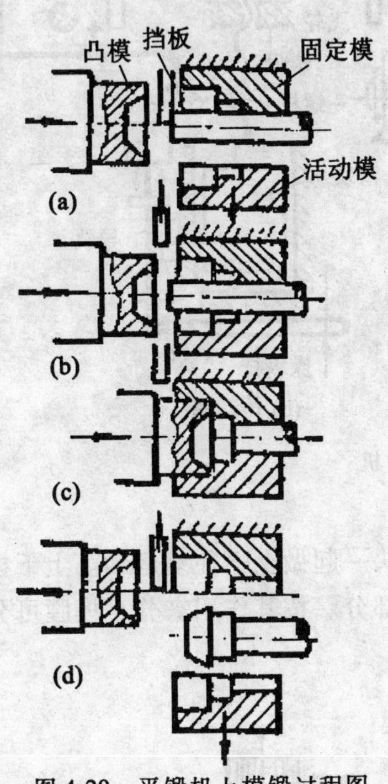

图4-20 平锻机上模锻过程图

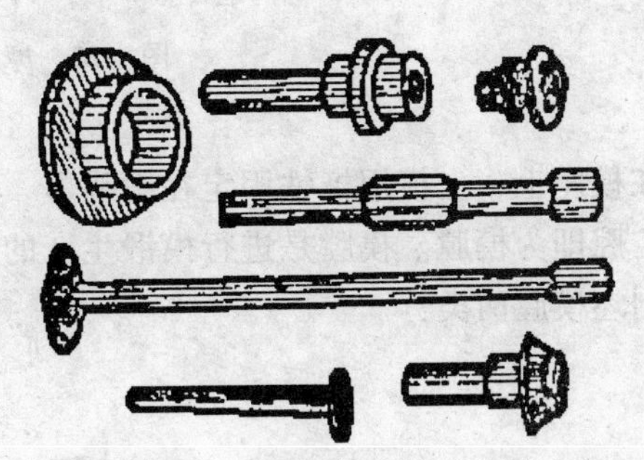

图4-21 平锻机上锻造的锻件

4)摩擦压力机

摩擦压力机的构造如图4-22所示。螺母固定在机架上，螺杆上固定着飞轮，螺杆下端与滑块相连。主轴上装有两个圆轮，它们由电动机带动旋转。用操纵杆可使主轴沿轴向作左右移动，这样就可使其中的任一个圆轮与飞轮的边缘靠紧借摩擦力而带动飞轮旋转，并可得到不同转向的转动，亦即使螺杆得到不同方向的转动，使滑块在导轨中做上下往复运动。

摩擦压力机模锻主要是借飞轮、螺杆及滑块向下运动时所积蓄的能量来实现的。

摩擦压力机的吨位一般为80～1000t。

摩擦压力机的适应性好，广泛用于小锻件的中小批生产。它的滑块速度小，用于大量生产时产率较低。但适于模锻铜合金，亦可用于粘密模锻。

2. 模锻锤上的模锻工艺

尽管模锻锤存在着强烈震动，污染环境等严重缺点，但迄今为止模锻锤仍然是模锻工艺的主要设备，下面我们着重介绍在模锻锤上的模锻工艺过程。

1)锻模结构

锤上模锻用的锻模(见图4-23)是由带燕尾的上模和下模两部分组成。下模用紧固楔

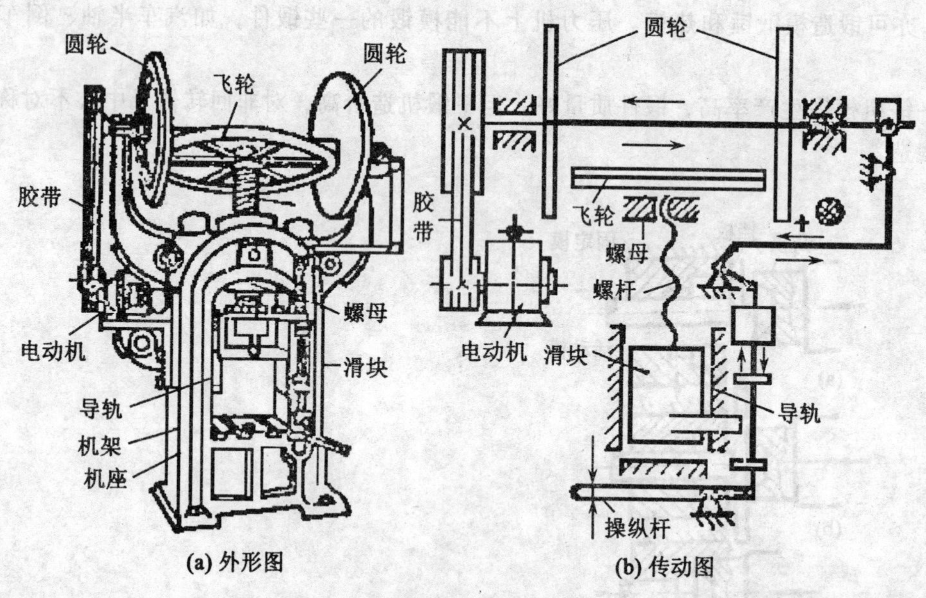

图 4-22　摩擦压力机

铁固定在模座上；上模用楔铁固定在锤头上，与锤头一起做上下往复运动。上下模闭合所形成的空腔即为模膛。模膛是进行模锻生产的工作部分。按其作用来分，模膛可分为模锻模膛和制坯模膛两类：

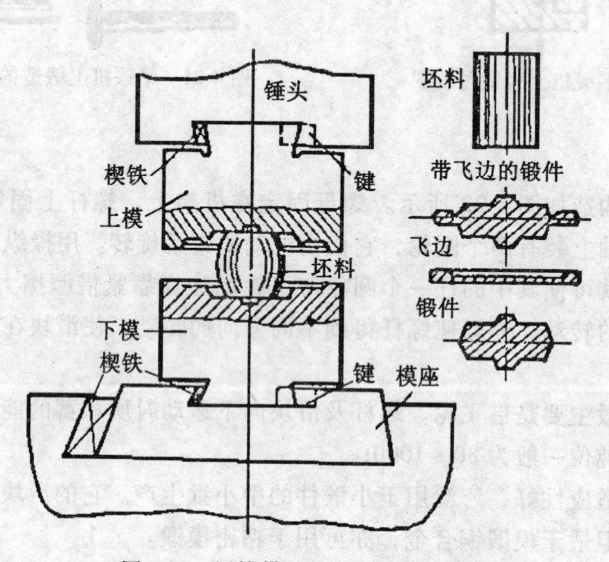

图 4-23　锤锻模的固定及单模膛模锻

(1)模锻模膛。锻模上进行最终锻造以获得锻件的工作部分称为模锻模膛。模锻模膛有终锻模膛和预锻模膛两种。

终锻模膛的形状和尺寸做得和热锻件图完全相同，并沿模膛的四周开有飞边槽(见图

4-24)，用以增加金属从模膛中外流的阻力，迫使金属充满模膛，同时容纳多余的金属。

预锻模膛的作用是使坯料变形到接近于锻件的形状和尺寸，以减小终锻模膛的磨损。对形状简单或批量不大的锻件，可不必采用预锻模膛。

(2)制坯模膛。对于形状复杂的锻件，为了使坯料形状、尺寸尽量与锻件相符合，使金属能合理分布和便于充满模锻模膛，就必须让坯料预先在制坯模膛内锻压制坯。制坯模膛主要有：

①拔长模膛。它用来减小坯料某部分的横截面积增加该部分的长度(见图 4-25)。

②滚压模膛。它用来减小坯料某部分的横截面积以增大另一部分的横截面积(见图 4-26)。

③弯曲模膛。对于弯曲的杆形锻件需用弯曲模膛弯曲坯料(见图 4-27)。

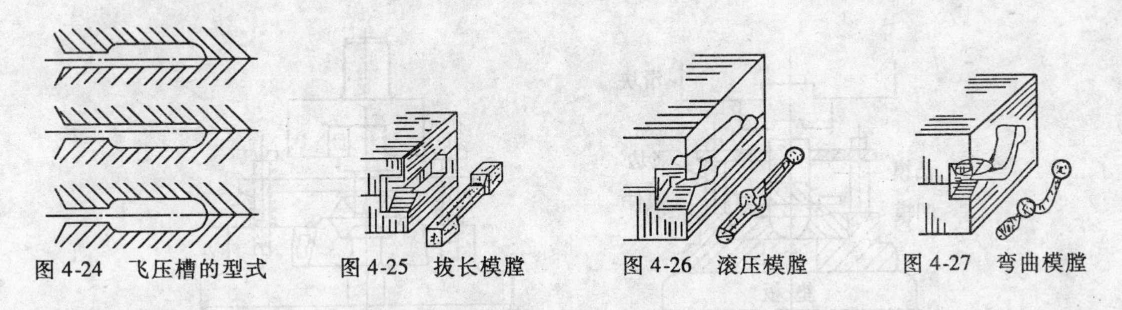

图 4-24　飞压槽的型式　图 4-25　拔长模膛　图 4-26　滚压模膛　图 4-27　弯曲模膛

此外还有成型模膛、镦粗台和切断模膛等类型的制坯模膛。

图 4-28 为曲轴的模锻工艺过程，曲轴坯料经弯曲制坯后进行预锻、终锻，然后切除飞边，再用平锻机镦锻曲轴左端的凸缘部分。

图 4-29 所示为一锤锻模图。

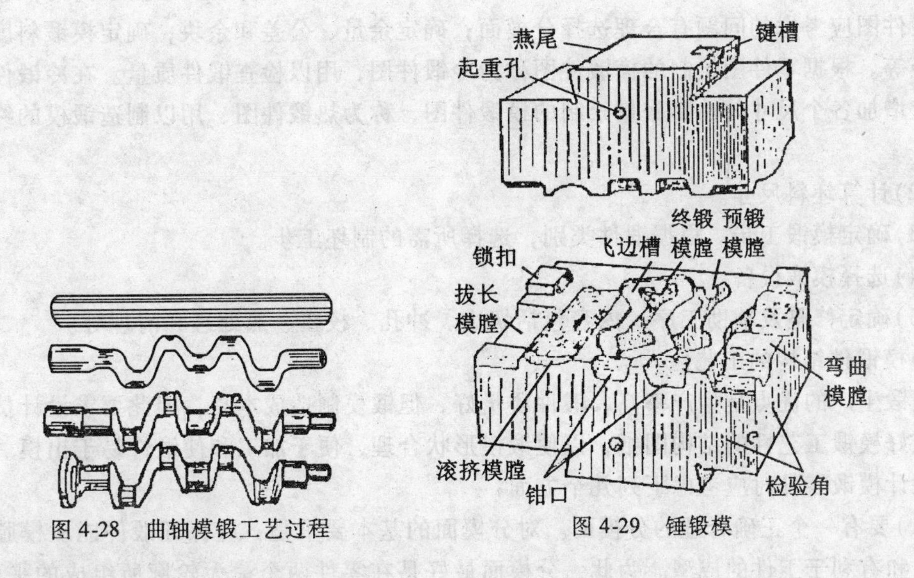

图 4-28　曲轴模锻工艺过程　图 4-29　锤锻模

(3)切边、冲孔模。锤上模锻的模锻件，一般都带有飞边，空心锻件尚有连皮，需在压力机上将飞边或连皮切除。

切边和冲孔可在热态或冷态下进行。大锻件和合金钢锻件常利用锻后锻件的余热进行热切边、热冲孔。这时带毛边的锻件可由板式运输机自动输送到压力机旁，用切边模热切。小锻件可在冷态下切边，冷切边的优点是切口表面光整，锻件变形小，但所需切断力大。

切边模(见图4-30)由随滑块运动的凸模和固定在工作台上的凹模所组成。切边凹模工作部位制有刃口，起剪切作用。切边凸模起压推锻件作用，其工作面形状与锻件接触部位的外形基本符合。凸模进入凹模孔时应保证有一定间隙。

冲孔模(见图4-31)的凹模作为支承锻件和定位用，凸模的工作用边制成刃口。

形状复杂的锻件，热切后常发生弯曲变形，需要进行校正。锻件的校正可在终锻模膛或专用的校正模上进行。

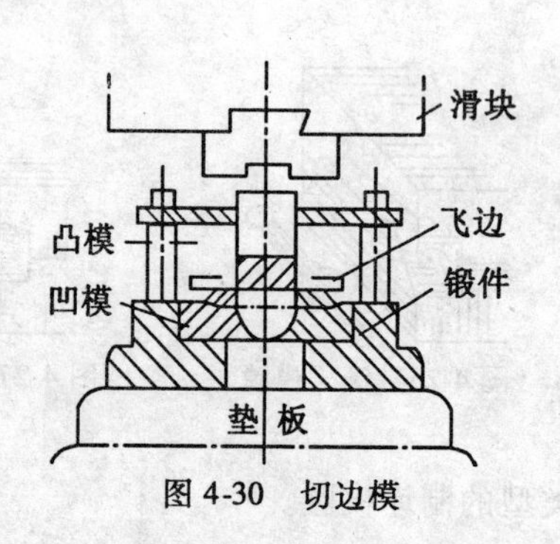

图4-30 切边模

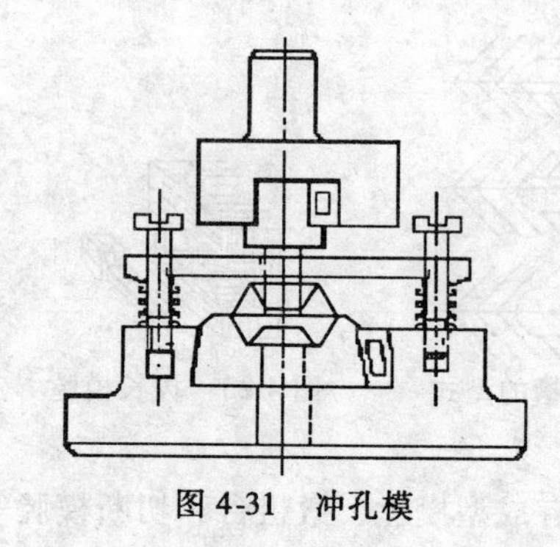
图4-31 冲孔模

2)模锻工艺规程

制定模锻工艺规程包括有以下内容：

(1)绘制模锻件图。模锻件图是设计和制造锻模、计算坯料以及检查锻件的依据。绘制模锻件图应考虑的问题有合理选择分模面；确定余量、公差和余块；确定模锻斜度和圆角半径等。根据零件图绘制的模锻件图称为冷锻件图，用以检查锻件质量。在冷锻件图的基础上增加各个尺寸的热膨胀量绘制的模锻件图，称为热锻件图，用以制造锻模的终锻模膛。

(2)计算坯料尺寸。

(3)确定模锻工步。根据锻件类别，选择所需的制坯工步。

(4)选择模锻设备。

(5)确定修整及辅助工序。内容包括切边、冲孔、校正、热处理和清理等。

3)模锻件结构的工艺性

模锻生产的优点是生产率高，锻件质量好，但锻模制造成本高。因此要求设计员提出具有较好模锻工艺性的结构图纸，以使锻模形状合理，便于加工和使锻件易于出模。

设计模锻零件时应考虑下列几个方面：

(1)要有一个正确合理的分模面。对分模面的基本要求是：应保证锻件能从模膛内顺利取出和有利于工件的成型。为此，分模面最好是在零件两个最大轮廓所组成的平面上，如图4-32所示以 a、b 尺寸组成的平面。这样可使上下模模膛的深度最小，锻模易于加工；模锻时金属容易填满模膛；还可使模锻件上减少由于模锻斜度而需附加的敷料。

分模面上面和下面的锻件轮廓线应一致，它们之间的连接面应为直立面而不应为倾斜面，这样便于发现上下模之间的错移，便于切边。有时甚至可在锻件上特别设置工艺凸边，如将图4-33(b)改为图4-33(a)那样，以满足此项要求。

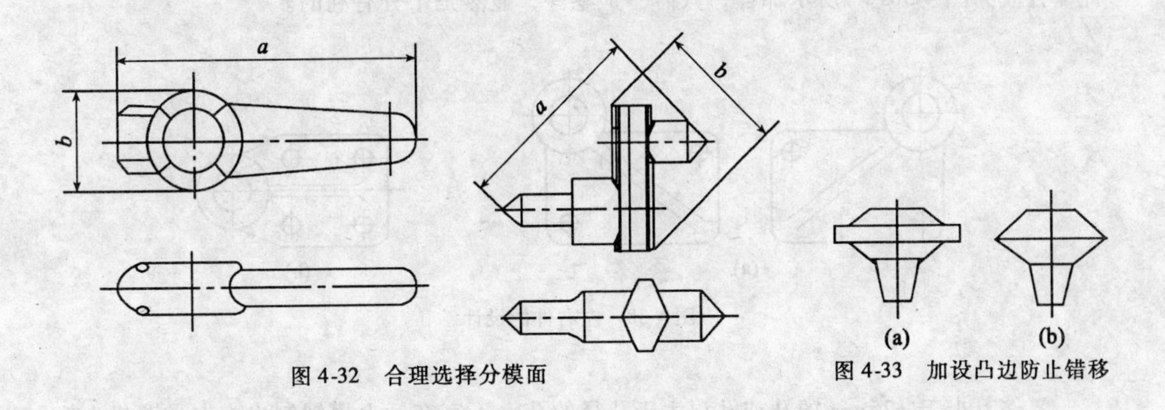

图4-32 合理选择分模面　　图4-33 加设凸边防止错移

分模面最好是平面型，如图4-34(a)所示。

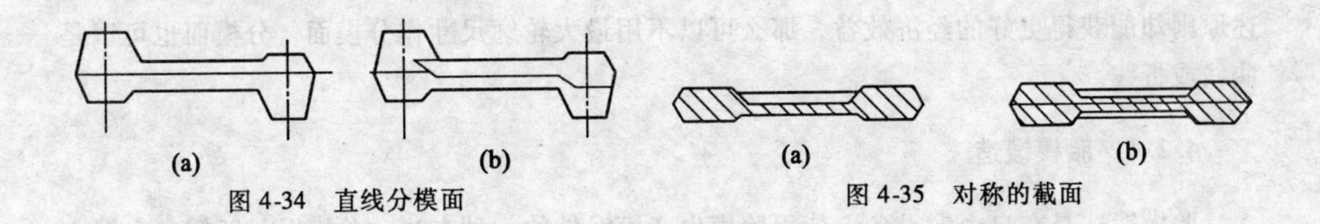

图4-34 直线分模面　　图4-35 对称的截面

(2)设计适合于模锻工艺的截面几何形状。首先，应尽可能使工件在分模面上下的形状对称，并使凸起部分两边的斜度对称。如图4-35(b)所示上下模的模膛相同，模锻时锻件可以翻转，以便去除氧化皮和更好地成型，图4-35(a)就缺少这样的考虑。其次，模锻件应尽可能减少其在长度上各段之间横截面积的差别，以避免过小的横截面在模锻时阻碍金属流动而充不满模膛。图4-36所示即为截面积相差过大而使工艺性较差的锻件结构。

此外，模锻件上还应避免难于锻造的过高的筋(见图4-37(a))和冷切边时容易断裂的尖的凸耳(见图4-37(b))。

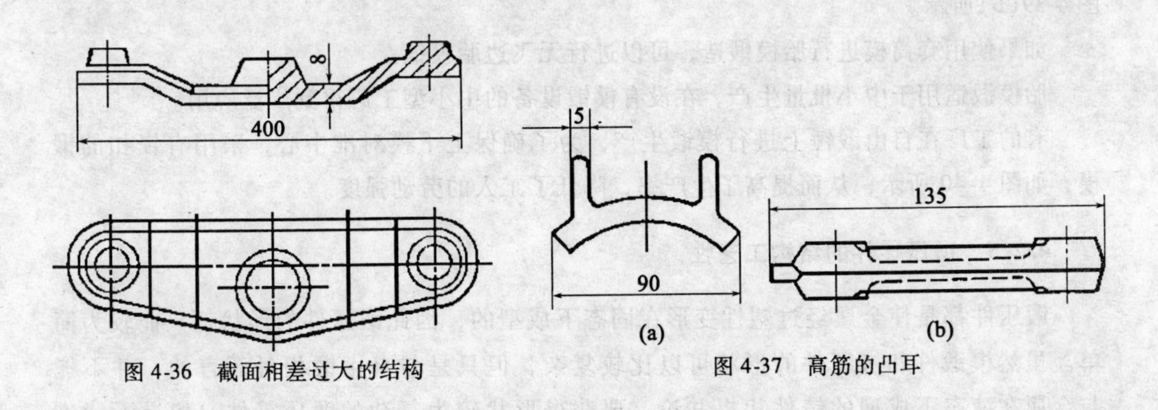

图4-36 截面相差过大的结构　　图4-37 高筋的凸耳

(3)零件设计时尽量采用标准件。尽可能把结构形状、尺寸和材料相似的零件设计成统一的毛坯，这样可节省模锻所需的锻模和机加工所需的夹具。图4-38(a)所示为同一类零件的左右件，其规格尺寸完全一样，只是所处的位置是相对的。若不影响总体设计，将此零件改为图4-38(b)所示那样，只需一个零件，显然是十分有利的。

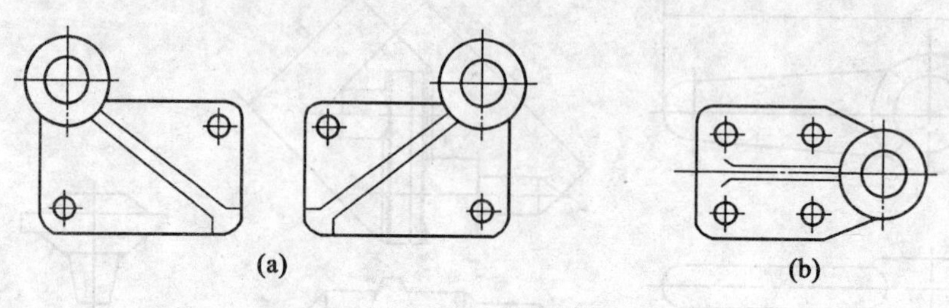

图4-38 左右件的设计

零件上小于 ϕ25mm 的孔或孔深大于孔径的孔，不宜在锤上模锻制出。在平锻机上镦出毛坯时，小于 ϕ20mm 的孔一般均不锻出。

以上阐述的所考虑的几个方面，只是一般通用的原则，决不能成为教条。如果违背上述原则却能获得更好的经济效益，那么可以不用最大轮廓尺寸作分模面，分模面也可以是曲线或折线。

4.2.4 胎模锻造

胎模锻造是在自由锻设备上使用胎模生产模锻件的一种方法。胎模锻一般用自由锻方法制坯，然后在胎模中最后成型。

和自由锻比较，胎模锻的生产率高，锻件质量好，成本低。

和模锻比较，胎模锻不需用昂贵的模锻设备，胎模制造简单，但工人劳动强度大，生产率低。使用合模的胎模锻造如图4-39(a)所示，将下模放在下抵铁上，把加热好的坯料放在下模的模膛中，由导销定位合上上模，用锤头锤击上模使锻件成型。再抬下上模取出锻件，冷却模膛，准备锻造下一个坯料。

已经锻成的胎模锻件同样需要用切边模和冲孔模在压力机上完成切边、冲孔工序，如图4-39(b)所示。

如果使用套筒模进行胎模锻造，可以进行无飞边胎模锻。

胎模锻适用于中小批量生产，在没有模锻设备的中小型工厂得到广泛应用。

有的工厂在自由锻锤上进行模锻生产，为了确保上下模对准中心，采用有锁扣的锻模，如图4-40所示，从而提高了生产率，降低了工人的劳动强度。

4.2.5 锻压零件的结构工艺性

锻压件都是使金属经过塑性变形在固态下成型的，因此锻压件的形状都只能较为简单。虽然模锻件和挤压件的形状可以比较复杂，但只是与自由锻相对而言的，并不能与金属在液态下成型的铸件相提并论。要获得形状较为复杂的锻压零件，如果不能进

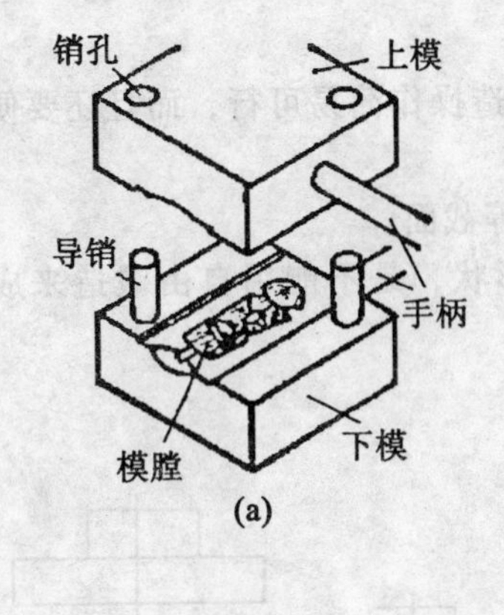

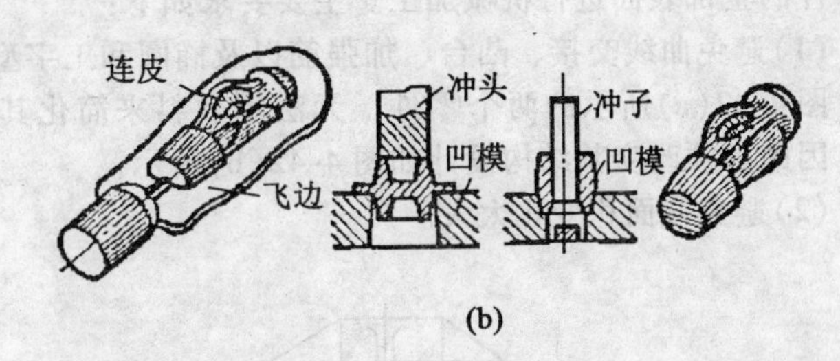

图 4-39　胎模锻造

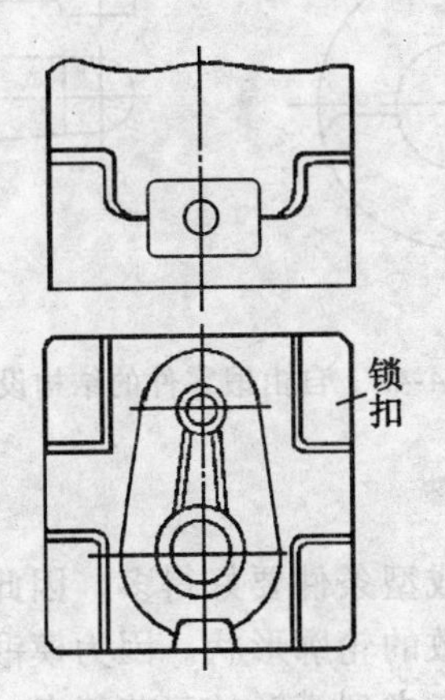

图 4-40　有锁扣的锻模

行整体锻压，工艺不易实现，则在许可的条件下可以用焊接工艺，把简单的锻压件焊接制成。因为锻压的金属材料属于塑性材料，都具有一定的可焊性，所以采用锻压-焊接联合结构，以简化锻压工艺，是可以考虑的工艺方法。图 4-41 所示为锻压-焊接联合结构的实例。

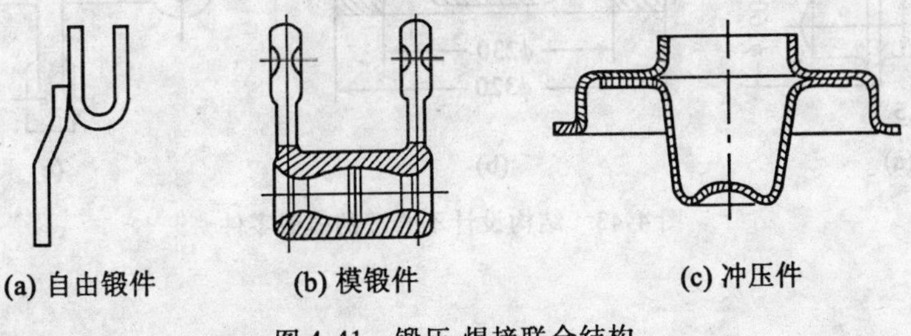

图 4-41　锻压-焊接联合结构

此外，自由锻件、模锻件和挤压件用敷料来简化其形状是合理或必要的。零件上某些孔、凹槽、凹档、台阶以及斜面和锥面等都可考虑简化成平直的形状而由机械加工制出，值得斟酌的是敷料部分能否便于切除。

1. 自由锻件的工艺性要求

考虑到自由锻造的工艺特点，设计的零件不仅应使锻造操作简易可行，而且还要便于将零件的全部表面进行机械加工。主要要求如下：

(1)避免曲线交接、凸台、加强筋以及椭圆和工字型等截面。

图4-42(a)所示的两个零件，无法用敷料来简化其形状，是不能用自由锻造来成型的，因此必须改变其结构设计如图4-42(b)所示。

(2)避免截面积变化太大。

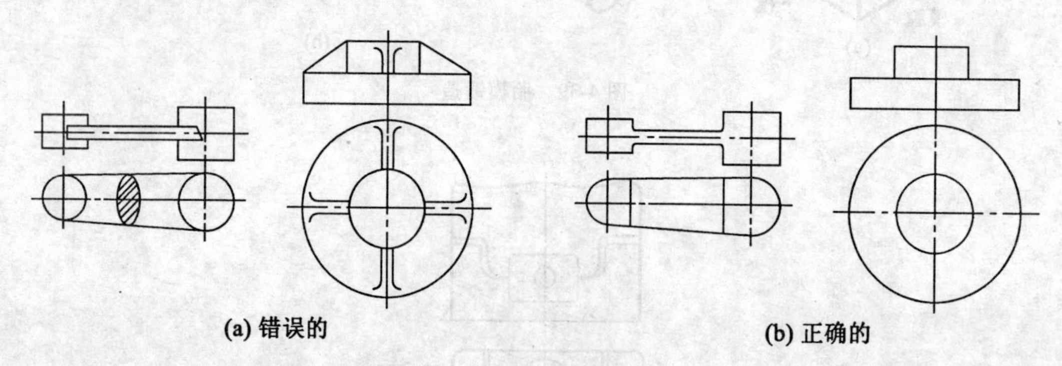

图4-42 自由锻零件的结构设计

2. 模锻件的工艺性要求

与自由锻件相比，模锻件的成型条件要好得多。因此，模锻件上允许有曲线交接、合理的凸台和工字形截面等较为细致的轮廓形状。因为模锻件的表面质量较好，所以一般的非装配表面可以不必机械加工。考虑到模锻的工艺特点，设计零件应注意下列要求。

(1)模锻零件应有合理的分模面。

(2)杆类零件的各处横截面积应较为均匀，最小与最大截面积之比应大于0.3~0.5。

(3)避免薄壁高肋以及叉形和分支。

图4-43所示的零件为不适宜于模锻的结构设计。

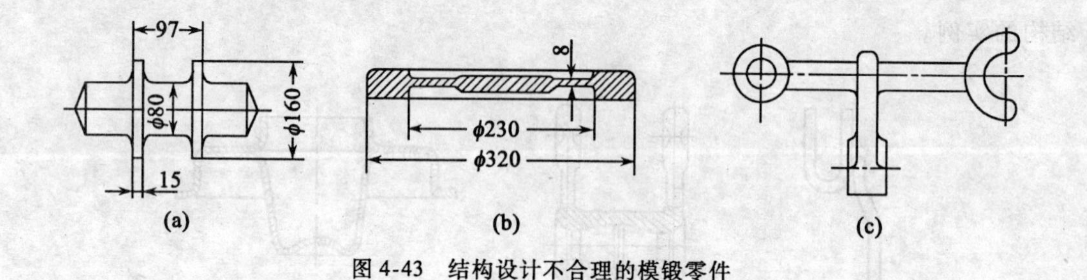

图4-43 结构设计不合理的模锻零件

4.3 板料冲压

板料冲压是利用装在压力机上的冲模，对板料加压，使其产生分离或变形以获得零件的加工方法。这种方法通常在冷态下进行，故称冷冲压。只有当材料厚度超过 8 ~ 10mm 时，才采用热冲压。

几乎在一切有关制造金属成品的工业部门中，都广泛地应用板料冲压。特别是在汽车、拖拉机、航空以及电器仪表等工业部门中，板料冲压占有重要地位。

板料冲压之所以能被广泛应用是由于它具有下列特点：

(1)可以冲压形状复杂的零件而废料较少。

(2)能保证产品具有足够高的精度和小的粗糙度，可以满足一般互换性的要求。

(3)能获得重量轻，材料消耗少，强度和刚度较高的零件。

(4)冲压操作简单，工艺过程便于机械化自动化，生产率高，成本低。

但是，冲模制造复杂，只有在大批量生产的情况下，才显示出这种加工方法的优越性。板料冲压常用的金属材料为具有良好塑性的金属，如低碳钢，低合金钢，铜、铝、镁及其合金等。非金属材料如石棉板，硬橡皮和绝缘纸等亦广泛采用冲压加工。

4.3.1　冲压设备

板料冲压用的设备为剪床和冲床。

剪床的用途是把板料剪成一定宽度的条料供冲压工序用。

剪床的外形和传动图如图 4-44 所示。电动机通过带轮、轴、离合器使曲轴转动，再通过滑块带动上刀刃作上下运动进行剪切工作。图示剪床的刀刃为斜口刀刃，倾角一般为 2° ~ 8°，适于剪较宽的板料。还有平口刀刃(见图 4-45(a))，适于剪窄料。圆盘刀刃(见图 4-45(b))，用于曲线剪裁。现代剪床可剪切厚度达 42mm 的金属板料。

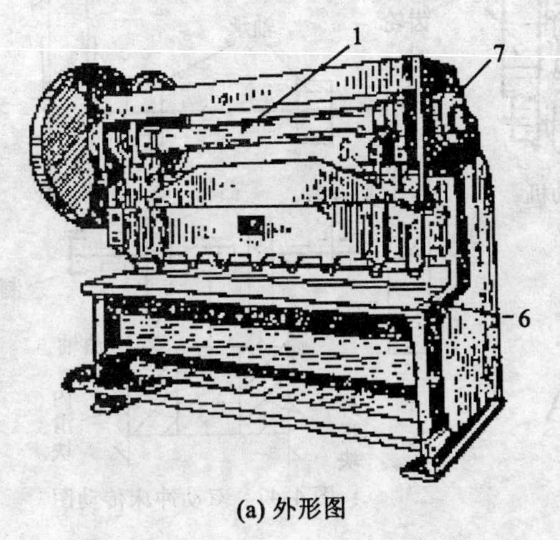

(a) 外形图

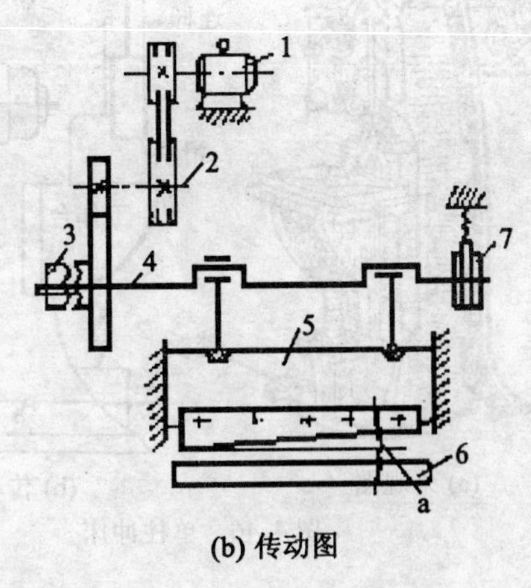

(b) 传动图

1—电动机　2—传动轴　3—离合轴　4—偏心轴　5—滑块　6—工作台　7—制动器

图 4-44　剪床

冲床是板料冲压的主要设备。图 4-46 为单柱冲床的外形和传动图。电动机带动飞轮转动：当踩下踏板时，离合器使飞轮和曲轴连接，使曲轴转动，再通过连杆带动滑块做上下运动，进行冲压工作；当松开踏板时，离合器使曲轴与飞轮脱开，制动器立即使曲轴停止转动，并使滑块停留在上面位置。

在冲压工作中常应用双动冲床，图 4-47 为双动冲床的传动图。这种冲床有两个滑块：一个是沿床身导轨滑动的外滑块，它是由装在曲轴上的凸轮机构带动的；另一个则是沿外滑块导轨滑动的内滑块，它是由曲轴通过连杆带动的。通过内、外滑块配合工作，双动冲床可以完成较为复杂的冲压工作。

冲床的吨位为 6.3 ~3150t。

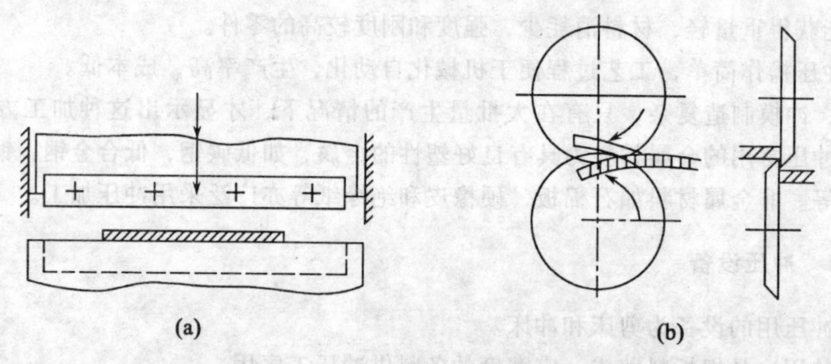

图 4-45 平口剪和圆盘剪的刃口

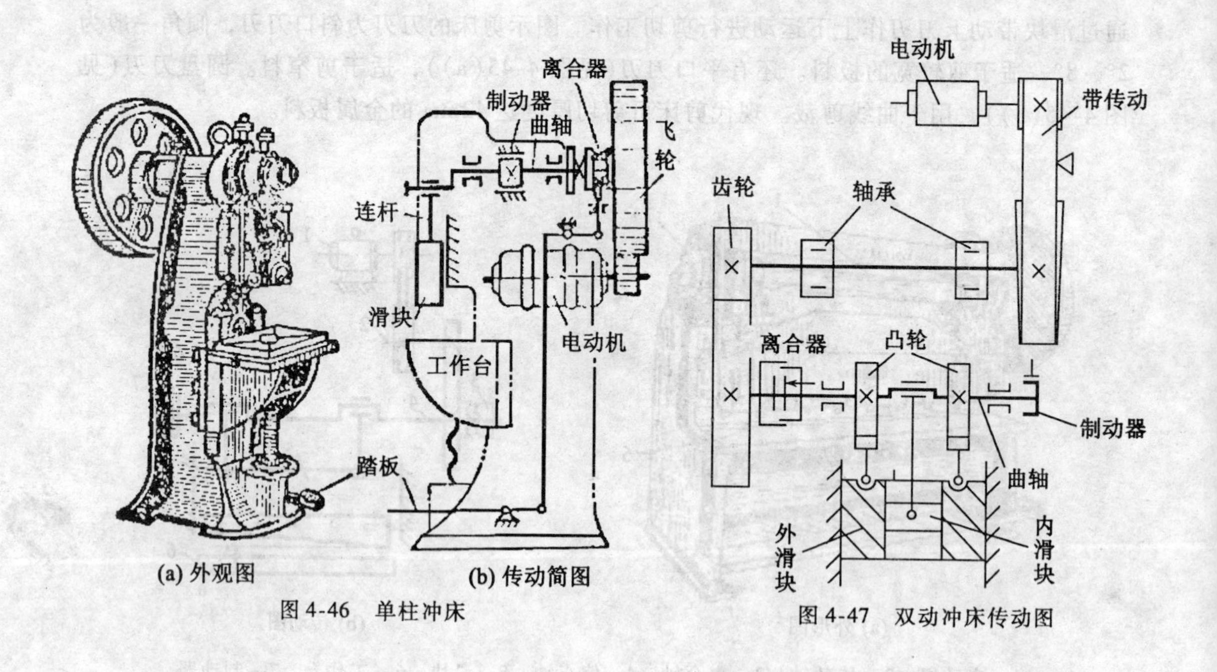

图 4-46 单柱冲床

图 4-47 双动冲床传动图

4.3.2 板料冲压基本工序

板料冲压的基本工序分为两类：分离工序，使板料的一部分与另一部分相互分离的工序，如剪切落料和冲孔等；变形工序，使板料的一部分相对另一部分发生位移而不破裂的工序，如拉伸、弯曲和成型等。

剪切工作一般在剪床上进行。现介绍在冲床上进行的基本工序。

1. 落料和冲孔

落料和冲孔是使板料按封闭轮廓分离的工序。落料是为了获得冲下的零件；冲孔则冲去中间的废料，周边为所需的零件。落料和冲孔的变形过程完全相同。

图4-48为落料和冲孔的变形过程图。落料和冲孔既是分离工序，必然从弹、塑性变形开始，以断裂告终。图(a)表明板料受弯矩 M 的作用产生弹性变形；图(b)是产生塑性变形，且在刃口附近产生应力集中；图(c)、(d)、(e)为断裂阶段，从刃口侧面产生裂纹到裂纹向材料内层发展，使材料分离。

为了获得较小粗糙度的冲裁件断面，凸模与凹模的刃口必须锋利。要合理选用凹凸模之间的间隙 z，一般单边间隙取板料厚度的5%～10%。落料件的尺寸决定于凹模尺寸，间隙取在凸模上；冲孔时孔的尺寸决定于凸模尺寸，间隙取在凹模上。在落料前应使落料件合理排样，使废料最少。如图4-49所示电话机接触弹簧，原来形状(见图4-49(a))的材料利用率仅为41%。在保证孔距38mm与15.5mm的前提下，若将工件形状作某些修改(见图4-49(b))，材料利用率可提高到92.5%，不仅节省了材料，生产率还可增加一倍(一次冲两件)。

落料件与冲孔件尺寸的公差等级一般为IT10～IT12。冲孔的最小孔边距一般取：对圆孔为(1～1.5)δ，对矩形孔为(1.5～2)δ，其中 δ 为板料厚度。

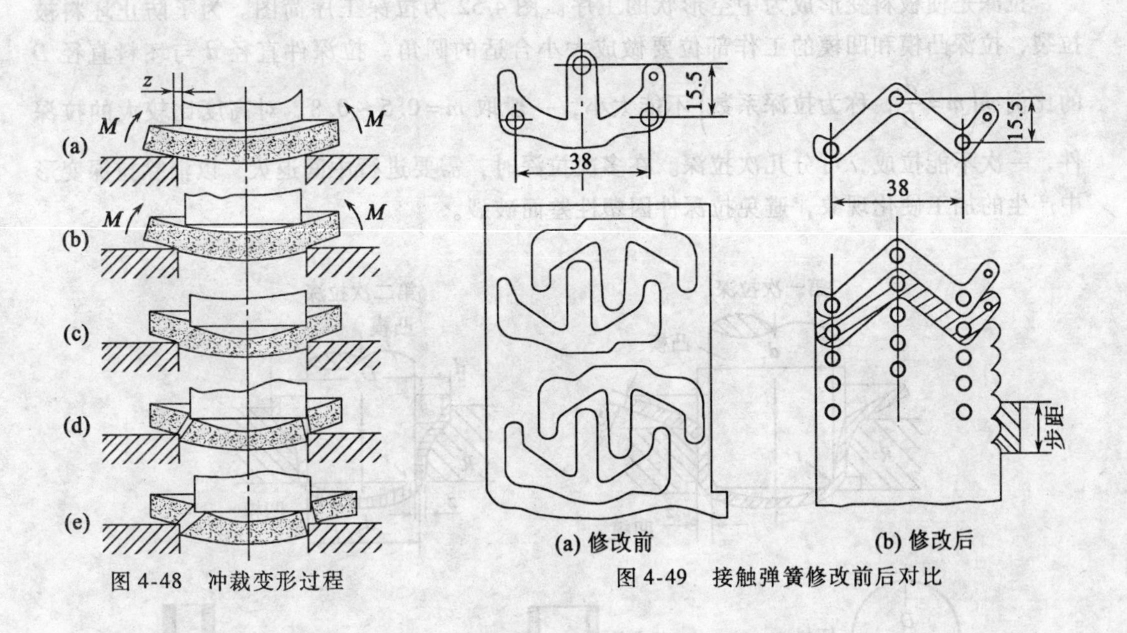

图4-48　冲裁变形过程

图4-49　接触弹簧修改前后对比

2. 弯曲

将金属板料弯成一定的角度、曲率和形状的工艺方法称为弯曲。弯曲是常见的变形工序。图4-50为板料弯曲过程图。弯曲时内侧受压缩，外侧受拉伸，当外侧应力超过抗拉强度时，金属就会破裂。材料越厚，内弯曲半径 r 越小，外侧拉应力越大。为了防止产生裂纹，规定弯曲的最小半径 $r_{\min}=(0.25\sim1)\delta$。

弯曲时应尽可能使弯曲线与材料纤维方向垂直(见图4-51)。

弯曲结束后，由于弹性变形的存在，坯料略微弹回一点，使被弯曲的角度增大，此种现象称为回弹。在设计工作中回弹现象是必须予以考虑的。

弯曲件的形状应对称，弯曲半径左右一致，则弯曲时可防止产生滑动。若弯曲预先冲好孔的毛坯时，孔的位置应处于弯曲变形区之外。为保证弯曲件的直边平直，弯曲件直边高度 H 应大于 3δ。

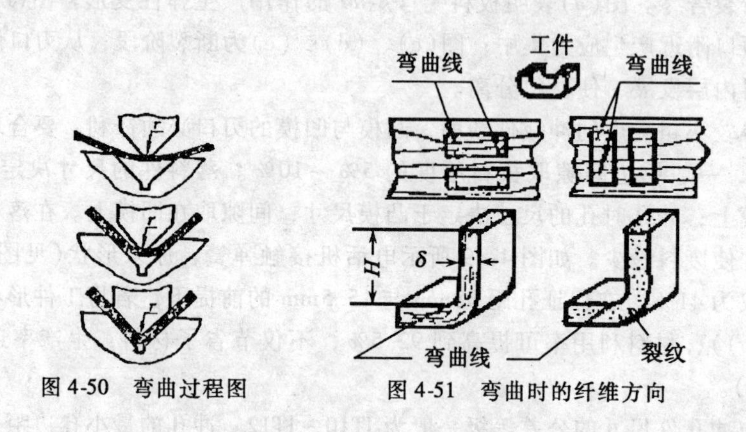

图 4-50 弯曲过程图　　图 4-51 弯曲时的纤维方向

3. 拉深

拉深是使板料变形成为中空形状的工序。图 4-52 为拉深工序简图。为了防止坯料被拉裂，拉深凸模和凹模的工作部位要做成大小合适的圆角。拉深件直径 d 与坯料直径 D 的比例 $m\left(m=\dfrac{d}{D}\text{，称为拉深系数}\right)$ 不能太小，一般取 $m=0.5\sim0.8$。对高度比较大的拉深件，一次不能拉成，可分几次拉深。在多次拉深时，需要进行中间退火，以消除拉深变形中产生的加工硬化现象，避免拉深件因塑性差而破裂。

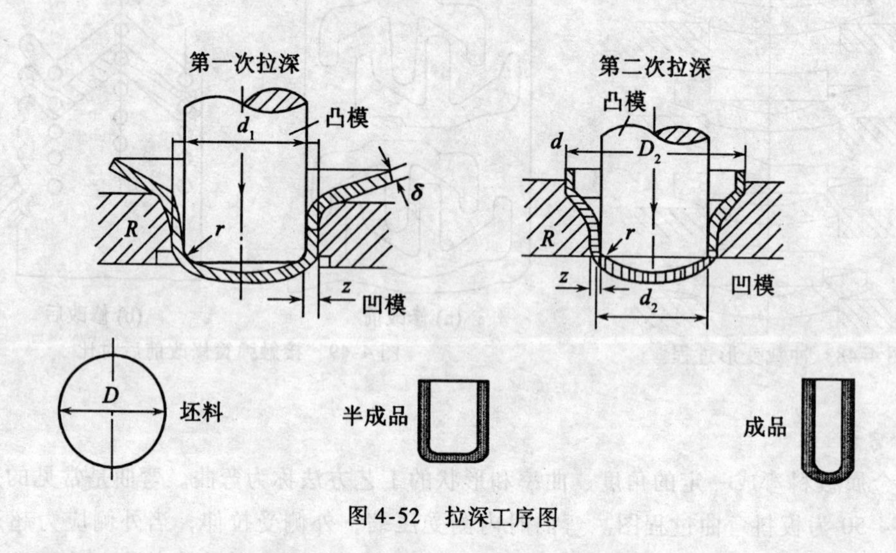

图 4-52 拉深工序图

在拉深过程中，由于坯料在圆周切线方向受到压缩应力作用，拉深件的凸缘部分可能产生波浪形，严重时会起皱(见图 4-53)。为了防止起皱，可用压板在拉深时把凸缘部分压紧。

拉深件外形应简单、对称，且不要太高，以减少拉深次数，拉深件的圆角半径可按图 4-54 确定。拉深件尺寸的公差等级为 IT12 ~ IT15。

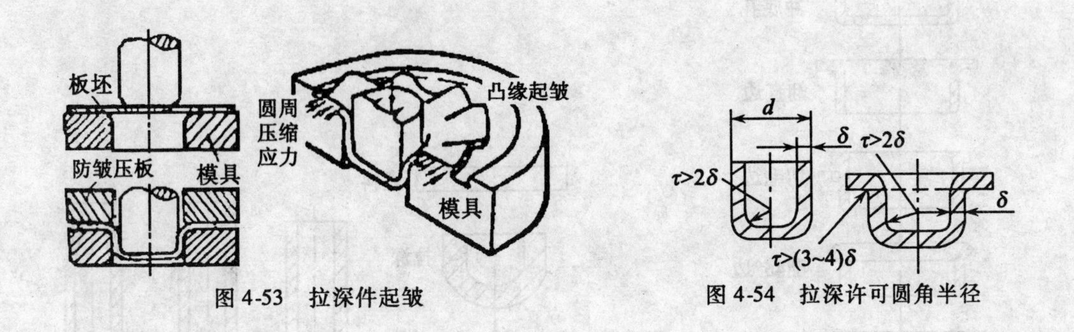

图 4-53　拉深件起皱　　图 4-54　拉深许可圆角半径

4. 其他冲压工序

根据不同的具体零件，冲压的工艺方法很多，图 4-55 为常见的另外几种板料冲压工序。

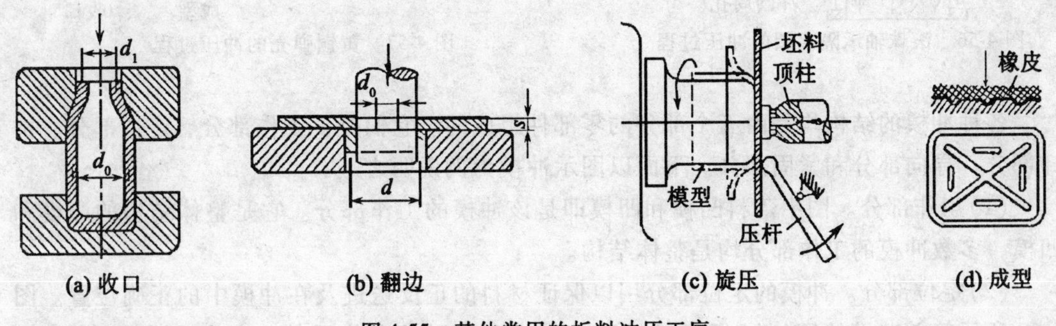

图 4-55　其他常用的板料冲压工序

5. 冲压工艺举例

形状比较复杂的冲压件，往往要用几个基本工序多次冲压才能完成。变形程度较大时，还要进行中间退火。图 4-56 是滚珠轴承隔离圈的冲压过程，工件壁厚与原始板料的厚度基本相同。图 4-57 是黄铜弹壳的冲压过程，工件壁厚要经过多次减薄拉深，由于变形程度较大，工序间要进行多次退火。

4.3.3　冲模

冲模是实现冲压变形的专用工具，是冲压生产的工艺装备。冲压生产的优越性必须依赖结构性能优良的冲模才能得到。冲模按其工序组合程度可分为简单冲模、连续冲模和复合冲模。

1. 简单冲模

在冲床滑块的每一次行程内只完成一个冲压工序的冲模称简单冲模，图 4-15 为一落料用的简单冲模。

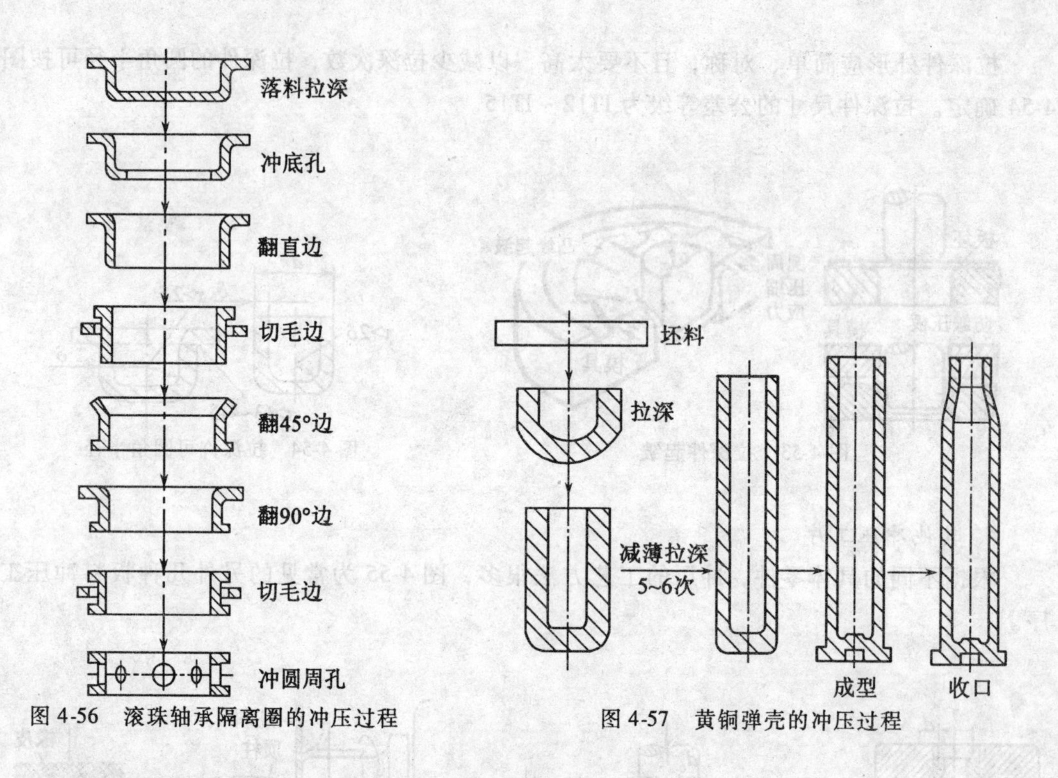

图 4-56 滚珠轴承隔离圈的冲压过程

图 4-57 黄铜弹壳的冲压过程

各种冲模的结构均是由五个部分的零部件组成的。它们是：工作部分、定位部分、推卸部分、导向部分和紧固部分。下面以图示冲模为例说明之。

(1)工作部分。图中落料凸模和凹模即是该冲模的工作部分。它是整体结构的凸模和凹模，多数冲模的工作部分均是整体结构。

(2)定位部分。冲模的定位部分用以保证材料的正反送进及在冲模中的正确位置。图 4-58 所示简单冲模的导(料)板即是保证条料正确送进的定位零件。图中的定位销(挡料销)即是限定条料送进距离的定位零件。在连续模中还常用侧刃限定条料的送进步距，侧刃的长度等于步距，侧刃前后的导料板宽度不等，当侧刃从条料的侧边冲下长度等于步距的窄条后，条料才能向前送进一个步距。这种定位形式准确可靠，保证有较高的送料精度，但材料消耗多。

(3)推卸部分。图 4-58 中卸料板用于卸下落料后卡在凸模上的条料。有些冲模上需要顶出器，用于推出冲压件。

(4)导向部分。图 4-58 中导柱、套筒结构用以保证上下模的精确导向。导柱常用两个，对高精度冲模或自动化冲模，则用四个导柱的导向装置。

(5)紧固部分。图 4-58 中模柄、上下模板、压板和螺钉、销子等均属紧固零件，用以把组成冲模的各个零部件连接起来，并把上模固定到冲床的滑块上和把下模固定到工作台上。

2. 连续冲模

连续冲模是一种多工序、高效率冲模，在一副模具中有规律地安排多个工序进行连续冲压，各个工序是在不同的位置上完成的。图 4-59 为冲压垫圈的连续冲模。它是把两个简单冲模安装在一块模板上，以便在一次行程内连续完成落料、冲孔两个冲压工序。

3. 复合冲模

复合冲模是在一副冲模中一次送料定位可以同时完成几个工序的冲模。图4-60为一落料、拉深复合模，即在一次行程内同时完成落料、拉深两个冲压工序。复合模中有一个凸凹模，它的外圆是落料凸模，内孔为拉深凹模，当滑块带着凸凹模下行时，条料先在凸凹模和落料凹模中落料，然后由拉深凸模将坯料压入凸凹模的孔中拉深。顶出器在滑块回程时将拉深件推出模子。复合模适用于产量大、精度高的冲压件。

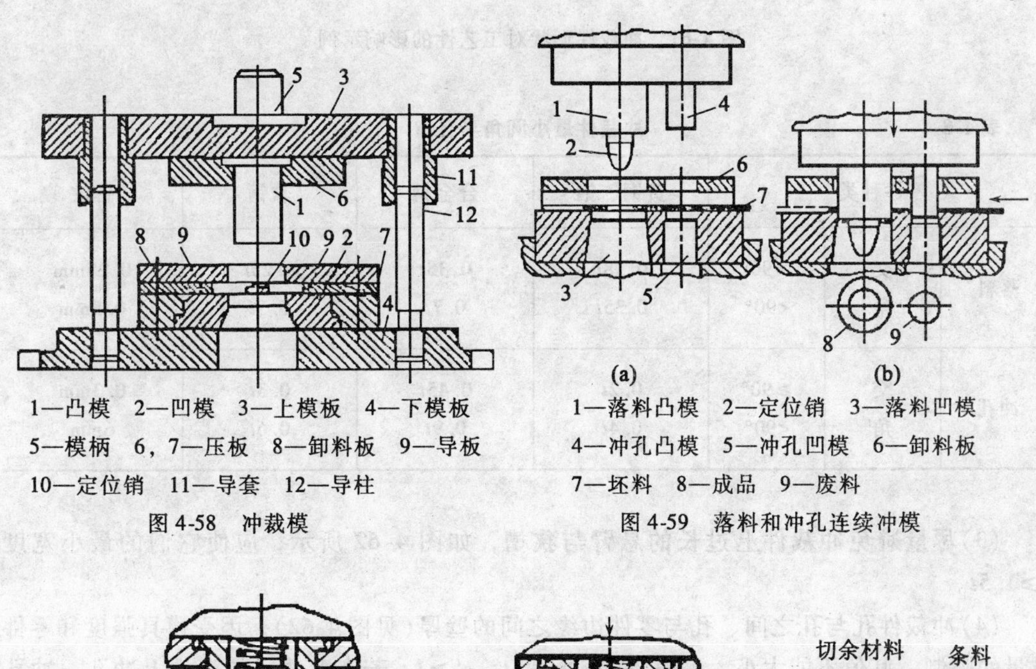

1—凸模　2—凹模　3—上模板　4—下模板
5—模柄　6，7—压板　8—卸料板　9—导板
10—定位销　11—导套　12—导柱

图4-58　冲裁模

1—落料凸模　2—定位销　3—落料凹模
4—冲孔凸模　5—冲孔凹模　6—卸料板
7—坯料　8—成品　9—废料

图4-59　落料和冲孔连续冲模

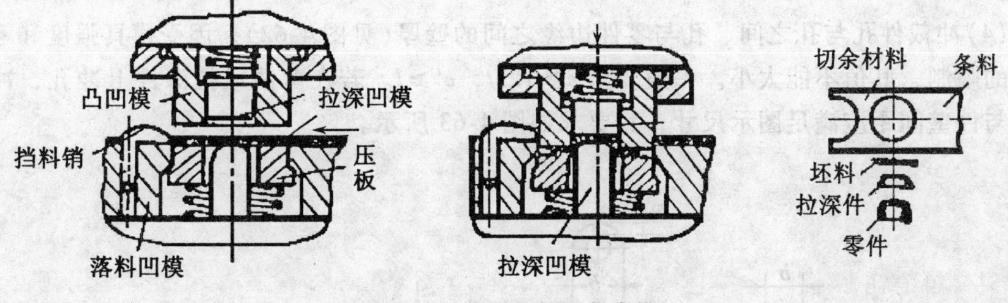

图4-60　落料及拉深复合模

4.3.4　冲压件的工艺性要求

板料冲压件一般都是大批量生产的，所以金属板料的节省和模具的耐用度都很重要。

1. 冲裁件的形状和尺寸

(1)冲裁件形状应尽可能简单、对称、排样废料少。在满足质量要求的条件下，把冲裁件设计成少、无废料的排样形状。如图4-61(a)所示零件，若外形无关紧要，只是三孔位置有较高要求，改为图(b)所示形状，可用无废料排样，材料利用率提高40%。

(2)除在少、无废料排样或采用镶拼模结构时，允许工件有尖锐的清角外，冲裁件的外形或内孔交角处应采用圆角过渡，避免清角。其圆角值如表4-8所示。

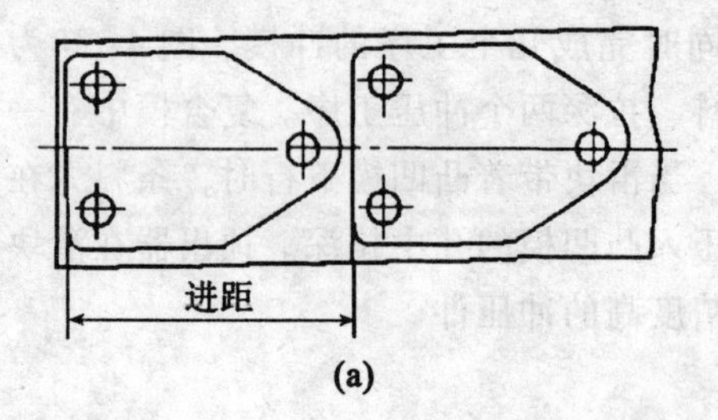

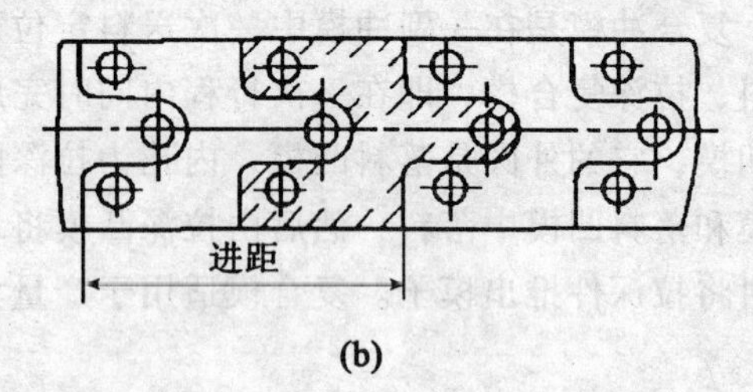

图 4-61 冲裁件形状对工艺性的影响示例

表 4-8 冲裁件最小圆角半径 R

零件种类			黄铜、铝	合金钢	软钢	备注
落料	交角	≥90°	$0.18t$	$0.35t$	$0.25t$	0.25mm
		<90°	$0.35t$	$0.7t$	$0.5t$	0.5mm
冲孔	交角	≥90°	$0.2t$	$0.45t$	$0.3t$	0.3mm
		<90°	$0.4t$	$0.9t$	$0.6t$	6mm

(3)尽量避免冲裁件上过长的悬臂与狭槽，如图 4-62 所示，应使它们的最小宽度 $b \geqslant 1.5t$。

(4)冲裁件孔与孔之间、孔与零件边缘之间的壁厚(见图 4-62)，因受模具强度和零件质量的限制，其值不能太小。一般要求 $c \geqslant 1.5t$，$c' \geqslant t$。若在弯曲或拉深件上冲孔，冲孔位置与件壁间距应满足图示尺寸，其要求如图 4-63 所示。

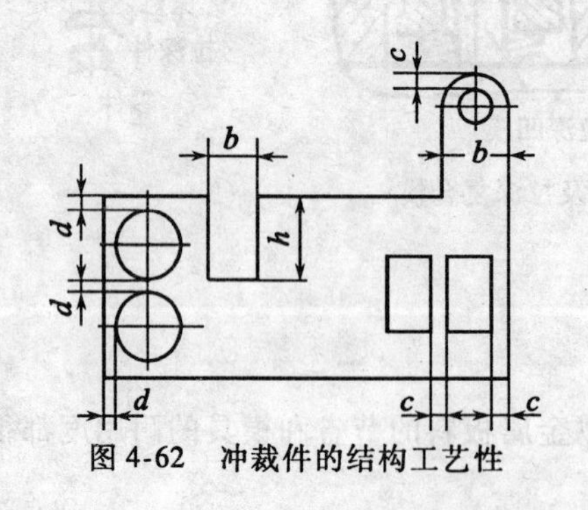

图 4-62 冲裁件的结构工艺性

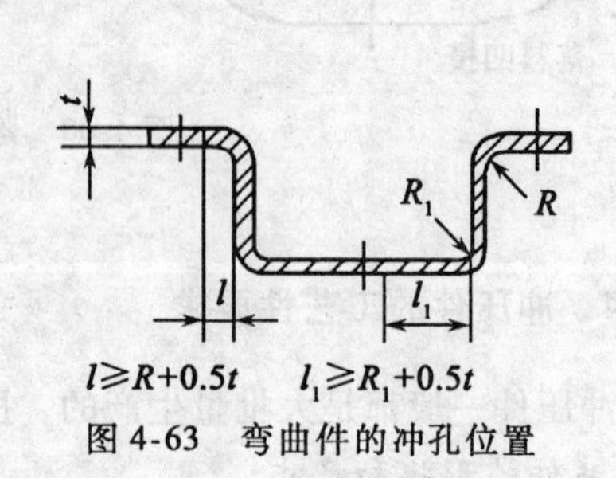

图 4-63 弯曲件的冲孔位置

(5)冲裁件的孔径因受冲孔凸模强度和刚度的限制，不宜太小，否则凸模容易折断和压弯。冲孔最小尺寸取决于材料的机械性能、凸模强度和模具结构。用自由凸模和带护套的凸模所能冲制的最小孔径分别如表 4-9 和表 4-10 所示，孔距的最小尺寸分别如表 4-11 所示。

表 4-9　自由凸模冲孔的最小尺寸　mm

材料	圆孔直径	正方形孔边长	长方形孔宽度	长圆形孔宽度
钢 $r \geqslant 700$MPa	$d \geqslant 1.5t$	$a \geqslant 1.35t$	$a \geqslant 1.1t$	$a \geqslant 1.2t$
钢 $r = 400 \sim 700$MPa	$d \geqslant 1.3t$	$a \geqslant 1.2t$	$a \geqslant 0.9t$	$a \geqslant 1.0t$
钢 $r < 400$MPa	$d \geqslant 1.0t$	$a \geqslant 0.9t$	$a \geqslant 0.7t$	$a \geqslant 0.8t$
黄铜，铜	$d \geqslant 0.9t$	$a \geqslant 0.8t$	$a \geqslant 0.6t$	$a \geqslant 0.7t$
铝，锌	$d \geqslant 0.8t$	$a \geqslant 0.7t$	$a \geqslant 0.5t$	$a \geqslant 0.6t$
纸胶板，布胶板	$d \geqslant 0.7t$	$a \geqslant 0.6t$	$a \geqslant 0.4t$	$a \geqslant 0.5t$
硬纸，纸	$d \geqslant 0.6t$	$a \geqslant 0.5t$	$a \geqslant 0.3t$	$a \geqslant 0.4t$

注：一般要求 $d \geqslant 0.3$mm，t 为材料厚度

表 4-10　带保护套凸模冲孔的最小尺寸　mm

材料	圆形孔 d	长方形孔宽度 b
硬钢	$0.5t$	$0.4t$
软钢及黄铜	$0.35t$	$0.3t$
铝、锌	$0.3t$	$0.28t$

表 4-11　最小孔间距　mm

孔型	圆孔		方孔	
料厚	< 1.55	> 1.55	< 2.3	> 2.3
最小孔距	$3.1t$	$2t$	$4.6t$	$2t$

2. 弯曲件

弯曲件的结构应具有良好的工艺性，这样可简化工艺过程，提高弯曲件的公差等级。弯曲件的结构工艺性分析是根据弯曲过程的变形规律，并总结弯曲件实际生产经验提出的。通常结构上主要考虑如下几个方面：

(1)弯曲件的弯曲半径不宜过大和过小。过大因受回弹的影响，弯曲件的精度不易保证；过小时会产生拉裂，弯曲半径应大于表 4-12 所列的许可最小弯曲半径，否则应选择多次弯曲并增加中间退火工艺。或者是先在弯曲角内侧压槽后再进行弯曲，如图 4-64 所示。

(2)弯曲件的形状与尺寸应尽可能对称、高度也不应相差太大。当冲压不对称的弯曲件时，因受力不均匀，毛坯容易偏移，如图 4-65 所示，尺寸不易保证。为防止毛坯的偏移，在设计模具结构时应考虑增设压料板，或增加工艺孔定位。

弯曲件形状应力求简单，边缘有缺口的弯曲件，若在毛坯上先将缺口冲出，弯曲时会出现叉口现象，严重时难以成型。这时必须在缺口处留有联结带，弯曲后再将连接带切除，如图 4-66 所示。

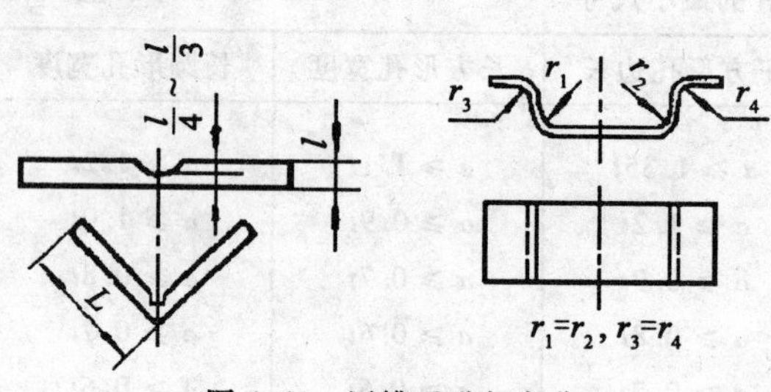

图 4-64 压槽后进行弯曲

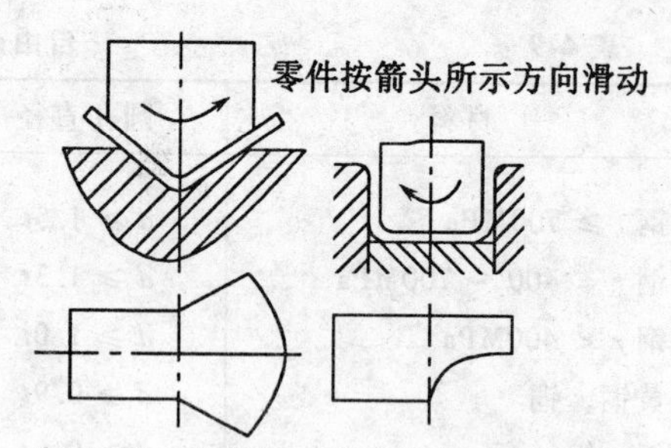

图 4-65 弯曲件形状对弯曲过程的影响

表 4-12 最小相对弯曲半径$\frac{r_{min}}{t}$的数值

材料	正火或退火		硬化	
	弯曲线方向			
	与轧纹垂直	与轧纹平行	与轧纹垂直	与轧纹平行
铝	0	0.3	0.3	0.8
退火紫铜			1.0	2.0
黄铜 H68			0.4	0.8
05、08F			0.2	0.5
08、10、Q215	0	0.4	0.4	0.8
15、20、Q235	0.1	0.5	0.5	1.0
25、30、Q255	0.2	0.6	0.6	1.2
35、40	0.3	0.8	0.8	1.5
45、50	0.5	1.0	1.0	1.7
55、60	0.7	1.3	1.3	2.0
硬铝(软)	1.0	1.5	1.5	2.5
硬铝(硬)	2.0	3.0	3.0	4.0
镁合金	300℃热弯		冷弯	
MA1-M	2.0	3.0	6.0	8.0
MA8-M	1.5	2.0	5.0	6.0
钛合金	300~400℃热弯		冷弯	
BT1	1.5	2.0	3.0	4.0
BT5	3.0	4.0	5.0	6.0
钼合金 BM1、BM2 $t \leqslant 2$mm	400~500℃热弯		冷弯	
	2.0	3.0	4.0	5.0

注：本表用于板材厚 $t<10$mm，弯曲角大于 90°，剪切断面良好的情况。

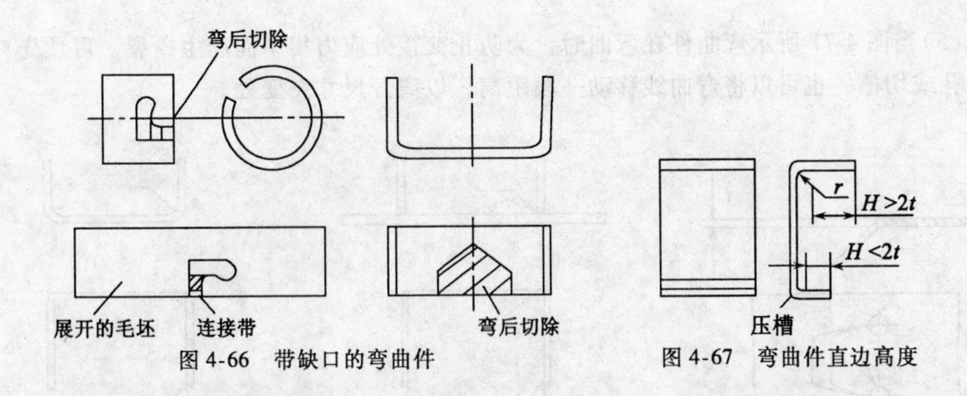

图 4-66　带缺口的弯曲件　　　　图 4-67　弯曲件直边高度

(3)保证弯曲件直边平直的直边高度 H 不应小于 $2t$，否则需先压槽(见图 4-67)或加高直边(弯曲后切掉)。如果所弯直边带有斜线，且斜线达到变形区，则应改变零件的形状，如图 4-68 所示。

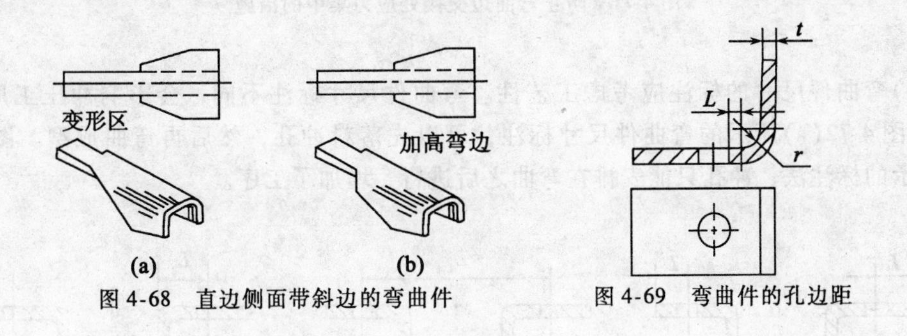

图 4-68　直边侧面带斜边的弯曲件　　　　图 4-69　弯曲件的孔边距

(4)带孔的板料在弯曲时，如果孔位位于弯曲变形区内，则孔的形状会发生畸变。因此，孔边到弯曲半径中心的距离(见图 4-69)要满足以下关系：

当 $t < 2\text{mm}$ 时，$L \geqslant t$；　　　　当 $t \geqslant 2\text{mm}$ 时，$L \geqslant 2t$

如不能满足上述条件，在结构许可的情况下，可在弯曲变形区上预先冲出工艺孔或工艺槽来改变变形范围，有意使工艺孔变形来保证所需孔不产生变形，如图 4-70 所示。

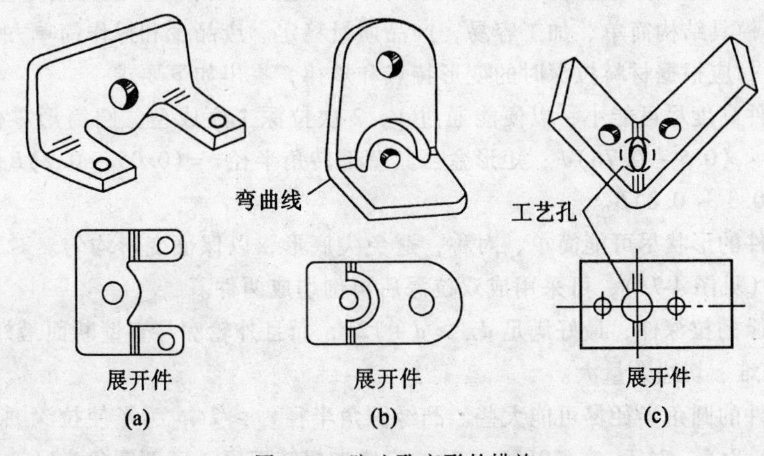

图 4-70　防止孔变形的措施

(5)当图4-71所示弯曲件在弯曲时，为防止交接处应力集中而产生撕裂，可预先冲裁卸荷孔或切槽，也可以将弯曲线移动一段距离，以离开尺寸突变处。

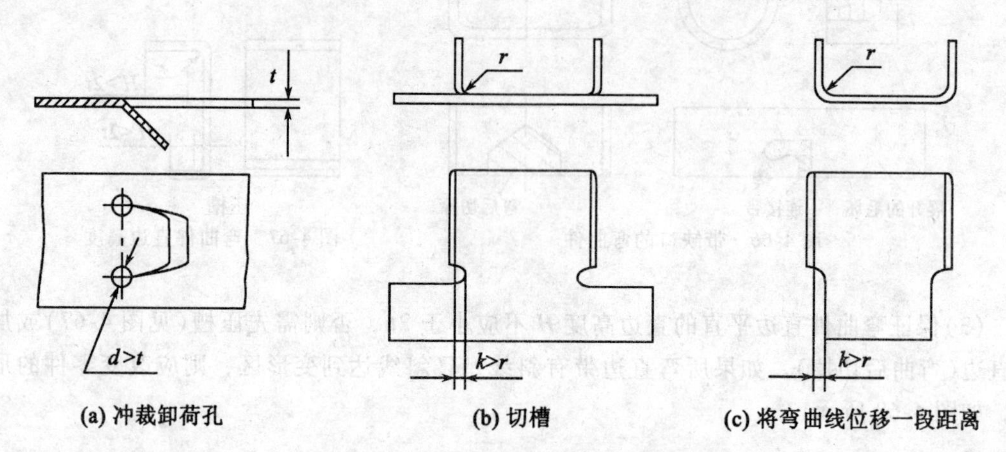

图4-71 防止弯曲边交接处应力集中的措施

(6)弯曲件尺寸的标注应考虑工艺性。弯曲件尺寸标注不同，会影响冲压工序的安排。如图4-72(a)所示的弯曲件尺寸标注，可以先落料冲孔，然后再弯曲成型。图(b)，(c)所示的标注法，冲孔只能安排在弯曲之后进行，增加了工序。

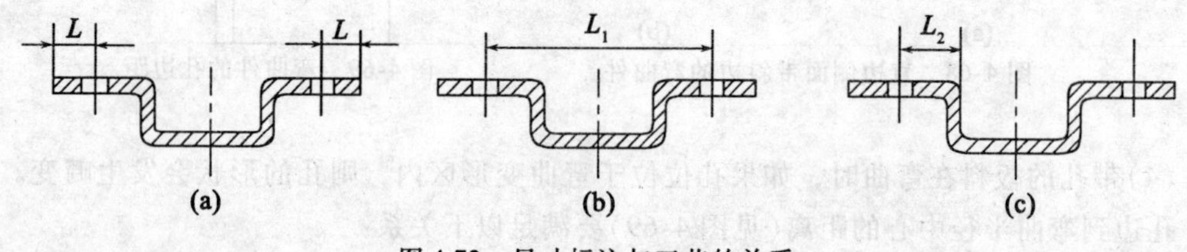

图4-72 尺寸标注与工艺的关系

3. 拉深件

拉深零件的工艺性是指零件对拉深成型的难易程度。良好的工艺性应是坯料消耗少，工序数目少，模具结构简单、加工容易，产品质量稳定、废品少和操作简单方便等。在设计拉深零件时，应根据材料拉深时的变形特点和规律，提出如下要求：

(1)拉深件高度尽可能小，以便能通过1~2次拉深工序成型。圆筒形零件一次拉深可达到高度 $h < (0.5 \sim 0.76)d$ ；矩形盒当其壁部转角半径 $r = (0.05 \sim 0.2)B$ 时，一次拉深高度 $h \leqslant (0.3 \sim 0.8)B$。

(2)拉深件的形状尽可能简单、对称，避免尖底形，以保证变形均匀。对于半敞开的非对称拉深件(见图4-73)，可采用成双拉深后再剖切成两件。

(3)有凸缘的拉深件，最好满足 $d_{凸} \geqslant d + 12t$ ，而且外轮廓与直壁断面最好形状相似。否则，拉深困难、切边余量大。

(4)拉深件的圆角半径尽可能大些。凸缘圆角半径 $r_d \geqslant 2t$ ，为了使拉深顺利进行，最好使 $r_d = (4 \sim 8t)$。对于 $r_d < 0.5\text{mm}$ 时，应增加扭转工序。底部圆角半径 $r_p \geqslant t$ ，最好

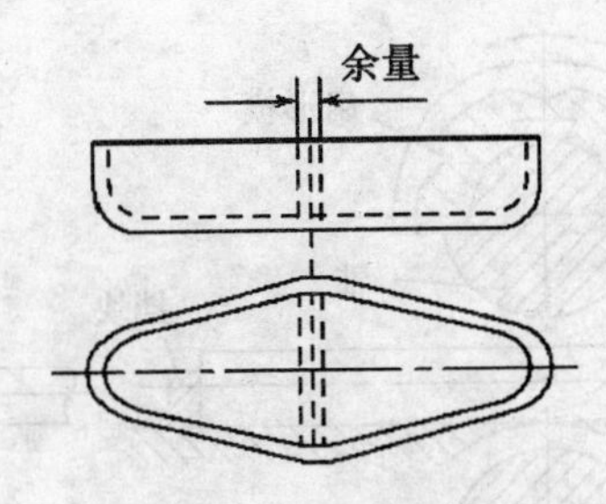

图 4-73　成双组合拉深

使 $r_p \geqslant (3 \sim 5)t$。否则应增加整形工序，每整形一次，可减小 1/2。盒形拉深件壁间圆角半径 $r \geqslant 3t$，尽可能使 $r \geqslant h/5$。

(5)由于拉深件各部位的料厚有较大变化，所以对零件图上的尺寸应明确标注是外壁尺寸还是内壁尺寸，不能同时标注内外尺寸。

(6)由于拉深件有回弹，所以零件横截面的尺寸公差一般都在 IT13 级以下。如果零件公差要求高于 IT13 级时，应增加整形工序来提高尺寸精度。

(7)多次拉深的零件对外表面或凸缘的表面，允许有拉深过程中所产生的印痕和口部的回弹变形，但必须保证精度在公差之内。

(8)拉深件的材料应具有良好的成型性能。

4.4　金属的其他塑性成型方法

4.4.1　零件的轧制

轧制零件的方法很多，主要有：

1. 辊锻轧制

辊锻是使坯料通过装有圆弧扇形模块的一对旋转的轧辊时受压变形的一种生产方法(见图 4-74)。它既可作为压力机模锻前的制坯工序，也可直接辊锻锻件，如辊锻扳手、叶片和连杆等。

2. 辗环轧制

辗环轧制是用来扩大环形坯料的外径和内径，从而获得各种环形零件的轧制方法(见图 4-75)。图中驱动辊由电动机带动旋转，利用摩擦力使坯料在驱动辊和芯辊之间转动，并受压变形。驱动辊可上下移动使坯料厚度减小，直径增大。导向辊对坯料起导向和支承作用，并可随环坯直径的扩大作相应的移动。当环坯直径达到需要值与信号辊按触时，驱动辊停止工作。这种方法常用于出产轴承座圈，火车轮箍等零件。

3. 轧制齿轮

齿轮的轧制法与机械加工时的滚齿法相类似，做成齿轮形状的滚轧工具紧压在转动的齿坯上，一面使齿坯外圆产生塑性变形，一面逐渐轧入齿坯，在滚轧工具与齿坯接触相互转动时，借范成运动形成齿形。图 4-76 为热轧齿轮的示意图。轧制的齿轮其纤维流向大体沿齿形呈连续性分布，故其强度较高。

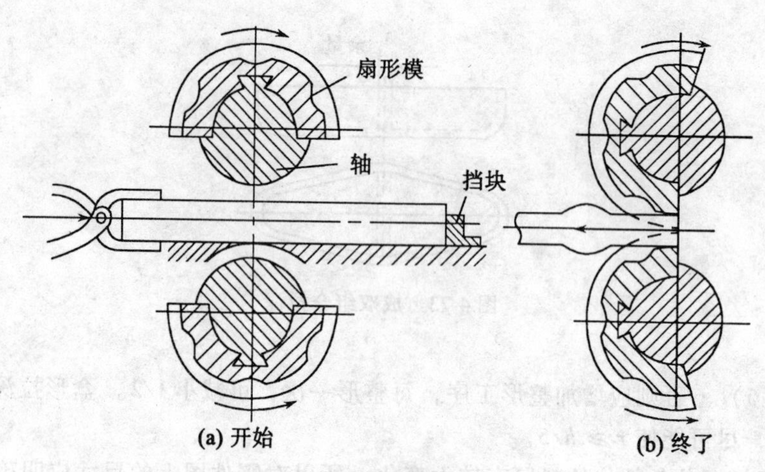

图 4-74 辊锻轧制

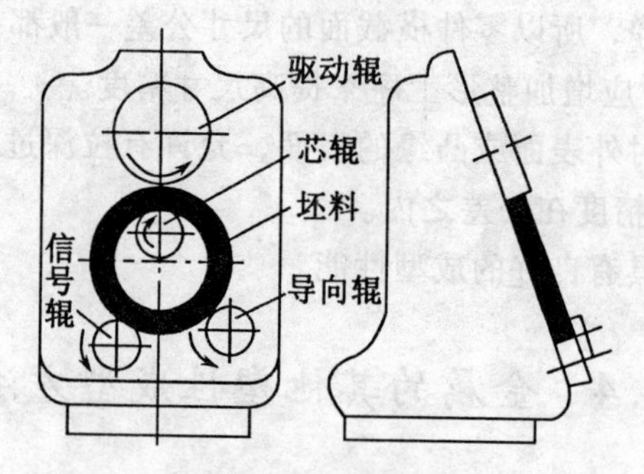

图 4-75 辗环轧制

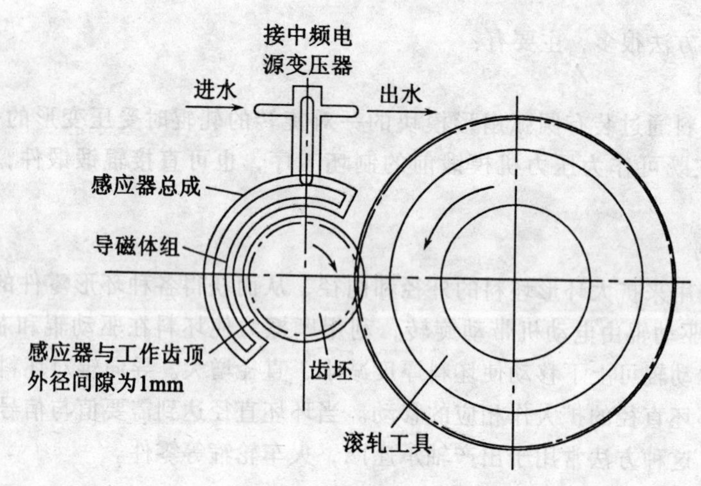

图 4-76 热轧齿轮示意图

4.4.2　零件的挤压

1. 零件的挤压方式

零件挤压的基本方式如图 4-77 所示。对于一般零件，挤压一次就能完成。如果从坯料到零件的变形量较大，由于加工硬化作用强烈，变形阻力太大，就要进行多次挤压。例如，缝纫机梭心套壳的冷挤压就需要三道工序，如图 4-78 所示。它的挤压过程是：

落料表面→表面清理→镦粗预成型→软化退火→磷化润滑→反挤压成型→软化退火→磷化润滑→正挤压成型

2. 冷挤压

金属在室温下进行挤压称为冷挤压。冷挤压的材料除铝、铜等强度较低的有色金属之外，碳素结构钢、合金结构钢、奥氏体不锈钢等都能进行冷挤压生产，甚至对轴承钢、高速钢也能进行一定变形量的冷挤压。

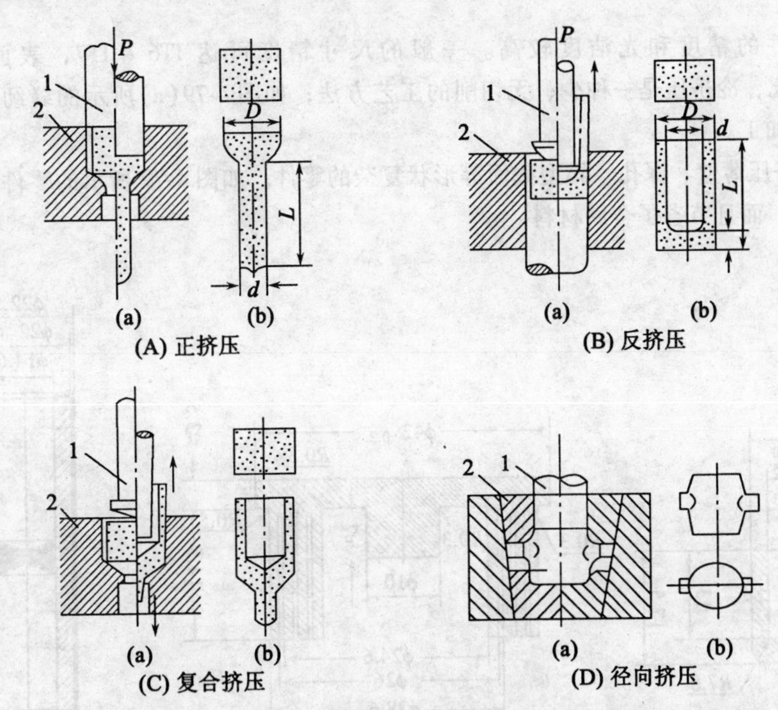

(a)—挤压过程示意图　(b)—坯料和挤压件图　1—凸模　2—凹模

(A)—正挤压　(B)—反挤压　(C)—复合挤压　(D)—径向挤压

图 4-77　挤压方式

冷挤压的模具要求有高度的耐磨性。常用的模具材料是 W18Cr4V、Cr12MoV、GCr15、60Si2 等，模具寿命一般为 5000 ~ 50000 次。凹模的关键部分如配以硬质合金，则模具寿命还能成 10 倍地增加。冷挤压的设备主要是专用的冷挤压压力机，目前在通用的机械压力机、液压机和摩擦压力机上也能进行冷挤压。

冷挤压的主要优点如下：

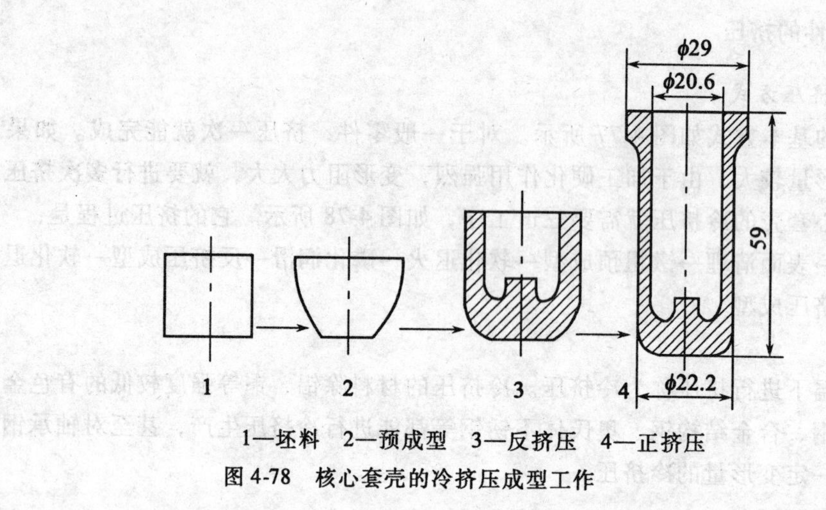

1—坯料 2—预成型 3—反挤压 4—正挤压

图 4-78 核心套壳的冷挤压成型工作

(1)工件的精度和光洁度较高。一般的尺寸精度可达 IT6 ~ IT7，表面光洁度为∇6 ~ ∇9。因此，冷挤压是一种少、无切削的工艺方法；如图 4-79(a)所示的缝纫机零件可不再进行机械加工。

(2)能挤压薄壁、深孔、异型截面等形状复杂的零件。如图 4-79 所示的零件，不仅能减少机械加工，而且节省了金属材料。

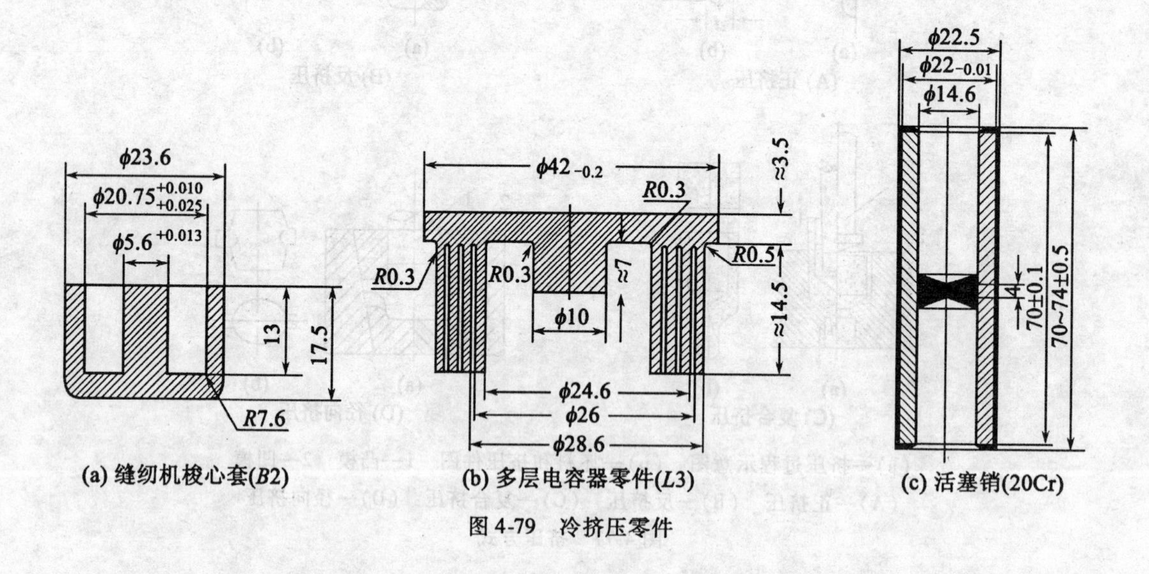

(a) 缝纫机梭心套(B2) (b) 多层电容器零件(L3) (c) 活塞销(20Cr)

图 4-79 冷挤压零件

(3)能提高零件的机械性能。由于金属加工硬化，并有合理的纤维组织方向，因此挤压零件的强度、硬度、耐疲劳性能都显著提高。

(4)生产率较高。图 4-80 所示的仪表零件，如果应用板料冲压，需经 5 ~ 6 道工序，应用挤压则一次完成。挤压时，金属处于三向压应力下变形，这对提高金属的塑性十分有利，但是所需的挤压力则大为增加，制造一个 φ38mm×厚 5.6mm×高 100mm 的杯形低碳钢工件，用板料拉深所需的最大变形力为 17t 力；采用冷挤压则需挤压力 132t 力，凸模上的压力达 2300MPa。因此，由于挤压设备吨位的限制，目前只能生产 30kg 以下的小件。

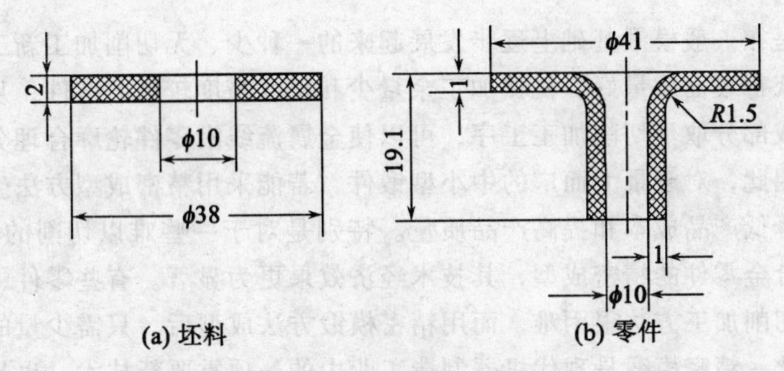

图 4-80　纯铝零件的挤压

为了降低挤压力，减少模具的磨损，并提高挤压件的表面质量，金属坯料必须进行软化退火，并消除其表面上的氧化皮，然后再进行润滑处理；因为坯料在模具内受的压力很高，润滑剂很容易被挤掉而不起作用，所以坯料表面要进行特殊的润滑处理。冷挤压一般的结构钢时，都采用磷化处理，使坏料表面形成一层塑性良好的多孔性薄膜，挤压时能随坯料一起变形，并使吸附在孔内的润滑剂不被挤掉。磷化处理后，把坯料浸涂猪油与二硫化钼组成的润滑剂，或用硬脂酸钠进行皂化，即能进行挤压。

3. 温挤压

一般认为把金属坯料加热到 100 ~ 800℃ 后进行挤压，称为温挤压。加热能改善金属的可锻性，使一次挤压的变形量增大，从而减少挤压的工序，提高生产率。对于高强度的金属材料，冷挤压是比较困难的。采用温挤压则既能解决压力机吨位不足的问题，又能延长挤压模具的寿命。图 4-81 所示为 T10 钢的凿岩机钎套，加热到 650 ~ 700℃ 进行温挤压，一次就能完成。

金属加热后进行挤压，显然会影响成品的精度和表面光洁度。如果加热温度不高，则温挤压的效果基本上能保持冷挤压的优点。各种金属温挤压的加热温度视具体条件而定。金属的塑性较差、挤压的变形量较大、设备吨位不足、产品的度和光洁度要求不高，则温挤压的加热温度可偏高；反之，则应当用较低的温度。

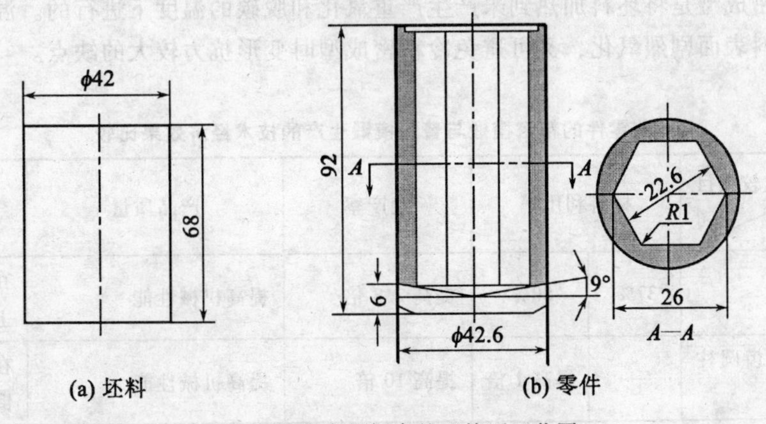

图 4-81　凿岩机钎套的温挤压工艺图

4.4.3 精密模锻

精密模锻是在一般模锻基础上逐步发展起来的一种少、无切削加工新工艺，与一般模锻相比，它能获得表面质量好，机械加工余量少和尺寸精度较高的锻件，从而能提高材料利用率。取消或部分取消切削加工工序，可以使金属流线沿零件轮廓合理分布，提高零件的承载能力。因此，对于量大而广的中小型锻件，若能采用精密成型方法生产，则可显著提高生产率、降低产品成本和提高产品质量。特别是对于一些难以切削的贵重金属如钛、锆、钼、铌等合金零件的精密成型，其技术经济效果更为显著。有些零件，例如汽车上的同步齿圈，用切削加工方法很困难，而用精密模锻方法成型后，只需少量的切削加工便可装配使用。因此，精密模锻是现代机器制造工业中的一项重要新技术，也是锻压技术的发展方向之一。

一般模锻件所能达到的尺寸精度为±0.50mm，表面粗糙度也只能达到 R_a12.5，而精锻件所能达到的一般精度为±0.10～±0.25mm，较高精度为±0.05～±0.10mm，表面粗糙度可达 R_a3.2～0.8。例如，用精密模锻生产的直齿圆锥齿轮，齿形不再进行机械加工，齿轮精度达到七级；精锻的叶片，轮廓尺寸精度可达到±0.05mm，厚度尺寸精度可达到±0.06mm。据粗略计算，每 1000000t 钢材由切削加工改为精密模锻，可节约钢材150000t(15%)，减少机床 15000 台。表 4-13 列出了一些精密模锻件的技术经济效果。

目前，精密成型主要应用于两个方面：

1)精化毛坯

用精锻工序代替切削加工工序，即将精锻件直接进行精切削加工而得到成品零件。

2)精锻零件

多数情况是用精密成型制成零件的主要部位，以省去切削加工，而零件的其他部位仍需进行少量切削加工。有时，则完全用精密成型方法生产成品零件。

精密成型工艺按金属成型时的温度可分为：热精密成型、冷精密成型和温热精密成型。

热精密成型是坯料采用少无氧化加热，然后在高温下成型，这时金属材料的塑性较好，变形抗力小。但目前防止氧化的效果还不够理想，有待进一步研究开发。

冷精密成型是在室温下进行的，由于未经加热，不存在氧化、脱碳和热胀冷缩问题，但金属材料的变形抗力较大，塑性较低。

温热精密成型是将坯料加热到未产生严重氧化和脱碳的温度下进行的。温热精密成型既可防止坯料表面剧烈氧化，又可避免冷精密成型时变形抗力较大的缺点。

表 4-13 一些零件的精密模锻与普通模锻生产的技术经济效果比较

比较项目 零件名称	材料利用率		生产率	产品质量	备注
行星伞齿轮	37%	80%	提高 2.3 倍	提高机械性能	在摩擦压力机上精锻
驱动齿轮(直齿圆柱齿轮)	—	提高 1 倍	提高 10 倍	提高机械性能	在高速锤上精锻

续表

比较项目 零件名称	材料利用率		生产率	产品质量	备注
轧钢机辊道伞齿轮	43.3%	64%	提高 12 倍	提高机械性能	—
汽轮机叶片	—	比普通模锻节约材料 60%	机械加工工时减少 40%	—	在模锻锤上精锻
BT-100 型汽轮机 16 级工作叶片	29%	46%	机械加工工时减少 40%	—	在模锻锤上精锻
千斤顶顶盖	53%	80%	机械加工工时减少 50%	—	在摩擦压力机上精锻
阀瓣	—	比切削加工节约材料 64%	提高 10 倍以上	—	在机械压力机上精锻
盒形接头(航空锻件)	12.6%	47.5%	机械加工工时节约 76.5%	改善了疲劳性能和抗应力腐蚀性能，提高了使用寿命	在液压机上等温精锻
支臂(航空锻件)	29.1%	45.1%	机械加工工时节约 86.2%	改善了疲劳性能和抗应力腐蚀性能，提高了使用寿命	在液压机上等温精锻
接头(航空锻件)	10.24%	71.9%	机械加工工时节约 80.6%	改善了疲劳性能和抗应力腐蚀性能，提高了使用寿命	在液压机上等温精锻

4.4.4　多向模锻

多向模锻是在几个方向同时对坯料锻造的一种新工艺，主要用于生产外形复杂的中空锻件，它是在 20 世纪 40 年代后期出现的，60 年代得到了较快的发展和推广应用。

多向模锻的过程如图 4-82 所示，当坯料置于工位上后(见图 4-82(a))，上、下两模块闭合，进行锻造(见图 4-82(b))，使毛坯初步成型，得到凸肩，然后水平方向的两个冲头从左右压入，将已初步成型的锻坯冲出所需的孔。锻成后，冲头先拔出，然后上、下模分开，取出锻件。

图 4-83 是比较典型的多向模锻件，其中图(a)是凿岩机缸体，图(b)是三通管接头，图(c)是钛合金的飞机起落架，图(d)是大型阀体锻件。

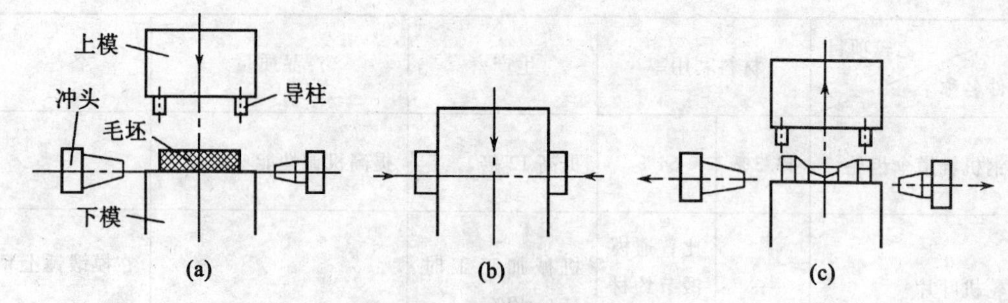

图 4-82 多向模锻过程示意图

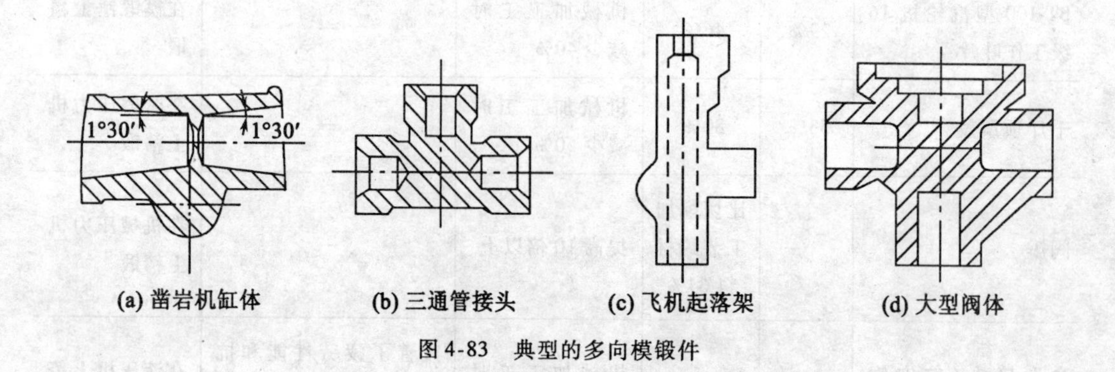

图 4-83 典型的多向模锻件

多向模锻属于闭式模锻。它实质上是以挤压为主，挤压和模锻复合成型的工艺。其变形过程也可分为三个变形阶段：第Ⅰ阶段是基本成型阶段，第Ⅱ阶段是充满阶段，第Ⅲ阶段是形成飞边阶段。具体分析如下：

1)第Ⅰ阶段——基本成型阶段

由于多向模锻件大多是形状复杂的中空锻件，而且通常坯料是等截面的，第Ⅰ阶段金属的变形流动特点主要是反挤——镦粗成型和径向挤压成型。以三通管接头为例，其第Ⅰ阶段的变形如图 4-84 所示。当棒料置于可分凹模的封闭型腔后，三个水平冲头同时工作(见图 4-84(a))，冲头Ⅰ、Ⅱ首先同坯料接触，坯料两端在挤孔的同时被镦粗，直至与模壁接触(见图 4-84(b))，随着冲头Ⅰ、Ⅱ继续移动，迫使坯料中部的金属流入凹槽的旁通型腔，直至流入旁通的金属与正在向前运动的冲头Ⅲ相遇(见图 4-84(c))，在这段过程中，金属的变形特点是坯料中部的纯径向挤压。当挤入旁通的金属与冲头Ⅲ相遇后，随行三个冲头继续前进，坯料中部的金属被继续挤入旁通，而冲头Ⅲ对流人旁通的金属进行反挤压和镦粗，直至金属基本充满模膛。

2)第Ⅱ阶段——充满阶段

由第Ⅰ阶段结束到金属完全充满模腔为止为第Ⅱ阶段，此阶段的变形量很小，但此阶段结束时的变形力比第Ⅰ阶段末可增大 2 ~ 3 倍。

无论第Ⅰ阶段以什么方式成型，在第Ⅱ阶段的变形情况都是类似的。变形区位于未充满处的附近区域，此处处于差值较小的三向不等压应力状态，并且随着变形过程的进行，该区域不断缩小。

3）第Ⅲ阶段——形成飞边阶段

此时坯料已极少变形，只是在极大的模压力作用下，冲头附近的金属有少量变形，并逆着冲头运动的方向流动，形成纵向飞边。如果此时凹模的合模力不够大时，还可能沿凹槽模分模面处形成单向飞边。此阶段的变形力急剧增大。这个阶段的变形对多向模锻有害无益，是不希望出现的，它不仅影响模具寿命，而且产生飞边后，消除也非常困难。因此，多向模锻时，应当在第Ⅱ阶段末结束锻造。

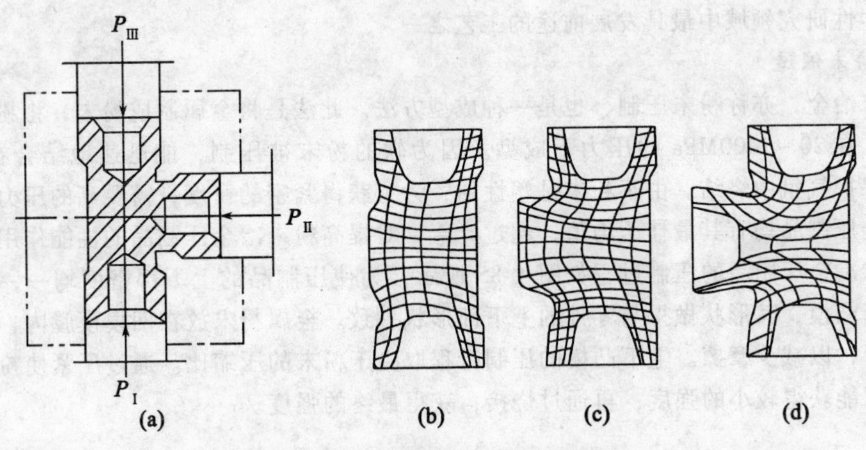

图 4-84　三通管接头的成型过程图

4.4.5　锻压新工艺技术简介

1. 超塑性成型

超塑性是指在特定的条件下，即在低的应变速率（$\varepsilon=10^{-2}\sim10^{-4}/s$），一定的变形温度（约为热力学熔化温度的一半）和稳定而细小的晶粒度（0.5～5μm）的条件下，某些金属或合金呈现低强度和大伸长率的一种特性。其伸长率可超过 100% 以上，如钢的伸长率超过 500%，纯钛超过 300%，铝锌合金超过 1000%。有时以应变速率敏感性指数 m 来定义，认为 $m>0.3$ 即为超塑性；还有的认为抗缩颈能力大，即为超塑性。但不管如何，与一般变形情况相比，超塑性效应表现出以下的特点：大伸长率，甚至可高达百分之几千；无缩颈，拉伸时表现均匀的截面缩小，断面收缩率甚至可接近 100%；低流动应力，对于几乎所有合金，其流动应力仅为每平方毫米几个到几十个牛顿（例如，Zn-22Al 合金只有 2MPa，GCrl5 只有 30MPa），且非常敏感地依赖于应变速率；易成型。由于上述原因，且变形过程中，基本上无加工硬化，因此，超塑性成型时，具有极好的流动性和充填性，能加工出复杂精确的零件。目前常用的超塑性成型的材料主要有铝合金、镁合金、低碳钢、不锈钢及高温合金等。

超塑性是金属及合金的一种重要状态属性，其影响因素相当复杂。若综合考虑变形时金属的内外部因素，使其处于特定的条件下，如一定的化学成分、特定的显微组织及转变能力、特定的变形温度和应变速率等，则金属会表现出异乎寻常的高塑性状态，即所谓超塑性变形状态。

所谓超塑性，可以理解为金属和合金具有超常的均匀变形能力，其伸长率达到百分之几百、其至百分之几千。但从物理本质上确切定义，至今还没有。有的以拉伸试验的伸长率来定义，认为 $\delta > 200\%$ 即为超塑性。

在超塑性应用方面，不仅超塑性体积成型和超塑性板料成型的应用日益增多，而且在焊接和热处理(如改善材质、细化晶粒和表面处理等)的广泛领域内也有应用。此外，还开辟了各种组合的加工方法，例如，用超塑性气压胀形与扩散连接复合工艺(简称SPF/DB),制造航空航天器上的一些钛合金和铝合金的复杂板结构件，这种复合工艺被认为是超塑性研究领域中最具发展前途的工艺之一。

2. 粉末锻造

粉末冶金，亦称粉末压制，也是一种成型方法。此法是将金属制成粉末，将粉末放在钢模中，在20~1400MPa 的压力下成型。因为软的粉末被压制，能迅速地结合在一起，然后在保护气氛中烧结。由于粉末是塑性的，为了获得紧密的密度，需要高的压力。各种粉末冶金压制品均有其最佳压力值，超过此值，对提高粉末冶金压制品的性能作用不大。

粉末冶金压制品的压制过程如图 4-85 所示，为使压制品的上下部密度均一，故使用上下两个凸模，其形状做得与零件的上下部形状一致。金属粉末放在凹模模膛内，模膛必须很光滑，以减少摩擦。上下凸模的压制行程取决于粉末的压缩比。通过压紧使粉末连接起来，只能获得较小的强度；再通过烧接，获得最终的强度。

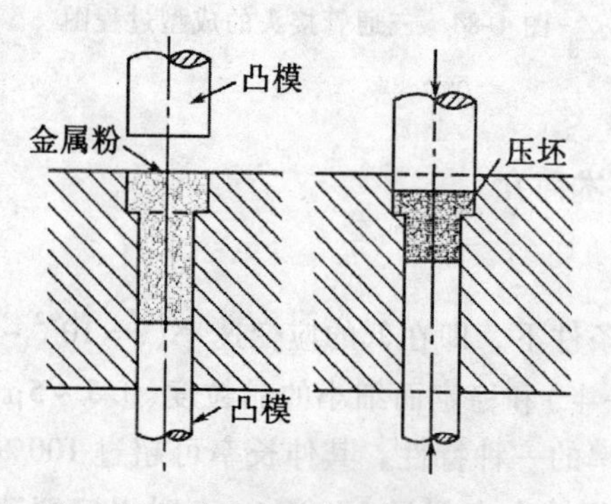

图 4-85 粉末冶金制品的压制过程

粉末冶金适于制造多孔性材料的内轴承和强度高的精密复杂零件如齿轮等。粉末冶金制品一般不需进行切削加工，有时进行少量的精磨即可。

把经过适当级配的(指工件各部分用不同的粉末)混合好的粉末放进一个抽成真空的、可变形的壳体内，在高温、高压(70~210MPa)下，使金属粉末在各个方向受到相等的液体静压的挤压作用而成型，这种加工法称为热等静压法。

壳体可用金属薄板制造，工件可以得到高的密度。同时，强烈地相互扩散和黏结使得性能非常均匀。用这种方法生产的材料的韧性高于传统的压实和烧结的粉末冶金制品。热等静压法可制造形状复杂的制件，例如燃气轮机叶片，其尺寸精度可控制在±0.01mm 范围内。

在同一制品中可以用几种粉末的混合，使其各部分具有不同的机械或化学性能，例如在韧性的基体上加上一层耐磨的硬表层。

用热等静压法还可以生产复合材料，例如在镍基合金或陶瓷基体内加有钨合金纤维。

3. 高能率成型

高能率成型工艺通常是指应变速度超过 100l/s 的塑性成型方法。一般采用炸药、火药、电、高压气体或可燃气体为能源，通过适当的方式将化学能、电能，体积能瞬时转换成机械能，在极短的时间内加工金属坯料。它们共同的特点是加工成型时的能量大、速度快、功率高。不同的零件和坯料成型时所采用的能量转换方式也不同，例如，对于金属板材和管材可以利用炸药爆炸瞬间释放出的巨大化学能通过空气、水，砂等传压介质使坯料成型，也可以利用电极在水中脉冲放电瞬间将能量(如冲击波等)转变为机械能使坯料成型。对于棒材，通常是利用高压高速膨胀释放出的体积能或炸药爆炸瞬间释放出的巨大化学能，通过锻造工具使坯料成型。

常用的高能率成型方法有高速锤锻造、爆炸成型、放电成型、电磁成型、炸药锤锻造和火药锤锻造等。

思考练习题 4

1. 何谓塑性变形？塑性变形的实质是什么？

2. 碳钢在锻造温度范围内变形时，是否会有冷变形强化现象？

3. 何谓冷变形强化？它对工件性能和加工过程有何影响？冷变形强化在生产中有何实用意义？何谓回复与再结晶？它们对金属的组织及性能有何影响？铅在 20℃、钨在 1100℃时变形，各属哪种变形？为什么？(铅的熔点为 327℃，钨的熔点 3380℃)

4. 纤维组织是怎样形成的？它的存在有何利弊？

5. 如何提高金属的塑性？常用的措施是什么？

6. 试述自由锻的实质、特点和应用。自由锻有哪些基本工序？

7. 为什么重要的巨型锻件必须采用自由锻的方法制造。

8. 重要的轴类锻件为什么在锻造过程中安排有镦粗工序？

9. 绘制自由锻件图(见图 4-86)应考虑哪些因素？锻件图与零件图有何区别？叙述图示零件在绘制锻件图时应考虑的内容。

10. 自由锻所用设备有哪几种？每种设备的特点和用途是什么？

11. 何谓余块、余量、锻件基本尺寸、锻件公差、始锻温度、终锻温度，锻造温度范围。

12. 图 4-87 所示锻件结构是否适于自由锻的工艺要求，如不适合，应如何修改？

13. 如何确定分模面的位置，为什么模锻生产中不能直接锻出通孔？

14. 改正图 4-88 所示模锻件结构的不合理处。

15. 图 4-89 所示冲压件的结构是否合理？为什么？试修改不合理的部位。

16. 若材料与坯料的厚度及其他条件相同，图 4-90 所示两种零件中，哪个拉深较困难，为什么？

17. 图 4-91 所示为 08F 钢圆筒形零件，壁厚 2mm，试问能否一次拉深成型？为什么？

18. 图 4-92 所示为冷冲压件，弯曲部分存在相互垂直的弯曲线，试问落料排样时，应如何考虑锻造纤维组织。

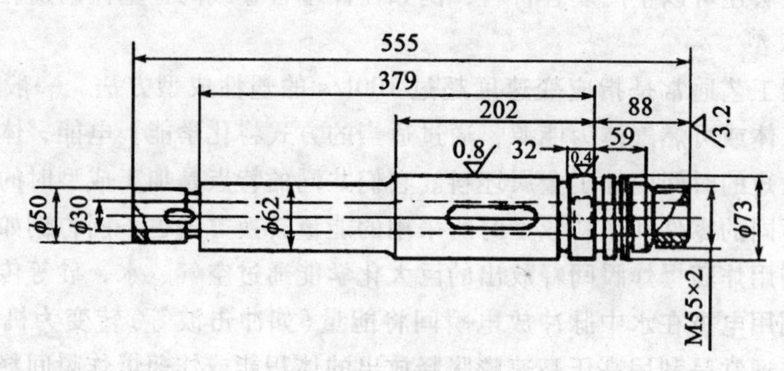

图 4-86 习题 9 图

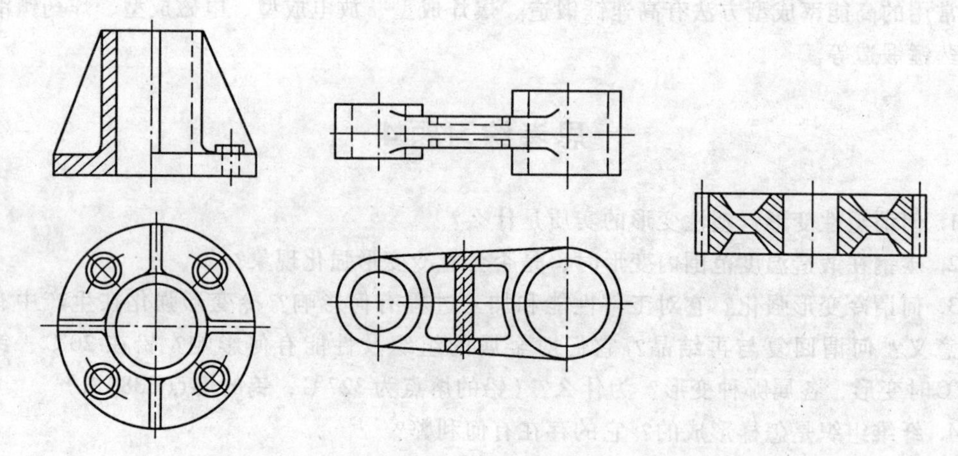

图 4-87 习题 12 图

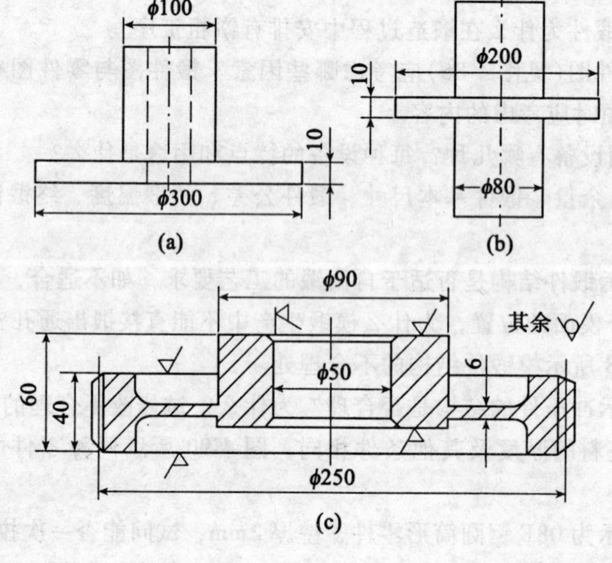

图 4-88 习题 14 图

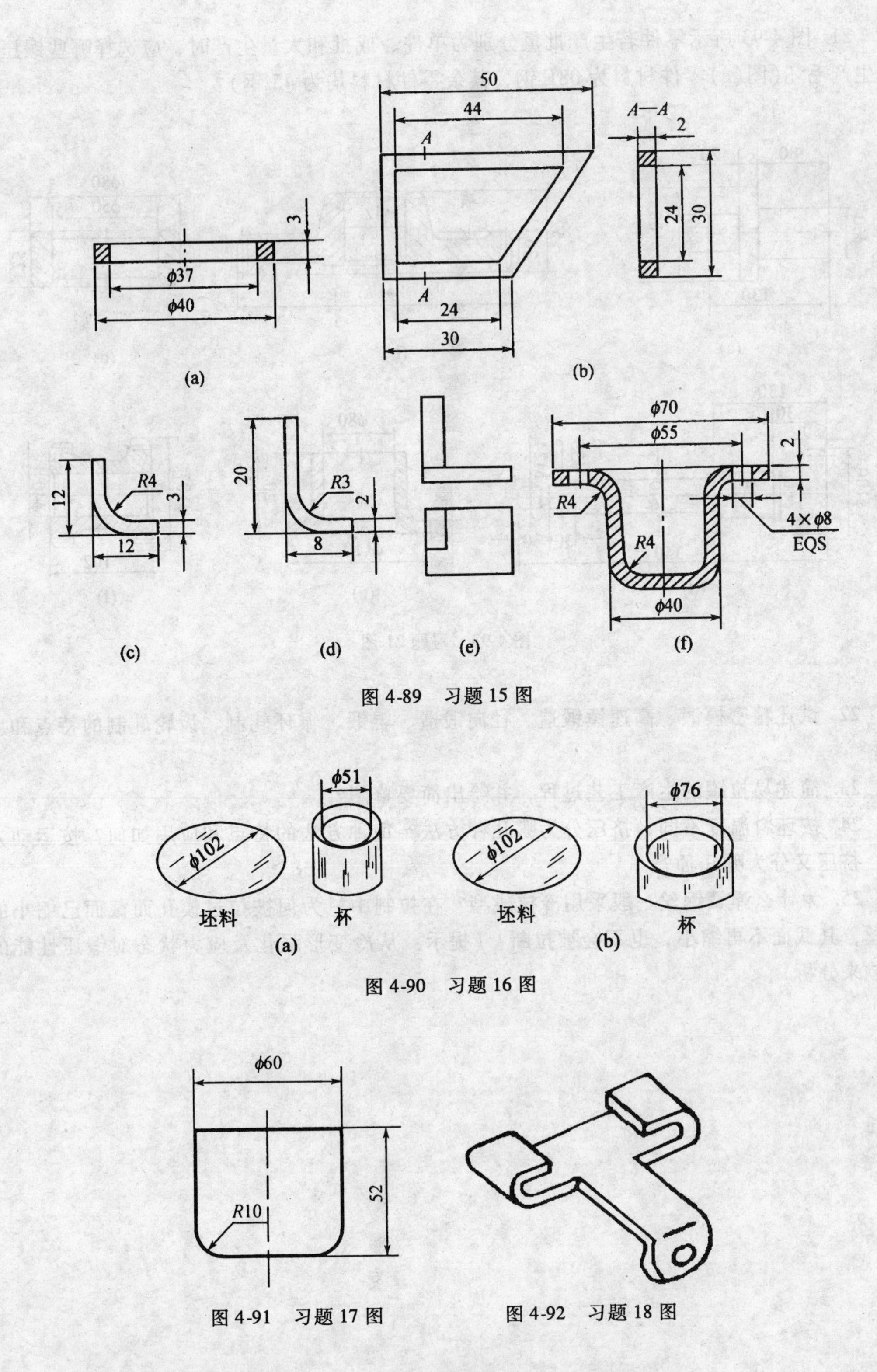

图 4-89　习题 15 图

图 4-90　习题 16 图

图 4-91　习题 17 图

图 4-92　习题 18 图

19. 何谓单工序模，连续模、复合模，各有何特点？应用如何？

20. 自行车上的锻压件有哪些(至少找出 10 个)？是用什么锻压方法生产的？为什么？

21. 图 4-93 所示零件若生产批量分别为单件、成批和大量生产时，应选择哪些锻压方法生产毛坯(图(e)零件材料为 08F 钢，其余零件材料均为 45 钢)？

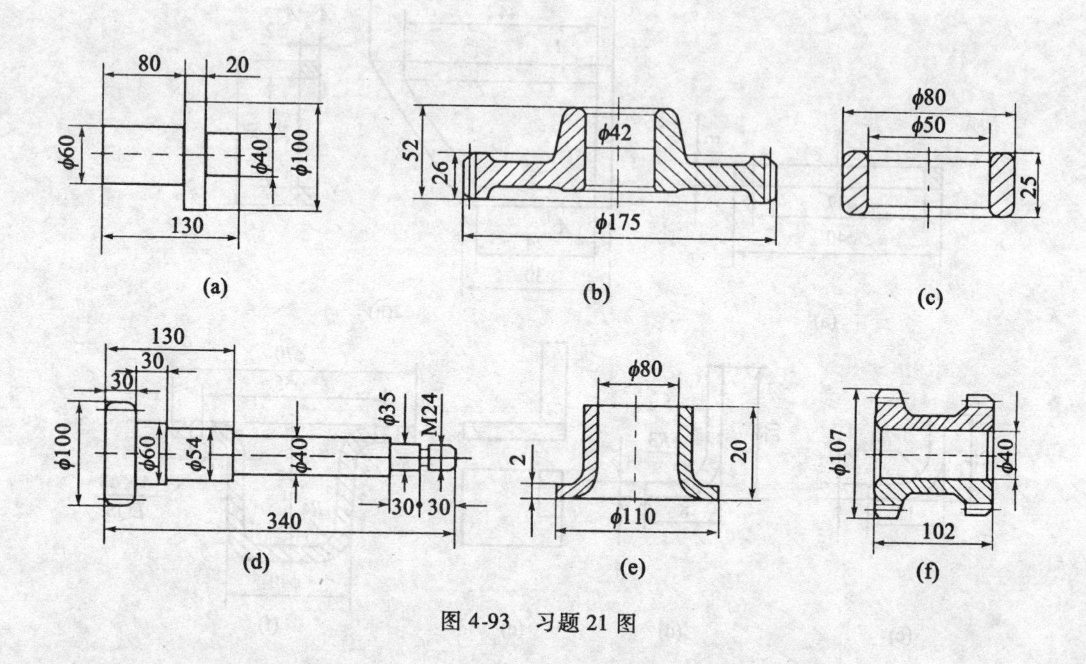

图 4-93 习题 21 图

22. 试述精密模锻、高速锤锻造、径向锻造、辊锻、辗环轧制、齿轮轧制的特点和应用。

23. 简述易拉罐的生产工艺过程，并绘出简要草图？

24. 按坯料温度不同，挤压分为哪几种方法？每种方法的特点和应用如何？按运动方向，挤压又分为哪几种？

25. 为什么弹簧钢丝一般采用冷拉成型？在拉制中，为何被拉过模孔而截面已缩小的钢丝，其截面不再缩小，也不会被拉断？(提示：从冷变形强化及应力状态对锻压性能的影响来分析)

第 5 章　金属的焊接成型

焊接是现代工业生产中广泛应用的一种金属连接的工艺方法。焊接不同于螺钉连接、铆钉连接那些机械连接的方法，是利用加热或加压(或者加热和加压)，使分离的两部分金属靠得足够近，原子互相扩散，形成原子间的结合。这就是焊接的实质。

焊接方法的种类很多，各有其特点及应用范围。但按焊接过程本质的不同，可分为熔化焊、压力焊、钎焊三大类。

熔化焊：熔化焊是利用局部加热的方法，把工件的焊接处加热到熔化状态，形成熔池，然后冷却结晶，形成焊缝，将两部分金属连接成为一个整体。这类仅靠加热工件到熔化状态实现焊接的工艺方法，叫熔化焊，简称熔焊。

压力焊：压力焊是将两构件的连接部分加热到塑性状态或表面局部熔化状态，同时施加压力使焊件连接起来的一类焊接方法，叫压力焊，简称压焊。

钎焊：钎焊利用熔点比母材低的填充金属熔化之后，填充接头间隙并与固态的母材相互扩散实现连接的一种焊接方法。

随着科学技术的发展，焊接方法已有数十种之多。图 5-1 列举出现代工业生产中常用的焊接方法。

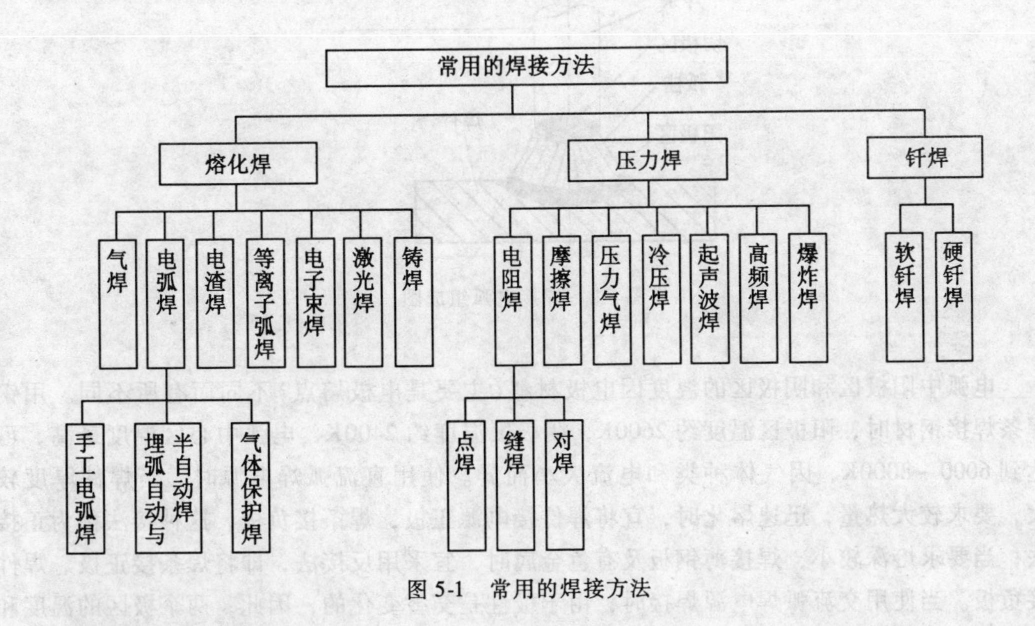

图 5-1　常用的焊接方法

焊接与其他加工方法相比，具有以下特点：

(1)适应性广。不但可以焊接型材，还可以将型材、铸件、锻件拼焊成复合结构件；

不但可以焊接同种金属，还可焊接异种金属；不但可以焊接简单构件，还可以拼焊大型、复杂结构件。

(2)可以生产要求密封性的构件。如锅炉、高压容器、储油罐、船体等重量轻、密封性好、工作时不渗漏的空心构件。

(3)可以节约金属。焊接件不需垫板、角铁等辅助件，因此可比铆接节省金属材料10%～20%，并能节省加工工时。

由于焊接技术具有上述的优越性，使它在现代工业生产中的应用日趋广泛。

5.1 焊接工艺基础

5.1.1 电弧焊的冶金过程特点

1. 焊接电弧

焊接电弧是由焊接电源供给的，具有一定电压的两电极间或电极与焊件间，在气体介质中产生的强烈而持久的放电现象。

当使用直流电焊接时，焊接电弧由阳极区、弧柱和阴极区三部分组成，如图5-2所示。电弧中各部分产生的热量和温度的分布是不相同的。热量主要集中在阳极区，它放出的热量占电弧总热量的43%，阴极区占有36%，其余21%是由电弧中带电微粒相互摩擦而产生的。

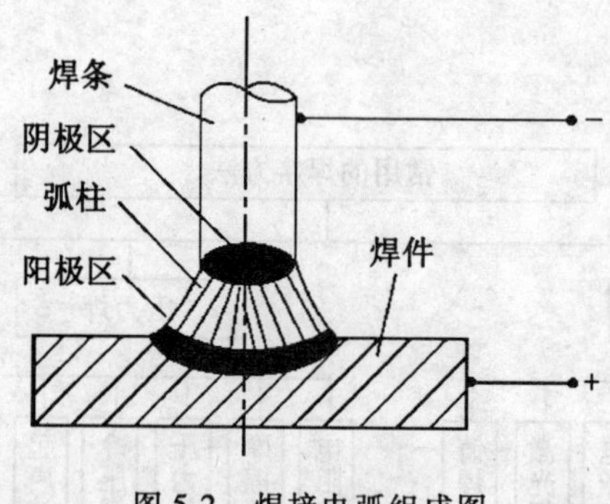

图5-2 焊接电弧组成图

电弧中阳极区和阴极区的温度因电极材料(主要是电极熔点)不同而有所不同。用钢焊条焊接钢材时，阳极区温度约2600K，阴极区温度约2400K，电弧中心区温度最高，可达到6000～8000K，因气体种类和电流大小而异。使用直流弧焊电源时，当焊件厚度较大，要求较大热量，迅速熔化时，宜将焊件接电源正极，焊条接负极，这种接法称为正接法；当要求熔深较小，焊接薄钢板及有色金属时，宜采用反接法，即将焊条接正极、焊件接负极。当使用交流弧焊电源焊接时，由于极性是交替变化的，因此，两个极区的温度和热量分布基本相等。

2. 焊接的冶金过程特点

进行电弧焊时，母材和焊条受到电弧高温作用而熔化形成熔池。金属熔池可看做一个微型冶金炉，其内要进行熔化、氧化、还原、造渣、精炼及合金化等一系列物理化学过程。由于大多数熔焊是在大气中进行，金属熔池中的液态金属与周围的熔渣及空气接触，产生复杂、激烈的化学反应，这就是焊接冶金过程。

在焊接冶金反应中，影响最大的是金属与氧的作用，在电弧高温作用下，氧气分解为氧原子，氧原子要和多种金属发生氧化反应，例如：

$Fe+O \longrightarrow FeO$　　$Mn+O \longrightarrow +MnO$

$Si+2O \longrightarrow SiO_2$　　$2Cr+3O \longrightarrow +Cr_2O_3$

$2Al+3O \longrightarrow Al_2O_3$

有的氧化物(如 FeO)能溶解在液态金属中，冷凝时因溶解度下降而析出，成为焊缝中的杂质，影响焊缝质量，是一种有害的冶金反应物；大部分金属氧化物(如 SiO_2、MnO)则不溶于液态金属，生成后会浮在熔池表面进入渣中。不同元素与氧的亲和力大小不同，几种常见金属元素按与氧亲和力大小顺序排列为

$$Al \longrightarrow Ti \longrightarrow Si \longrightarrow Mn \longrightarrow Fe$$

在焊接过程中，为了进行脱氧，常将一定量的脱氧剂，如 Ti、Si、Mn 等加在焊丝或药皮中，使其生成的氧化物不溶于金属液而成渣浮出，从而净化熔池，提高焊缝质量。

其次，空气里的水汽，特别是工件表面的锈、油和水，在高温电弧下也发生分解：

$$H_2O \longrightarrow 2H+O$$

氢与熔池作用对焊缝质量也有重要影响。氢易于在焊缝中造成气孔，即使溶入量不足以形成气孔，固态焊缝中多余的氢也会在焊缝中的微缺陷处集中形成氢分子。这种氢的聚集往往在微小空间内形成局部的极大压力，使焊缝脆化(氢脆、白点)和产生冷裂纹。一般焊缝中含氢量增加，其延伸率明显下降。

此外，由于氮的作用，在液态金属中会形成脆性氮化物(Fe_4N)，其中一部分残留于焊缝中，另一部分则分布在固溶体内，从而使焊缝严重脆化。氮溶入也是焊缝中形成气孔的原因之一。

焊缝的形成，实质是一次金属再熔炼的过程，与炼钢和铸造冶金过程比较，有以下特点：

(1)金属熔池体积很小($2\sim3cm^3$)，被冷金属包围，故熔池处于液态的时间很短(10s 左右)，各种冶金反应进行得不充分(如冶金反应产生的气体来不及析出)。

(2)熔池温度高，使金属元素强烈的烧损和蒸发。同时，熔池周围又被冷的金属包围，常使焊件产生应力和变形，甚至开裂。

为了保证焊缝质量，要从以下两方面采取措施：

(1)减少有害元素进入熔池。主要措施是机械保护，如气体保护焊中的保护气体(CO_2 和 Ar)、埋弧焊焊剂所形成的熔渣及焊条药皮产生的气体和熔渣等，使电弧空间的熔滴和熔池与空气隔绝，防止空气进入。此外，还应清理坡口及两侧的水、锈、油污；烘干焊条，去除水分等。

(2)清除已进入熔池中的有害元素，增添合金元素。主要通过在焊接材料中添加的铁合金等，进行脱氧、去硫和磷、去氢及渗合金，从而保证和调整焊缝的化学成分，例如：

$Mn+FeO \longrightarrow MnO+Fe$　　$Si+2FeO \longrightarrow SiO_2+2Fe$

$MnO+FeS \longrightarrow MnS+FeO$　　$CaO+FeS \longrightarrow CaS+FeO$

5.1.2 焊接接头的组织和性能

熔化焊是局部加热过程，焊缝及其附近的母材都经历一个加热和冷却的热过程。焊接热过程要引起焊接接头组织和性能的变化，影响焊接的质量。

1. 焊件上温度的变化和分布

在焊接加热和冷却过程中，焊接接头上某点的温度随时间变化的过程叫焊接热循环。焊接接头上不同位置的点所经历的热循环是不同的，最高加热温度不同，加热速度和冷却速度也不相同。图 5-3 为焊接时焊件横截面上不同点的温度变化情况，由于各点离焊缝中心距离不同，所以各点的最高温度不同。又因热传导需要一定时间，所以各点是在不同时间达到该点最高温度的。但总的看来，在焊接过程中各点都相当于受到一次不同规范的热处理，因此必然有相应的组织与性能变化。

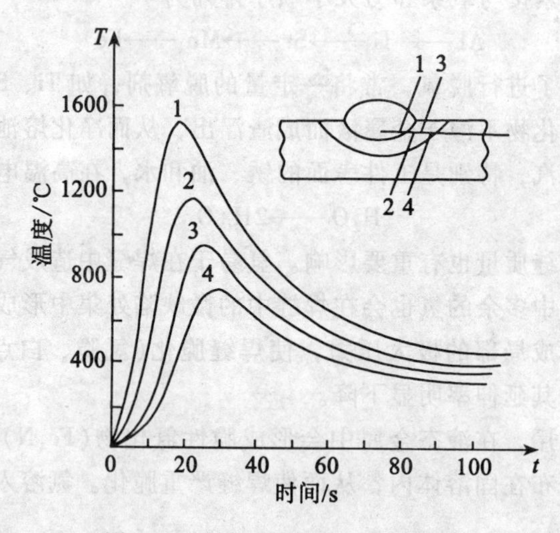

图 5-3 焊接区各点温度变化情况

2. 焊接接头金属组织与性能的变化

焊接接头包括焊缝和焊接热影响区(焊缝两侧因焊接热作用而发生金属组织性能变化的区域)。现以低碳钢焊接接头为例说明，如图 5-4 所示，左侧下部是焊件的横截面，上部是相应各点在焊接过程中被加热的最高温度曲线(并非某一瞬间该截面的实际温度分布曲线)。图中各段金属组织性能的变化，可从右侧所示的部分铁-碳合金状态图来对照分析。工件截面图上已示出了相应各区域的金相组织变化情况。

1)焊缝

熔化焊的焊缝是由熔池内的液态金属凝固而成的。它属于铸态组织，晶粒呈垂直于熔池底壁的柱状晶，硫、磷等形成的低熔点杂质容易在焊缝中心形成偏析，使焊缝塑性降低，易产生热裂纹。由于按等强度原则选用焊条，通过渗合金实现合金强化，因此，焊缝的强度一般不低于母材。

2)焊接热影响区

由于焊缝附近各点所受热作用不同，热影响区可分为熔合区、过热区、正火区和部分相变区等。

(1)熔合区。是焊缝和基本金属的交界区，焊接过程中金属局部熔化，所以也称为半熔化区。组织中包含未熔化但受热而长大的粗晶粒和部分铸造组织。此区的成分及组织极不均匀，使其强度下降，塑性和冲击韧性很差，往往成为裂纹的发源地。在低碳钢焊接接头中，这一区域虽然较窄(0.1～1mm)，但它在很大程度上决定着焊接接头的性能。

(2)过热区。过热区紧靠着熔合区，该区加热温度达固相线至 1100℃，宽度为 1～3mm。因受高温影响，晶粒急剧长大，甚至产生过热组织，因而其塑性和冲击韧性降低，特别是对于容易淬火硬化的钢材，其危害性更大。焊接刚度大的结构时，常在过热处产生裂纹。

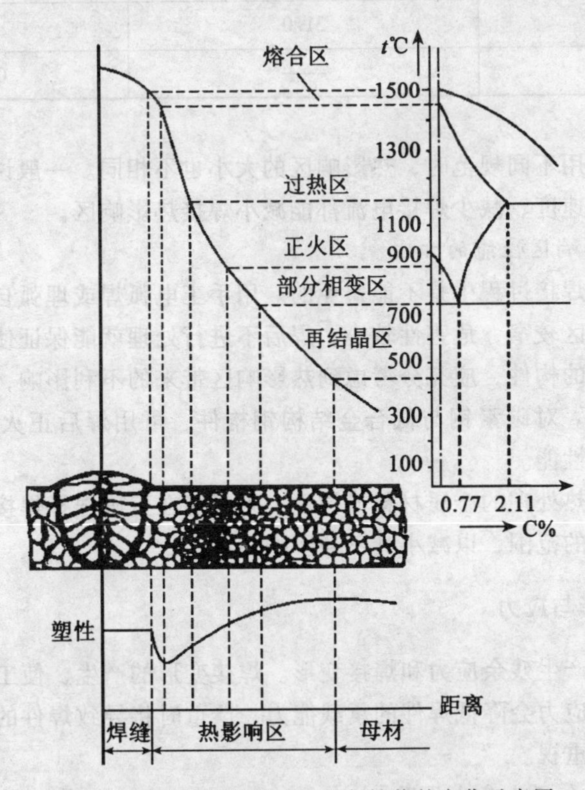

图 5-4　低碳钢焊接接头组织与性能的变化示意图

(3)正火区。该区金属被加热到 1100℃～A_{c3}温度，宽度 1.2～4.0mm。因金属发生重结晶，冷却后使金属晶粒细化，得到正火组织，所以机械性能良好。

(4)部分相变区。处于 A_{c1}～A_{c3}之间的温度范围的金属是部分相变区，珠光体和部分铁素体发生重结晶转变使晶粒细化，部分铁素体来不及转变，冷却后晶粒大小不同，因此机械性能稍差。

(5)再结晶区。一般情况，焊接时焊件被加热到 A_{c1} 以下的部分，热塑性成型的钢材，其组织不发生变化。对于经过冷塑性变形的钢材，则在 480℃～A_{c1}的部分，还将产生再结晶过程，使钢软化。

以上各区是焊接热影响区中主要的组织变化区段，其中以熔合区和过热区对焊接接头组织性能的不利影响最为显著，因此，在焊接过程中应尽可能减少热影响区的范围。

焊接热影响区的大小和组织性能变化的程度，决定于焊接方法、焊接规范、接头型式和焊后冷却速度等因素。表5-2是用不同焊接方法焊接低碳钢时，焊接热影响区的平均尺寸。

表5-1　不同焊接方法焊接热影响区的平均尺寸

焊接方法	过热区宽/mm	热影响区宽度/mm
手工电弧焊	2.2	6.0
埋弧自动焊	0.8~1.2	2.3~3.6
电渣焊	18.0	25.0
气焊	21.0	27.0
电子束焊	——	0.05~0.75

同一焊接方法使用不同规范时，热影响区的大小也不相同。一般说，在保证焊接质量的条件下，增加焊接速度、减少焊接电流都能减小焊接热影响区。

3. *改善焊接热影响区性能的方法*

焊接热影响区在焊接过程中是不能避免的。用手工电弧焊或埋弧自动焊焊接一般低碳钢结构时，因热影响区较窄，危害性较小，焊后不进行处理就能保证使用。但对重要的钢结构或用电渣焊焊接的构件，应充分考虑到热影响区带来的不利影响，用焊后热处理办法来消除焊接热影响区。对碳素钢与低合金结构钢构件，可用焊后正火处理来消除热影响区，以改善焊接接头性能。

对焊后不能接受热处理的金属材料或构件，则只能在正确选择焊接方法与焊接工艺上来减少焊接热影响区的范围，以减小其不利影响与危害。

5.1.3　焊接变形与应力

工件焊接之后会产生残余应力和焊接变形。焊接变形的产生，使工件结构形状和尺寸发生改变；焊接残余应力会降低焊件的承载能力，严重时将导致焊件的开裂。因此，对焊接变形和残余应力应重视。

1. *焊接变形和残余应力产生原因*

在焊接过程中，对焊件进行了局部不均匀的加热，是焊接变形和残余应力产生的原因。图5-5是一模拟实际焊缝的模型，设有连成一体的三根钢板条(见图5-5(a))，对其中一条加热时，其他两条可以保持温度不变。加热中间板条来模拟焊缝，两边不加热板条模拟两边的母材金属。

先将板条2加热到钢的塑性温度以上，板条1、3保持温度不变(见图5-5(b))。这时板条2处于塑性状态，可任意变形而不产生抗力。板条2因热膨胀应伸长的量 Δl_T 将全部被板条1、3塑性压缩，三根板条都将保持 l_0 长度不变。然后使板条2从高温冷却下来，板条2将从最高温度时的实际长度 l_0 缩短(见图5-5(c))。在塑性温度以上的阶段里，由降温所引起的收缩量仍然被板条1、3塑性拉伸，三根板条仍然保持原长 l_0 不变，互相间也没有力的作用。当温度进一步降低，板条2恢复弹性状态，它的进一步收缩将受到板条

1、3 的限制，相互间出现弹性应力，板条 2 被弹性拉伸，板条 1、3 被弹性压缩，温度下降愈多，相互作用力愈大，相互被拉伸与压缩的量也愈大。当板条 2 温度回到 T_0时，板条 1、2、3 都比原长 l_0缩短了一段 $\Delta l'$。板条 2 被拉伸，受拉应力作用；板条 1、3 被压缩，存在压应力。

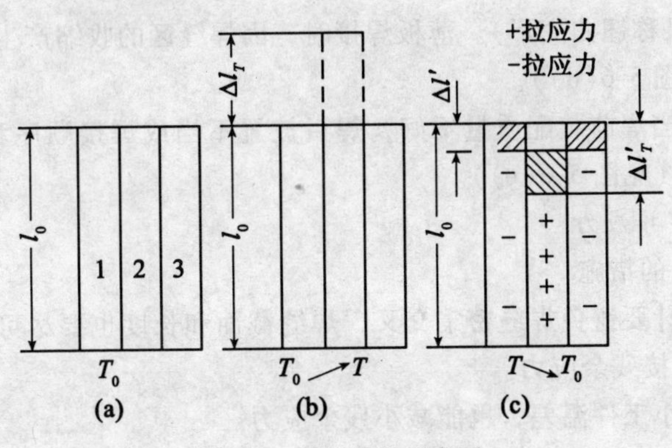

图 5-5　模拟焊缝示意图

综上分析，焊件上焊接残余应力的分布为：焊缝区受拉应力，两边金属受压应力。焊接时对焊件进行的局部不均匀加热和冷却，使焊缝不能自由膨胀和收缩，这是导致焊接应力与变形产生的根本原因。若焊件在焊接时能较自由地收缩，则焊后的焊件变形较大而内应力较小；如果因受外力限制或结构刚性较大，不能自由收缩时，则焊后的焊件变形较小而内应力较大。

2. 焊接变形的基本形式

焊接变形根据其特征及产生原因大致为如下五种基本形式(见图 5-6)。实际生产中的焊接变形可能是其中的某一种形式，也可能是由这些基本变形组合而成的复杂变形。

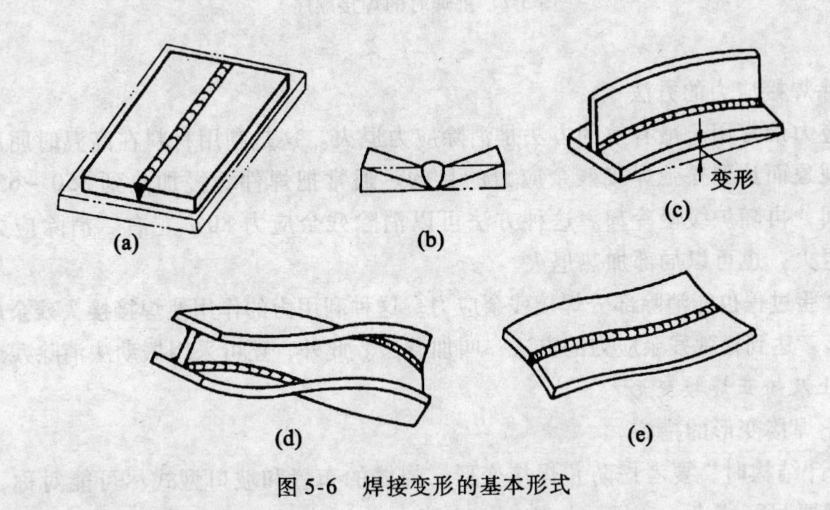

图 5-6　焊接变形的基本形式

(1)收缩变形。指焊接后，金属构件纵向(顺焊缝方向)和横向(垂直于焊缝方向)尺寸的缩短。这是由于焊缝纵向和横向收缩所引起的(见图5-6(a))。

(2)角变形。由于焊缝截面上下不对称，焊缝横向收缩沿板厚方向分布不均匀，使板绕焊缝轴转一角度(见图5-6(b))。此变形易发生于中、厚板焊件中。

(3)弯曲变形。因焊缝布置不对称，引起焊缝的纵向收缩沿焊件高度方向分布不均匀而产生(见图5-6(c))。

(4)波浪变形(又称翘曲变形)。薄板焊接时，因焊缝区的收缩产生的压应力，使板件刚性失稳而形成(见图5-6(d))。

(5)扭曲变形。当焊前装配质量不好，焊后放置不当或焊接顺序和施焊方向不合理，都可能产生扭曲变形(见图5-6(e))。

3. 预防及消除焊接应力

1)减少焊接应力的措施

(1)焊接结构设计要避免焊缝密集交叉，焊缝截面和长度也要尽可能小，以减少焊接局部加热从而减少焊接残余应力。

(2)预热可以减小工件温差，也能减小残余应力。

(3)采取合理焊接顺序，使焊缝能较自由地收缩，以减小应力，如图5-7所示。

(4)采用小线能量焊接时，残余应力也较小。

(5)每焊完一道焊缝，立即均匀锤击焊缝使金属伸长，也能减小焊接残余应力。

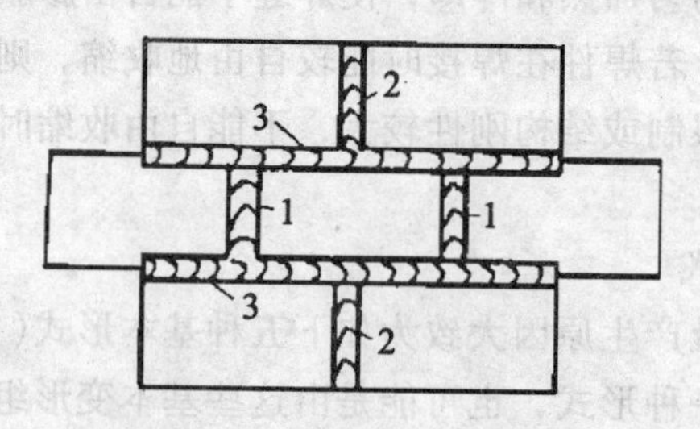

图5-7 拼焊时的焊接顺序

2)消除焊接应力的方法

消除应力最常用、最有效的方法是消除应力退火。这是利用材料在高温时屈服强度下降和蠕变现象而达到松弛焊接残余应力的目的。通常把焊件缓慢加热到550～650℃，保温一定时间，再随炉缓慢冷却。这种方法可以消除残余应力80%左右。消除应力可以是整体加热退火，也可以局部加热退火。

水压试验过程也能消除部分焊接残余应力。这种利用力的作用使焊接接头残余应力区产生塑性变形，达到松弛残余应力的方法，叫加载法。此外，还可采用振动法消除残余应力。

4. 防止及矫正焊接变形

1)防止焊接变形的措施

(1)设计结构时，要考虑防止焊接变形。焊缝的布置和坡口型式尽可能对称，焊缝的截面和长度要尽可能小，这样，加热少，变形小。

(2)焊前组装时，采用反变形法。一般按测定或经验估计的焊接变形方向和数量，在组装时使工件反向变形，以抵消焊接变形，如图5-8和图5-9所示。同样，也可以采取预留收缩余量来抵消焊缝尺寸收缩。

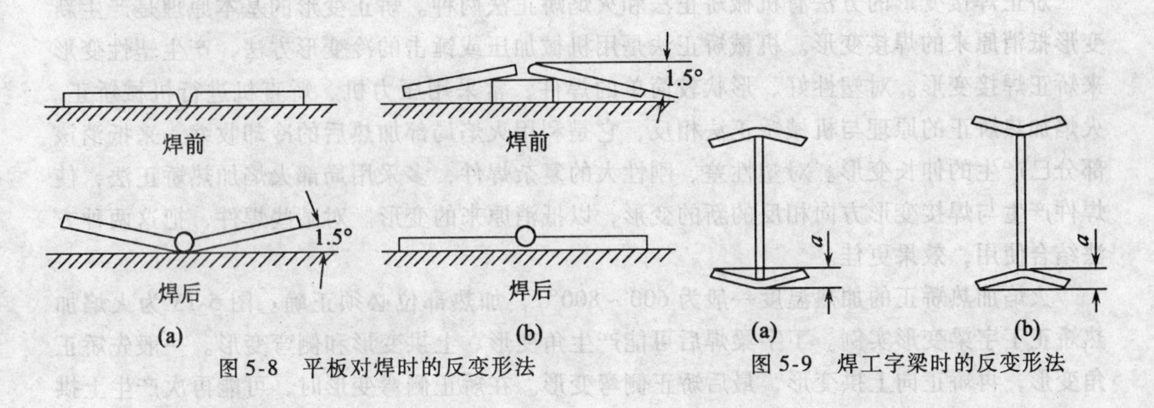

图 5-8　平板对焊时的反变形法　　图 5-9　焊工字梁时的反变形法

(3)刚性固定法。焊接时把焊件刚性固定，如图 5-10 所示，限制产生焊接变形。但这样会产生较大的焊接残余应力。此外，组装时的定位焊也是防止焊接变形的一个措施。

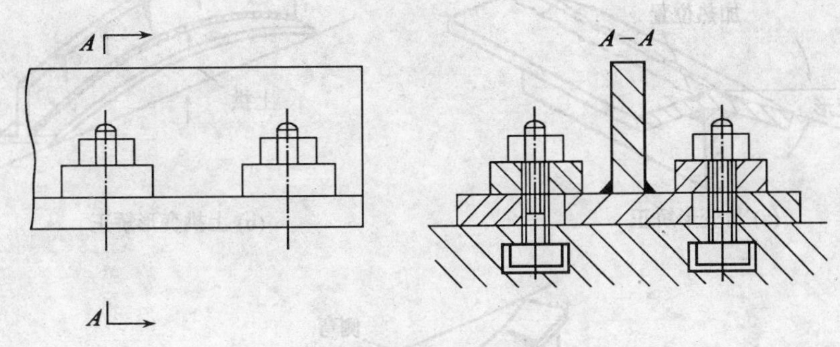

图 5-10　刚性固定法

(4)焊接工艺上，采用能量集中的焊接方法，采用小线能量，采用合理的焊接顺序，如图 5-11(最好是能同时对称施焊)和图 5-12(分段倒退焊法)所示，采用多层多道焊等，都能减少焊接变形。

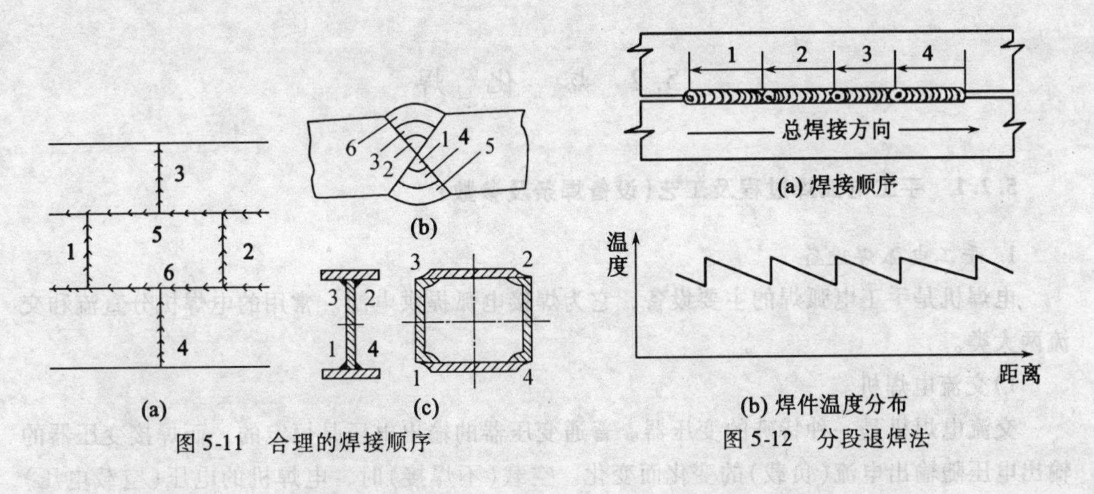

图 5-11　合理的焊接顺序　　图 5-12　分段退焊法

2)矫正焊接变形的方法

矫正焊接变形的方法有机械矫正法和火焰矫正法两种。矫正变形的基本原理是产生新变形抵消原来的焊接变形。机械矫正法是用机械加压或锤击的冷变形方法，产生塑性变形来矫正焊接变形。对塑性好、形状较简单的焊件，常采用压力机、矫直机进行机械矫正。火焰加热矫正的原理与机械矫正法相反，它是利用火焰局部加热后的冷却收缩，来抵消该部分已产生的伸长变形。对塑性差、刚性大的复杂焊件，多采用局部火焰加热矫正法，使焊件产生与焊接变形方向相反的新的变形，以抵消原来的变形。对某些焊件，把这两种方法结合使用，效果更佳。

火焰加热矫正的加热温度一般为600～800℃，加热部位必须正确。图5-13为火焰加热矫正丁字梁变形实例。丁字梁焊后可能产生角变形、上拱变形和侧弯变形。一般先矫正角变形，再矫正向上拱变形，最后矫正侧弯变形。在矫正侧弯变形时，可能再次产生上拱变形，则需反复矫正，直到符合要求为止。

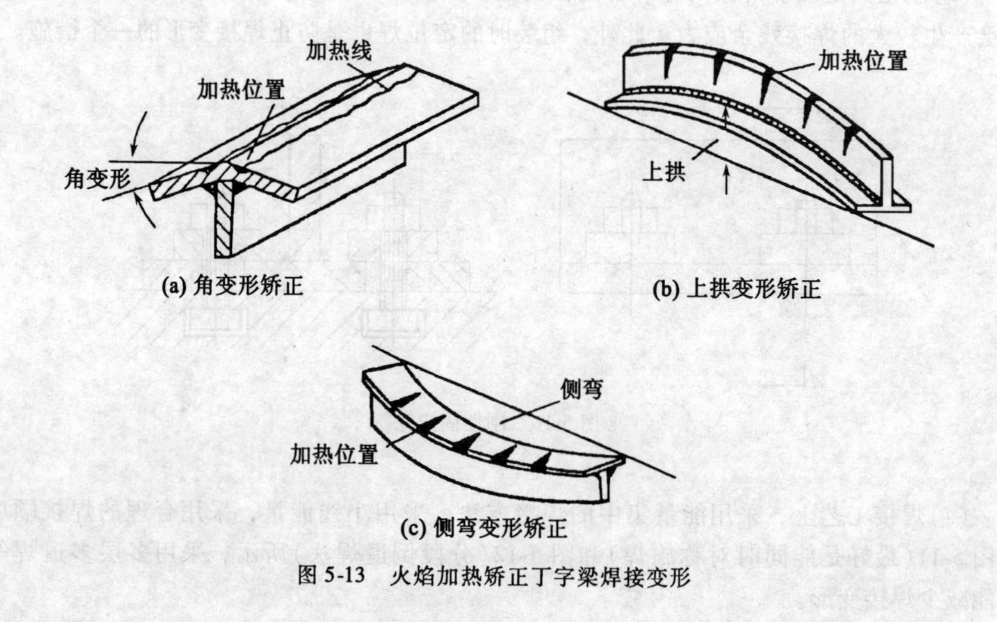

图5-13 火焰加热矫正丁字梁焊接变形

5.2 熔化焊

5.2.1 手工电弧焊过程及工艺(设备焊条及参数)

1. 手工电弧焊设备

电焊机是手工电弧焊的主要设备，它为焊接电弧提供电源。常用的电焊机分直流和交流两大类。

1)交流电焊机

交流电焊机是一种特殊的变压器。普通变压器的输出电压是恒定的，而焊接变压器的输出电压随输出电流(负载)的变化而变化。空载(不焊接)时，电焊机的电压(空载电压)

为 60 ~ 80V。该电压能满足顺利引弧的要求，对人身也比较安全。起弧以后，电压能自动降到电弧正常工作所需的电压(20 ~ 30V)。当开始引弧焊条与工件接触短路时，电焊机的输出电压会自动降到趋近于零，这样可使短路电流不致过大而损坏变压器，这种性能称为陡降特性。电焊机还能提供焊接所需的电流(几十安培到几百安培)，并可根据工件厚薄和所用焊条直径的大小进行调节。

手工电弧焊时最常用的是 BX3-300 型交流电弧焊机，是一种动圈式电弧焊机。变压器由一个高而窄的口形铁芯和外绕初、次级绕组组成。初级及次级绕组分别由匝数相等的两盘绕组组成。初级绕组每盘中间有一个抽头，两盘绕组用夹板夹紧成一整体，固定于铁芯的底部。次级绕组两盘也夹成整体，置于初级绕组的上方(见图 5-14)，通过手柄及调节丝杆可使次级组上下移动，以改变初、次级线圈间的距离 δ_{12}，调节焊接电流。

变压器利用初级及次级线圈的漏磁压降以获得陡降特性，并通过改变初、次级线圈的接法(串联或并联)，及初、次级线圈间的距离 δ_{12} 来调节焊接电流。

焊机的内部结构及外形如图 5-14 及图 5-15 所示。图 5-14 是焊机内部接线情况。通过转换开头可变换初、次级线圈的接线形式，进行电流粗调。转动手柄可以改变动线圈的位置，改变 δ_{12} 的大小，进行细调。

2) 直流电焊机

(1) 发电机式直流电焊机。它是一台特殊的能满足电弧特性要求的发电机，由交流电动机带动而发电。在野外工作或缺乏电源的地方有角发动机带动。这种电焊机工作稳定，但结构较复杂，噪声大，目前已很少使用。

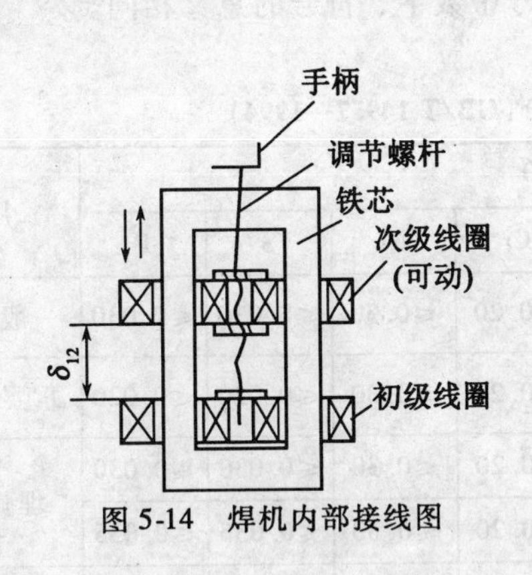

图 5-14　焊机内部接线图

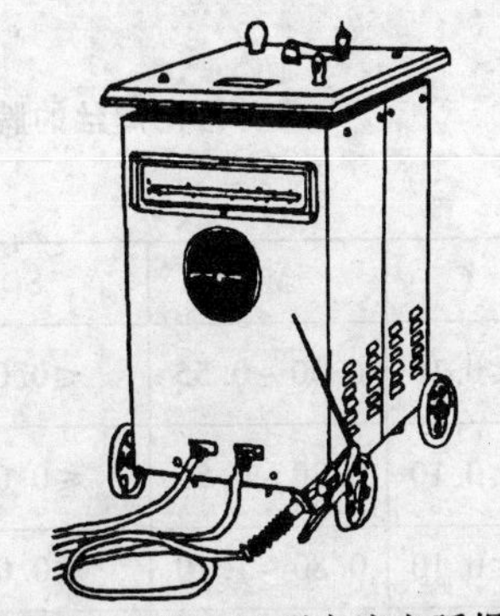
图 5-15　BX3-300 型交流电弧焊机

(2) 整流式直流电焊机。它是用大功率硅整流元件组成的整流器，将经变压器降压并符合电弧特性要求的交流电整流成直流以供电弧焊接使用。这种直流电焊机的特点是没有旋转部分、结构简单、维修容易、噪声小，也是目前常用的直流焊接电源。

以直流电源工作时，电弧稳定，易于获得优良的接头。因此，尽管交流电焊机具有结构简单、价廉、工作噪声小、维修方便等特点，但在焊接重要结构及采用低氢型焊条焊接时，仍需要使用直流电焊机。

(3) 逆变式直流弧焊机。逆变焊机的工作原理是将 380V 的交流工频电压经整流器转变成直流电压，再经逆变器将直流电压变成具有较高频率(一般为 2 ~ 50kHz)的交流电压。然后经变压器降压后再整流而输出符合焊接要求的直流电压。其过程示意如下：

AC—DC—AC—DC

由于变压器的工作电压一定时，其频率(f)与铁芯截面(S)和线圈匝数(N)的乘积成反比。故随着f的提高，变压器的重量和尺寸可大大减小，铜铁耗亦减小，从而提高了焊机的效率。故逆变焊机具有高效节能、体积小重量轻和具有优良的弧焊工艺性、调节方便等特点。

逆变焊机是20世纪70年代发展起来的，目前国内推广使用的具体型号有ZX7-250、ZX7-315、ZX7-400等。

2. 手工电弧焊焊条

手工电弧焊时，焊条既作为电极起导电作用，在焊接过程中，焊条被熔化，又作为填充材料填充到焊缝中而将焊件连接起来。因此，根据所焊金属材料、焊接结构的要求以及焊接工艺特点等，正确选用相应牌号的焊条，是保证焊接工艺过程顺利进行，获得优良焊接质量的重要环节。

手工电弧焊时所用的焊条，是由焊芯(焊丝)和药皮所组成。我国手工电弧焊焊条按用途分为结构钢焊条、不锈钢焊条等十大类。通常焊条直径是指焊丝直径，并不包括药皮厚度在内。

1)焊条的组成及作用

(1)焊芯。焊条中被药皮包覆的金属芯称为焊芯。为了保证焊缝的质量，焊芯必须由专门生产的金属丝制成，这种金属丝称为焊丝，其化学成分控制严格。表5-2列出了几种常用焊丝的牌号和成分。焊丝的牌号由“焊”字汉语拼音字首“H”与一组数字及化学元素符号组成。数字与符号的意义与合金结构钢牌号中数字、符号的意义相同。

表5-2 几种常用焊丝的牌号和成分(GB/T 14957—1994)

牌　号	$W_{Me}\times100$							用　途
	C	Mn	Si	Cr	Ni	S	P	
H08A	≤0.10	0.30~0.55	≤0.03	≤0.20	≤0.30	≤0.030	≤0.030	一般焊接结构
H08E	≤0.10	0.30~0.55	≤0.03	≤0.20	≤0.30	≤0.020	≤0.020	重要焊接结构
H08MnA	≤0.10	0.80~1.10	≤0.07	≤0.20	≤0.30	≤0.030	≤0.030	埋弧焊焊丝
H10Mn2	≤0.12	1.50~1.90	≤0.07	≤0.20	≤0.30	≤0.035	≤0.035	
H08Mn2SiA	≤0.11	1.80~2.10	0.65~0.95	≤0.20	≤0.30	≤0.030	≤0.030	CO_2焊焊丝

由表5-2可知，焊丝的成分特点为低碳、低硫磷，以保证焊缝金属具有良好的塑性韧性，减少产生焊接裂纹的倾向；具有一定量合金元素，以改善焊缝金属的力学性能，并且弥补焊接过程中合金元素的烧损。但是，使用光焊丝焊接的焊缝金属的力学性能远不如焊芯本身的力学性能。表5-3列出了光焊丝与其焊缝金属的化学成分与力学性能，可以看出，焊缝金属中氧、氮含量显著增加，碳、锰含量却减少了，从而使焊缝的塑性、韧性急剧下降，这是因为焊接时氧、氮侵入熔池所致。

表5-3 光焊丝与其焊缝金属的成分与性能

项 目	$W_{Me}\times100$					力学性能		
	C	Si	Mn	N	O	σ_b/MPa	$\delta\times100$	A_k/J
光焊丝	≤0.10	≤0.03	0.30~0.55	≤0.03	≤0.02	330	33	64~96
焊缝金属	0.02~0.05	—	0.1~0.2	0.08~0.23	0.15~0.30	300	4~8	4~12

(2)药皮。即在焊丝表面涂压上一层涂药。药皮是由一些矿物、有机物和铁合金等细粉末组成，用水玻璃作粘结剂，按一定比例配制，经混合搅匀后涂压于焊丝表面。药皮的厚度一般为0.5~1.5mm。药皮应当具有稳定电弧、造气、造渣以形成机械保护的作用，还应当具有改善焊缝金属化学成分的作用。通过控制药皮的成分能够有效地提高焊缝的质量，使焊接工作顺利进行。

2)焊条的分类和编号

焊条种类繁多，常用碳钢焊条GB/T 5117—1995的型号是根据熔敷金属的抗拉强度、药皮类型、焊接位置和焊接电流种类划分。用字母“E”表示焊条；用前两位数字表示熔敷金属抗拉强度的最小值；第三位数字表示焊条的焊接位置，焊接位置是指熔焊时焊件接缝所处的空间位置，“0”及“1”表示焊条适用于全位置焊接(平、立、横、仰)，“2”表示焊条适用于平焊及平角焊，“4”表示焊条适用于向下立焊；第三和第四位数字组合表示焊接电流种类及药皮类型。这里说的熔敷金属是指完全由填充金属熔化后所形成的焊缝金属。例如E4303、E5015、E5016，“43”、“50”分别表示熔敷金属抗拉强度的最小值为420MPa(43kgf/mm^2)、490MPa；“03”为钛钙型药皮，交流或直流正、反接；“15”为低氢钠型药皮，直流反接；“16”为低氢钾型药皮，交流或直流反接。

焊条牌号是焊条行业统一的焊条代号。焊条牌号一般用一个大写拼音字母和三个数字表示，如J422，J507等。拼音字母表示焊条的大类，如“J”表示结构钢焊条(碳钢焊条和普通低合金钢焊条)，“A”表示奥氏体不锈钢焊条，“Z”表示铸铁焊条等；前两位数字表示各大类中若干小类，如结构钢焊条前两位数字表示焊缝金属抗拉强度等级，单位为kgf/mm^2,抗拉强度等级有42、50、55、60，70、75、85等；最后一个数字表示药皮类型和电流种类，见表5-4，其中1至5为酸性焊条，6和7为碱性焊条。其他焊条牌号表示方法，见国家机械工业委员会编的《焊接材料产品样本》(1987年)。J422(结422)符合国标E4303，J507(结507)符合国标E5015，J506(结506)符合国标E5016。

表5-4 钢焊条药皮类型和电源种类编号

编号	1	2	3	4	5	6	7	8
药皮类型	钛型	钛钙型	钛铁矿型	氧化铁型	纤维素型	低氢钾型	低氢钠型	石墨型
电源种类	交、直流	交、直流	交、直流	交、直流	交、直流	交、直流	交、直流	交、直流

焊条根据其药皮中所含氧化物的性质可分为酸性焊条与碱性焊条。

酸性焊条是指药皮中含有多量酸性氧化物(SiO_2、TiO_2、MnO等)的焊条。E4303焊条为典型的酸性焊条。焊接时有碳-氧反应，生成大量的CO气体，使熔池沸腾，有利于气体逸出，焊缝中不易形成气孔。另外，酸性焊条药皮中的稳弧剂多，电弧燃烧稳定，交、直流电源均可使用，工艺性能好。但酸性药皮中含氢物质多，使焊缝金属的氢含量提高，焊接接头开裂倾向性较大。

碱性焊条是指药皮中含有多量碱性氧化物的焊条。E5015是典型的碱性焊条。碱性焊条药皮中含有较多的$CaCO_3$，焊接时分解为CaO和CO_2，可形成良好的气体保护和渣保护；药皮中含有萤石(CaF_2)等去氢物质，使焊缝中氢含量低，产生裂纹的倾向小。但是，碱性焊条药皮中的稳弧剂少，萤石有阻碍气体被电离的作用，故焊条的工艺性能差。碱性焊条氧化性小，焊接时无明显碳-氧反应，对水、油、铁锈的敏感性大，焊缝中容易产生气孔。因此，使用碱性焊条焊接时，一般要求采用直流反接，并且要严格地清理焊件表面。另外，焊接时产生的有毒烟尘较多，使用时应注意通风。

3)焊条的选用原则

焊接低碳钢或低合金钢时，一般应使焊缝金属与母材等强度；焊接耐热钢、不锈钢时，应使焊缝金属的化学成分与焊件的化学成分相近；焊接形状复杂和刚度大的结构及焊接承受冲击载荷、交变载荷的结构时，应选用抗裂性能好的碱性焊条；焊接难以在焊前清理的焊件时，应选用抗气孔性能好的酸性焊条。使用酸性焊条比碱性焊条经济，在满足使用性能要求的前提下应优先选用酸性焊条。

3. 手工电弧焊工艺

进行手工电弧焊时需要考虑以下几个方面的主要工艺问题：

1)接头形式及准备工作

(1)接头形式。

焊接接头是指焊接结构中，各焊接元件相互连接的地方。根据产品结构特点的要求，接头的基本形式有对接、搭接、角接、丁字接等四种(见图5-16)。

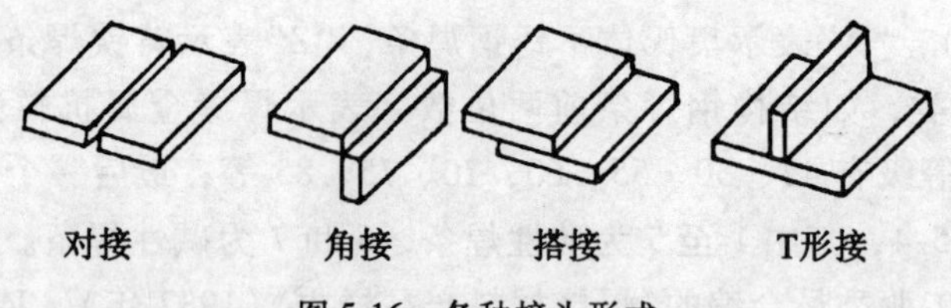

图5-16 各种接头形式

(2)接头的准备工作。

为了保证焊接质量和焊缝尺寸，焊接前，应做好焊接接头的准备工作。

接头的准备工作包括：坡口、间隙、钝边等。做好这些准备工作，可使焊接时便于焊透，又可避免烧穿，从而保证焊缝质量及焊缝尺寸。接头的几何形状基本上由所焊焊件的厚度所决定。

对接接头的各种坡口形式如图5-17所示。其中，不开坡口主要用于薄板，在板厚为2~3mm时单面焊即可焊透；板厚较厚或要求较高时则需要双面焊。V形坡口用于中等厚度及对焊接质量要求较高的场合，为了保证根部焊透，一般都要双面焊，通常反面焊缝尺寸小于正面。由于两面焊缝尺寸大小不同，焊后收缩也不对称，因此 V 形对焊坡口焊接后，可能产生角变形。

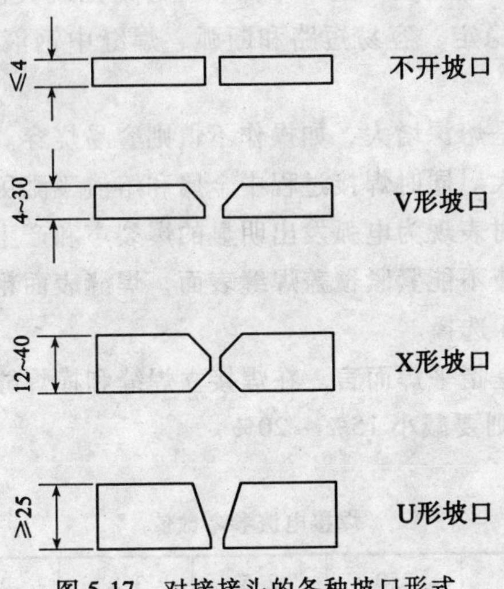

图 5-17　对接接头的各种坡口形式

对于厚板对接焊常采用 X 形坡口，其特点是两面焊缝尺寸相近，可以减少角变形。

此外，厚板对接还可用 U 形坡口，其主要特点是焊条消耗量较 X 坡口少。但敲渣不方便，当出现焊接缺陷时，铲修较困难。

2)焊接规范的选择

手工电弧焊时，焊接规范主要是焊接电压、焊接电流、焊接速度等。焊接电压实际是反映电弧长度。此外，根据实际生产情况，还要确定电源种类(直流或交流)，焊接的层数(单层或多层焊)等。

(1)焊条直径的选择。

根据焊件材料选用适当牌号的焊条，并确定焊条的直径。焊条直径可依据所焊构件的厚度来选择，并综合考虑接头形式，焊缝在空间的位置(如平焊、仰焊等)，以及对焊缝质量要求等各方面因素。一般情况下，可按工件厚度参考表 5-5 来决定。

表 5-5　焊条直径选择的参考数值

焊件厚度/mm	2	3	4 ~ 5	6 ~ 12	13 以上
焊条直径/mm	2	2.5 ~ 3	3 ~ 4	4 ~ 5	5 ~ 6

此外，在焊厚板结构时，坡口形式多为 V 形或 X 形，并需要采用多层焊，在这种情况下，焊第一层时不能采用大直径焊条，以使焊条能伸入跟部，避免焊不透。在立焊和仰焊时，由于重力的作用，使熔化金属易于下滴，也不宜用大直径焊条。立焊和仰焊时一般采用 3 ~ 4mm 直径的焊条。

(2)焊接电流的选择。

焊接电流大小主要是根据焊条直径、焊条种类、焊件厚度、焊缝在空间的位置等来选择的。有时还要考虑到所焊金属材料的性质(如导热性等),以及焊件变形等问题。

焊接电流选择恰当与否,直接影响焊缝质量、焊接操作及生产率。

焊接电流太小,则焊接速度慢,生产率低,且容易出现夹渣、气孔和未焊透等缺陷。操作时表现为电弧燃烧不稳定,容易短路和断弧,焊缝中钢液与熔渣不易区分,焊缝熔合、成型不良等。

焊接电流太大,首先是熔深增大,如操作不慎则容易烧穿。此外焊缝附近热影响区增加,焊接应力与变形也增大。同时焊接过程中金属和熔渣飞溅厉害,易于出现气孔、裂纹等缺陷。电流太大,操作时表现为电弧发出明显的爆裂声和产生过多的飞溅物,焊条不待烧完就被加热到发红,熔渣不能紧紧覆盖焊缝表面,焊缝表面粗糙,焊接质量也不良。焊接电流参数值可参考表5-6选择。

上述焊接电流的选择是指平焊而言。在焊接立焊缝和横焊缝时,电流大小应比平焊时减小10% ~15%,仰焊时则要减小15% ~20%。

表5-6　焊接电流参考数值

焊条直径/mm	1.6	2.0	2.5	3.2	4.0	5.0	5.8
焊接电流 A	25 ~40	40 ~65	50 ~80	100 ~130	190 ~210	200 ~270	260 ~300

5.2.2 其他熔化焊方法

1. 埋弧自动焊

埋弧自动焊又称焊剂层下电弧焊,焊接时以连续送进的焊丝代替手工电弧焊时所用的焊条,以颗粒状的焊剂代替焊条的药皮。焊接过程中电弧引燃、焊丝送进的动作是通过埋弧焊机焊接小车上的一些机构自动进行的,焊接小车则在专门的导轨上沿所焊焊缝移动,从而完成焊接所需的各种动作。埋弧焊自动焊的焊接过程如图5-18所示。焊丝末端与工件之间产生电弧以后,电弧的热量使焊丝、工件和电弧周围的焊剂熔化,其中部分在高温下气化。焊剂及金属的蒸汽将电弧周围已熔化的焊剂(即熔渣)排开,形成一个封闭空间,使电弧和熔池与外界空气隔绝。电弧在封闭空间内燃烧时,焊丝与被焊金属不断熔化,形成熔池。随着电弧的前移,熔池金属冷却凝固后,形成焊缝。同时,比较轻的熔渣浮在熔池表面,冷却后凝固成渣壳。

1)埋弧自动焊设备

埋弧自动焊装置包括电弧焊变压器、控制箱和焊接小车三个主要部分,其装置情况如图5-19所示。焊接小车上装有控制盘、焊丝盘和焊剂漏斗。焊剂漏斗用来贮存和输送焊剂。控制盘上各种旋钮用以调节电压、电流、送丝速度等。焊丝盘上盘绕着焊丝,焊丝由两旋转的滚轴夹紧并经导电嘴输送到焊接处。焊接小车是由装在其上的电动机带动,并以要求的速度沿焊接方向在导轨上移动。

常用埋弧自动焊机型号有MZ-1000和MZl-1000两种。“MZ”表示埋弧焊机,“1000”表示额定电流为1000A。焊接电源可以配交流弧焊电源BX2-1000或整流弧焊电源。

2)焊接材料

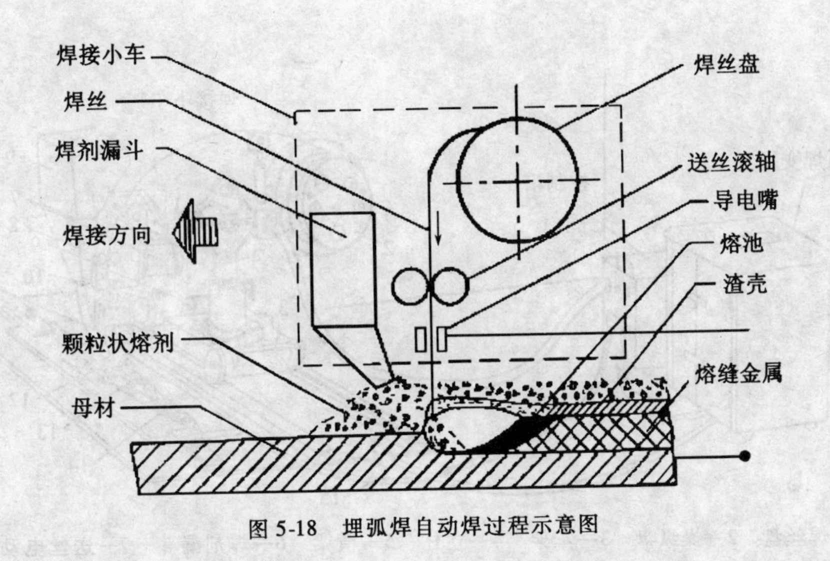

图 5-18　埋弧焊自动焊过程示意图

埋弧焊的焊接材料有焊丝和焊剂。

埋弧焊的焊丝，除了作为电极和填充金属外，还可以有渗合金、脱氧、去硫等冶金处理作用。埋弧焊焊剂有熔炼焊剂和非熔炼焊剂两类，非熔炼焊剂又有烧结焊剂和粘结焊剂两种。熔炼焊剂主要起保护作用；非熔炼焊剂除了保护作用外，还可以起渗合金，脱氧、去硫等冶金处理作用。我国目前使用的绝大多数焊剂是熔炼焊剂。焊剂容易吸潮，使用前一定要烘干。

埋弧焊通过焊丝和焊剂合理匹配，保证焊缝金属化学成分和性能。常用的焊剂和焊丝牌号如表 5-7 所示。

表 5-7　熔炼焊剂牌号

焊剂牌号	焊剂类型	使　用　说　明	电流种类
HJ430（焊剂 430） HJ431（焊剂 431）	高锰高硅低氟	配合 H 08A 或 H08MnA 焊接 Q235、20 和 09Mn 2 等。 配合 H 08MnA 或 H10Mn 2 焊接 16Mn、15MnV 等。 配合 H 08MnMo 焊接 15MnVN 等	交流或直流反接
HJ350（焊剂 350）	中锰中硅中氟	配合 H 08Mn 2Mo 焊接 18MnMoNb、14MnMoV 等	交流或直流反接
HJ250（焊剂 250）	低锰中硅中氟	配合 H 08Mn 2Mo 焊接 18MnMoNb、14MnMoV 等	直流反接
HJ251（焊剂 251）		配合 H12CrMo、H15CrMO 焊接 12CrMO、15CrMo	直流反接
HJ260（焊剂 260）	低锰高硅中氟	配合 H12CrMo、H15CrMO 焊接 12CrMO、15CrMo。 配合不锈钢焊丝焊接不锈钢	直流反接

3）埋弧自动焊工艺

埋弧自动焊的焊接电流大，熔深大。因此，板厚 24mm 以下的工件可以采用 I 形坡口

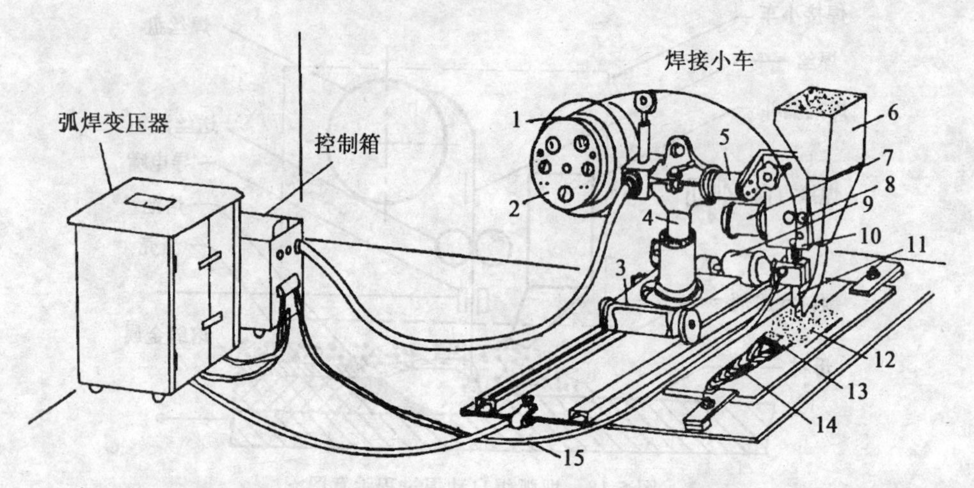

1—焊丝盘 2—操纵盘 3—车架 4—立柱 5—横梁 6—焊剂漏斗 7—送丝电动机 8—送丝滚轮 9—小车电动机 10—机头 11—导电嘴 12—焊剂 13—渣壳 14—焊缝 15—焊接电缆

图 5-19 埋弧自动焊装置示意图

单面焊或双面焊。但一般板厚 10mm 就开坡口，常用坡口有 V 形坡口、X 形坡口、U 形坡口和组合坡口。埋弧焊对接一般能采用双面焊的均采用双面焊，以便易于焊透，减少焊接变形。在不能采用双面焊时，采用单面焊工艺，如图 5-20(b)、(c)、(d)所示。

埋弧自动焊对下料和坡口加工要求较严，要保证组装间隙均匀，且焊前要清除坡口及其两侧 50 ~ 60mm 范围内的锈、油、水等污物，以防止气孔。为了防止烧穿，埋弧自动焊的第一道焊缝焊接时，常采用焊剂垫，如图 5-21 所示。

(a) 双面焊 (b) 采用打底焊 (c) 采用垫板 (d) 采用锁底坡口

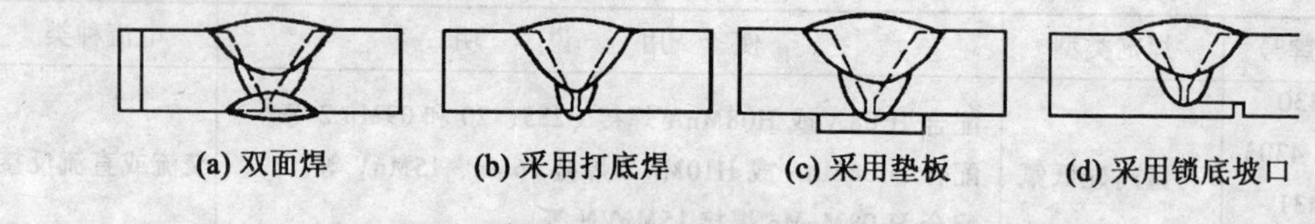

图 5-20 对接接头焊接工艺举例

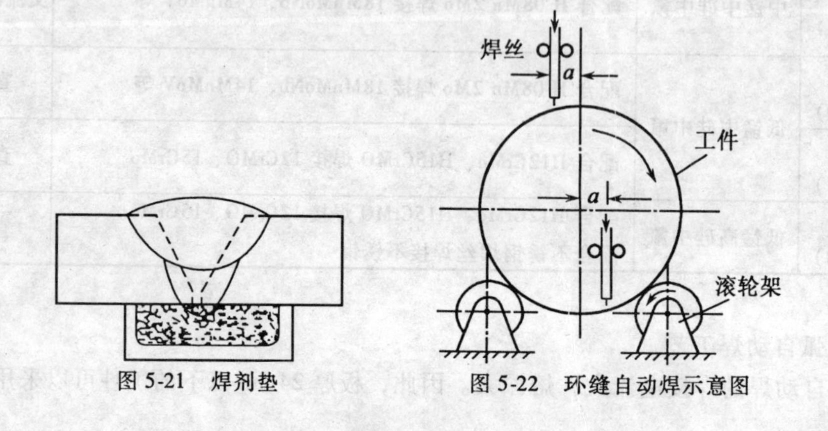

图 5-21 焊剂垫

图 5-22 环缝自动焊示意图

埋弧焊的工艺参数主要有焊丝直径、焊接电流、电弧电压和焊接速度等。这些工艺参数对焊接质量和生产率影响很大。一般电流越大，熔深就越大，生产率越高，电弧电压高，焊缝熔宽就大，可获得合适的焊缝成型系数，以免产生中心线偏析，引起热裂纹。

埋弧焊采用滚轮架，使筒体(工件)转动，就可以焊环形焊缝。焊环缝时，为防止熔池金属和熔渣从筒体表面流失，保证焊缝成型良好，焊丝要偏离中心一定距离，如图5-22所示，一般偏离20～40mm。不同直径的筒体应根据焊缝成型情况确定偏离距离 a。直径小于250mm环缝，一般不用埋弧焊。

4)埋弧自动焊的特点和应用

埋弧焊生产的主要特点是埋弧、自动和大电流。与手弧焊相比，其主要优点是:

(1)生产率高、成本低。埋弧焊常用电流比手弧焊高6～8倍，且节省了换条时间，故生产率比一般手弧焊高5～10倍。另外，焊接过程中没有焊条头，20～25mm以下厚度的工件可不开坡口，金属飞溅少，且电弧热得到充分利用，从而节省了金属材料与电能。

(2)焊接质量好。电弧保护严密，焊接规范自动控制，移动均匀，故焊接质量高而稳定，焊缝形状也美观。

(3)劳动条件好。无电弧光，烟雾也少，对焊工技术要求也不高，工人劳动强度轻。但需添置较贵的设备，对接头、装配、校正的要求也较严格，且灵活性差。常用于3mm以上中、厚件，一般为平焊位置，以长直焊缝和大直径环形焊缝为宜，不能焊空间位置的焊缝和不规则焊缝。批量生产时，优点更为显著。

目前埋弧焊在造船、锅炉、车辆、大桥钢梁和容器制造等工业生产中获得了广泛应用。

2. 气体保护电弧焊

用外加气体作为电弧介质并保护电弧和焊接区的电弧焊，称为气体保护电弧焊(简称气体保护焊)。保护气体通常有惰性气体(氩气、氦气)和二氧化碳。

1)氩弧焊

使用氩气作为保护气体的气体保护焊，称为氩弧焊。氩气是惰性气体，不溶于液态金属，也不与金属发生化学反应，是一种较理想的保护气体。氩气电离电势高，因此引弧较困难，但氩气热导率小，且是单原子气体，不会因气体分解而消耗能量，降低电弧温度。因此，氩弧一旦引燃，电弧就很稳定，按电极不同，氩弧焊又分钨极氩弧焊和熔化极氩弧焊两种，如图5-23所示。

钨极氩弧焊又称非熔化极氩弧焊，以高熔点的铈钨棒为电极，焊接时钨极不熔化。因钨极温度很高，故发射电子能力强，所需阴极电压小。当采用直流反接时，由于钨极发热量大，钨棒烧损严重，焊缝易产生夹钨。因此，钨极氩弧焊一般不采用直流反接。在焊铝、镁及其合金时，为除去工件表面上有碍焊接的氧化膜，应采用交流电源，当工件处于负半周时，具有“阴极破碎”作用，同时可利用钨极处于负半周时的冷却作用，减少钨极烧损。

钨极氩弧焊需加填充金属，填充金属可以是焊丝，也可在焊接接头中附加填充金属条或采用卷边接头等，如图5-24所示。填充金属可采用母材的同种金属，有时需要增加一些合金元素，在熔池中进行冶金处理，以防止气孔等。

钨极氩弧焊虽焊接质量优良，但由于钨极载流能力有限，焊接电流不能太大，所以焊

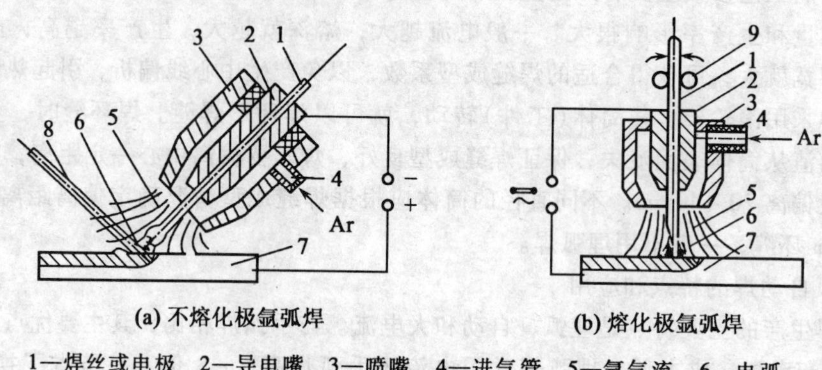

(a) 不熔化极氩弧焊　　(b) 熔化极氩弧焊

1—焊丝或电极　2—导电嘴　3—喷嘴　4—进气管　5—氩气流　6—电弧
7—工件　8—填充焊丝　9—送丝辊轮

图 5-23　氩弧焊示意图

接速度不高，而且一般只适用于焊接厚度为 0.5 ~4mm 的薄板。

熔化极氩弧焊用连续送进的焊丝作电极，熔化后作填充金属，可采用较大的电流，熔滴通常呈很细颗粒的“喷射过渡”，生产率比钨极氩弧焊高几倍，适宜于焊接 3 ~25mm 的中厚板。熔化极氩弧焊的焊丝和钨极氩弧焊的焊丝成分一样。熔化极氩弧焊为了使电弧稳定，通常采用直流反接，这对于易氧化合金的工件正好有“阴极破碎”作用。

氩弧焊主要特点如下：

(1)保护效果好，焊缝金属纯净，焊接质量优良，焊缝成型美观，适于焊接各类合金钢、易氧化的有色金属及稀有金属，如锆、钽、钼等。

(2)电弧在氩气流的压缩下燃烧，热量集中，所以焊接速度快，热影响区小，焊后变形也较小。

(3)电弧稳定，特别是小电流时也很稳定。因此，容易控制熔池温度及单面焊双面成型。为了更容易保证工件背面均匀焊透和焊缝成型，现在普遍采用图 5-25 所示的脉冲电流来焊接，这种焊接方法叫脉冲氩弧焊。

(4)明弧可见，便于观察和操作，可全位置焊，焊后无渣，便于机械化和自动化。

氩气成本高，设备较复杂，主要适用于焊接铝、铜、镁、钛及其合金，以及耐热钢、不锈钢等，适用于单面焊双面成型，如打底焊和管子焊接；钨极氩弧焊，尤其是脉冲钨极氩弧焊，还适用于薄板焊接。

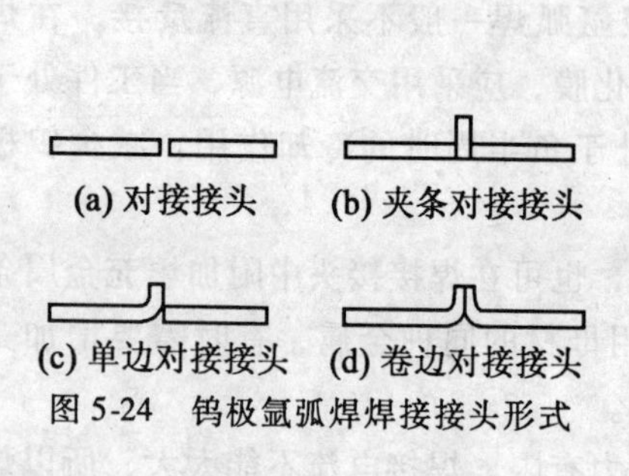

图 5-24　钨极氩弧焊焊接接头形式

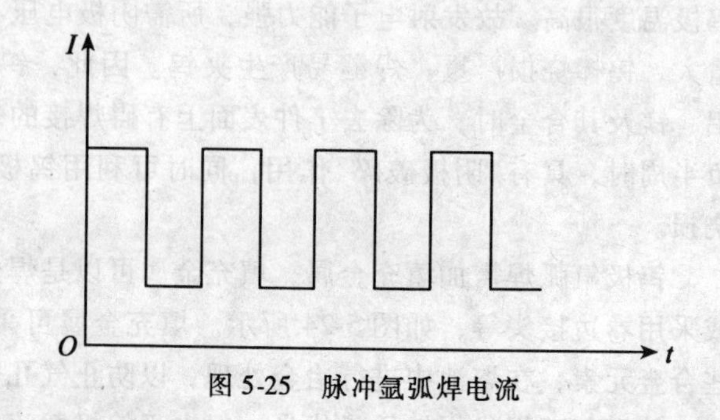

图 5-25　脉冲氩弧焊电流

2）二氧化碳气体保护焊

二氧化碳气体保护焊是利用 CO_2 作为保护气体的一种电弧焊方法，简称 CO_2 焊。这种焊接方法用连续送进的焊丝为电极。按焊丝的直径不同，可分为细丝（直径为 0.5～1.2mm）和粗丝（直径为 1.6～5mm）两种，前者适用于焊接 0.8～4mm 的薄板，后者适于焊 5～30mm 的中厚板。

图 5-26 为二氧化碳气体保护焊装置示意图。焊接时，焊丝由送丝机构自动送进，二氧化碳气体除去水分后，经喷嘴沿焊丝周围以一定流量喷出。电弧引燃后，焊丝末端、电弧及熔池被 CO_2 气体所包围，可防止空气对金属的有害作用。

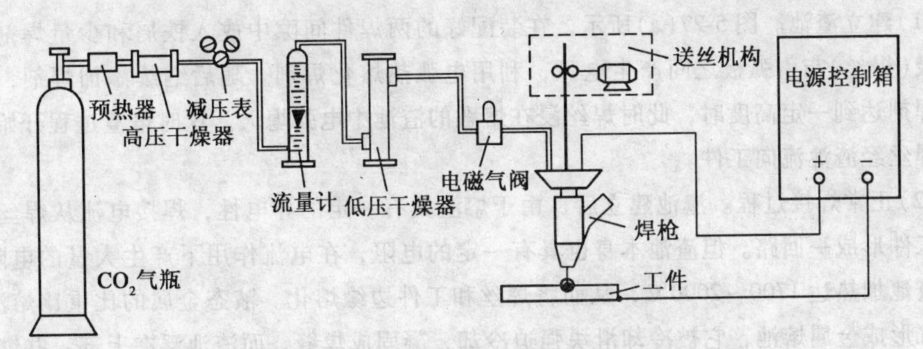

图 5-26　二氧化碳气体保护焊装置示意图

二氧化碳气体在高温下会分解出一氧化碳和原子氧，具有一定氧化作用，故不能用于易氧化的有色金属的焊接。用于碳钢、低合金钢和不锈钢等焊接时，为补偿合金元素的烧损和防止气孔，应采用含有足够脱氧元素的合金钢焊丝，如 H08MnSiA、H04Mn2SiTiA、H10MnSiMo 等。由于二氧化碳气流对电弧冷却作用较强，为保证电弧稳定燃烧，均用直流电源。为防止金属飞溅，宜用反接法。

二氧化碳气体保护焊主要特点是：

（1）成本低。CO_2 价廉，焊丝又是整圈光焊丝，故成本仅为埋弧焊和手弧焊的 40% 左右。

（2）质量好。电弧在气流压缩下燃烧，热量集中，热影响区小，变形和产生裂纹倾向也较小，适宜于薄板焊接。

（3）生产率高。焊丝自动送进，电流密度大，故焊接速度快。生产率比手弧焊高 1～3 倍。

（4）适应性强。明弧可见，易于观察与控制。操作灵活，适合于全位置焊接。

其缺点在于用较大电流焊接时，飞溅较大，烟雾较多，弧光强烈，焊缝表面不够美观，如控制或操作不当，易产生气孔，且设备较复杂。

CO_2 焊适用于低碳钢和强度级别不高的低合金结构钢焊接，主要用于薄板焊接。单件小批量生产或短的、不规则的焊缝采用半自动 CO_2 焊（自动送丝，手工移动电弧）。成批生产的长直焊缝和环缝，可采用 CO_2 自动焊。强度级别高的低合金结构钢宜用 Ar 和 CO_2 混合气体保护焊。

3. 电渣焊

电渣焊是利用电流通过熔融的熔渣时所产生的电阻热来熔化焊丝和焊件的焊接方法。

埋弧自动焊在焊接中等厚度板材和长焊缝时显示出很大的优越性，但在焊接厚板时(如板厚大于40mm)，接头处需开坡口并采用多层多道焊，而影响了生产率。在重型机械制造中会遇到更厚板的焊接，以及采用铸-焊、锻-焊结构制造某些大型机件等情况。这些厚板及大型铸、锻件的焊接，可采用电渣焊方法(见图5-27)，焊接装置见图5-27(b)所示。

电渣焊过程可分为三个阶段：

(1)建立渣池。图5-27(a)所示，在装配好的两焊件间隙中放入铁屑和少量焊剂，先使电极(焊丝)与引弧板之间产生电弧，利用电弧热熔化焊剂。随后继续添加焊剂，当熔融的焊剂达到一定高度时，此时焊丝浸在熔融的渣池中电弧熄灭。这时电渣过程开始，电流由焊丝经渣池流向工件。

(2)正常焊接过程。渣池建立后，由于熔渣具有一定的导电性，焊接电流从焊丝经渣池、工件形成一回路。但渣池本身也具有一定的电阻，在电流作用下产生大量的电阻热，可将渣池加热达1700~2000℃，从而将焊丝和工件边缘熔化。液态金属的比重比熔渣大，故下沉形成金属熔池，它被冷却滑块强迫冷却，凝固成焊缝。而渣池浮在上部，并继续不断地加热熔化焊丝及工件的边缘。这样随着渣池、熔池不断上升而形成整个焊缝。为保证电渣过程顺利进行，应经常测定渣池深度，均匀地添加焊剂。

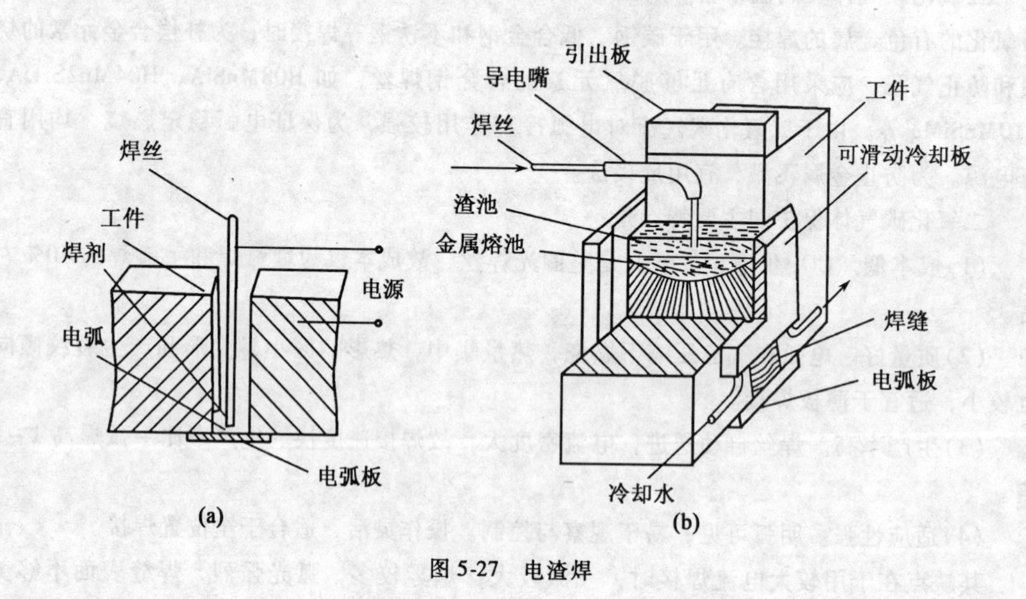

图5-27 电渣焊

(3)焊缝的收尾。在接近焊完时应逐渐减小送丝速度，最好断续几次送丝，以填满尾部缩孔，防止产生裂纹。

由于电渣焊是连续加热，焊缝是一次形成的，渣池上升速度不快，焊缝冷却速度也较慢，因此焊缝结晶粗大，焊后需进行热处理以改善其结晶组织，保证接头的机械性能。

5.3　其他焊接方法

本节主要介绍压力焊和钎焊中常用的焊接方法。

5.3.1　电阻焊

电阻焊(resistance welding)是利用电流通过焊件及其接触面产生的电阻热，把焊件加热到塑性或局部熔化状态，再在压力作用下形成接头的一种焊接方法。

电阻焊生产率高，焊接变形小，易于实现自动化。但电阻焊设备复杂，设备投资大。所以，它适用于成批大量生产，在自动化生产线上(如汽车制造)应用较多，甚至采用机器人。

根据接头形式，电阻焊通常分为对焊、点焊和缝焊三种，如图5-28所示。

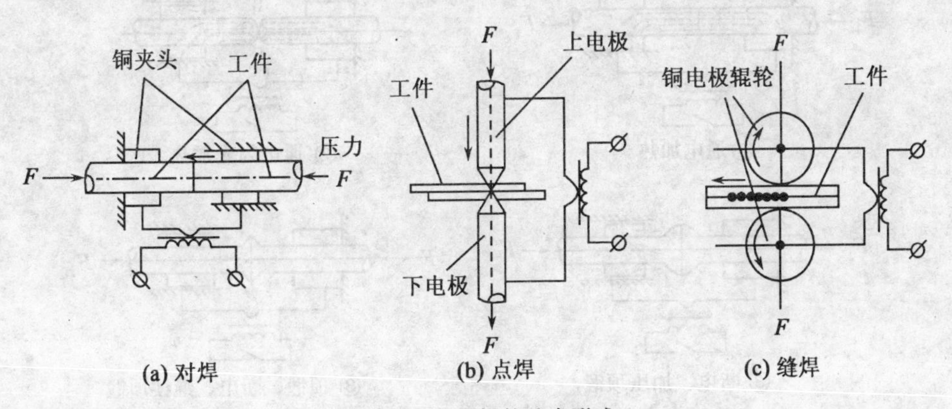

图5-28　电阻焊的基本形式

1. 对焊

对焊可用于焊接各种型材、带钢、管子甚至较大的如汽车曲轴等零件。根据工艺过程不同，对焊有两种不同的形式。

1)电阻对焊

电阻对焊时，将工件夹紧于铜质夹钳中加以初压力，使两焊件接头部分端面紧密接触。然后通电加热，由于焊件接触处电阻最大而散热最慢，该处及附近金属被加热至塑性及半熔化状态。此时突然增大压力进行顶锻，焊件便在压力下形成牢固的接头，如图5-29(a)所示。

2)闪光对焊

闪光对焊是将焊件在钳口中夹紧后，先接通电源，再使焊件缓慢地靠拢接触，因端面个别点的接触而产生火花并被加热，其接触面被加热到熔化状态，附近被加热到塑性状态。然后突然加速送进焊件并在压力下压紧。这时熔化的金属被全部挤出结合面之外。其过程示意如图5-29(b)所示。

2. 点焊

点焊是利用电流通过圆柱形电极和搭接的两焊件产生电阻热，将焊件加热并局部熔化，形成一个熔核（其周围为塑性状态），然后在压力作用下熔核结晶，形成一个焊点。点焊的焊接过程如图 5-30 所示。焊接第二点时，有一部分电流会流经已焊好的焊点，这叫点焊分流现象。分流会使焊接电流发生变化，影响点焊质量，故两焊点之间应有一定距离。一般焊件厚度越大，材料导电性越强，点焊最小点距越大。这是因为工件电阻越小，分流现象越严重所致。

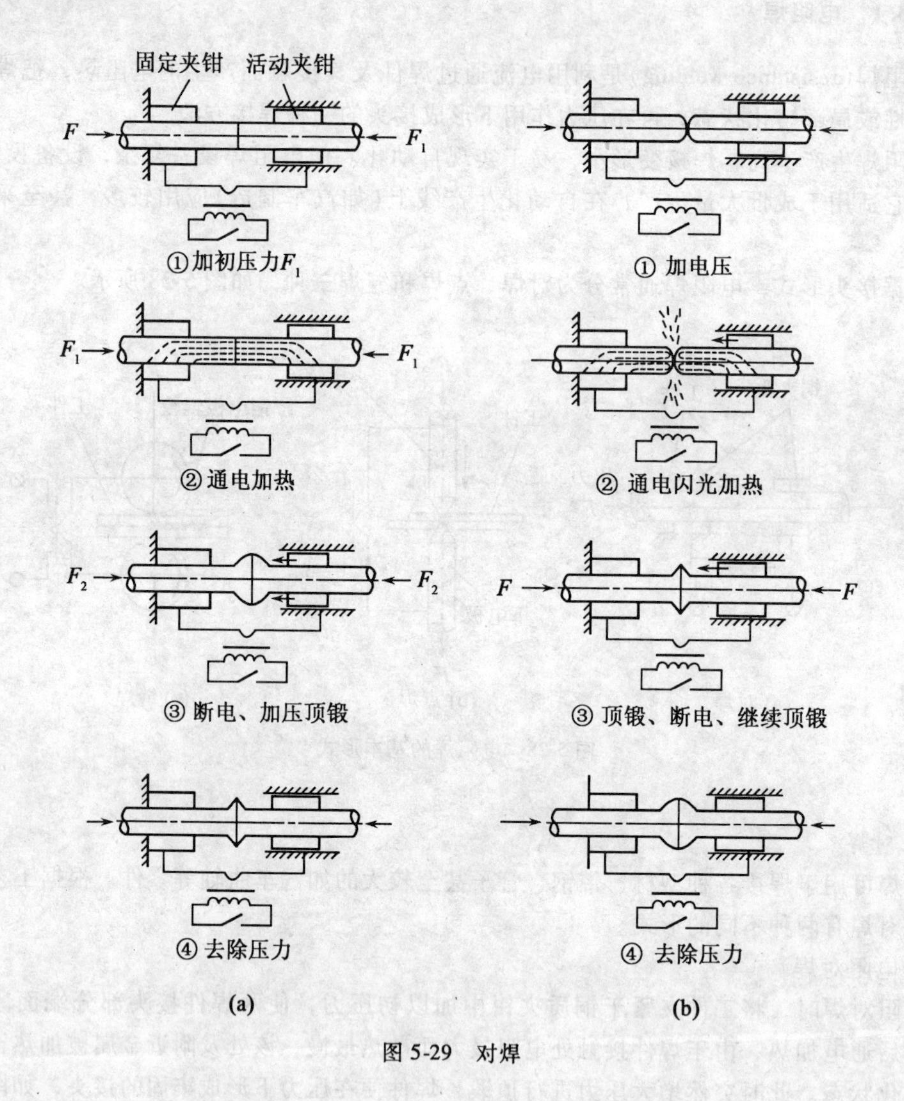

图 5-29 对焊

点焊的主要工艺参数是电极压力、焊接电流和通电时间。电极压力过大，接触电阻下降，热量减少，可造成焊点强度不足；电极压力过小，则板间接触不良，热源虽强，但不稳定，甚至出现飞溅、烧穿等缺陷。如焊接电流不足，则熔深过小，甚至造成未熔化；如电流过大，熔深过大，并有金属飞溅，甚至引起烧穿。通电时间对点焊质量的影响，与电流相似。

影响焊点质量的主要因素除了点焊工艺参数外，焊件表面状态影响也很大。点焊前必须清理焊件表面的氧化膜、油污等杂质，以免焊件间接触电阻过大而影响点焊质量和电极寿命。

点焊主要用于薄板冲压件搭接，如汽车驾驶室、车厢等薄板与型钢构架的连接，蒙皮结构、金属网、交叉钢筋等接头。适合于点焊的最大厚度为 2.5 ~ 3mm，小型构件可达 5 ~ 6mm，特殊情况为 10mm，钢筋和棒料直径达 25mm。此外，还可焊接不锈钢、铜合金、钛合金和铝镁合金等。

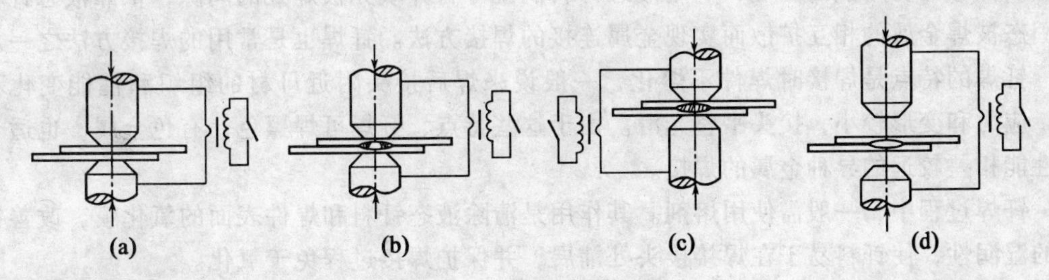

图 5-30　点焊的焊接过程

3. 多点凸焊

多点凸焊是一次加压和通电完成两个或两个以上焊点的凸焊，原理如图 5-31 所示。在其中一个工件上要焊接处凸出一个凸点，然后将工件放在焊机大平面电极之间，像点焊那样加压通电。因为工件与电极之间的接触面积比凸点端面大得多，电路电阻几乎全集中在凸点处，故热量集中。当凸点金属加热到塑性状态时，压力使凸点变平，形成焊点，迫使工件紧密地连接在一起。

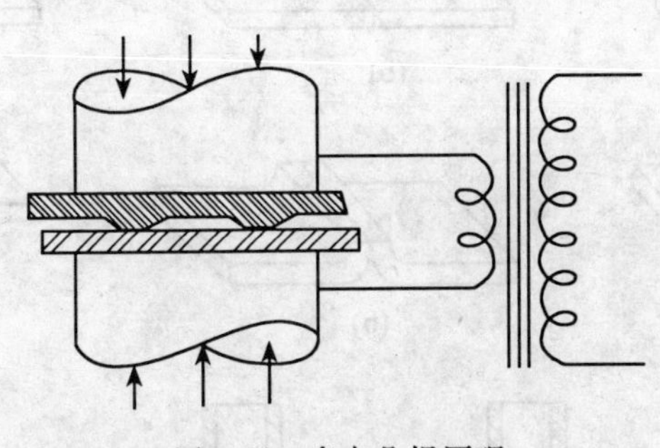

图 5-31　多点凸焊原理

电极之间有几个凸点就能同时形成几个焊点，其数目只受焊机所提供的电流和压力的能力限制，许多点焊机通过改变电极就可进行多点凸焊。

由于凸点是用冲床在工件上形成的，因此，可以和其他板料成型工序同时形成，几乎无需增加什么成本。

4. 缝焊

缝焊又称滚焊，其焊接过程与点焊相似，但所用电极是两只旋转的导电滚轮。焊件在滚轮带动下前进。通常是滚轮连续地旋转，电流是间歇地接通，因此在两焊件间形成一个个彼此重叠(约 50% 以上重叠)的焊核，而形成一连续的焊缝，其过程如图 5-32(c)所示。缝焊时由于很大的分流通过已焊合部位，故缝焊电流一般比点焊增加 15% ~40%。

缝焊主要用于焊接要求密封的薄壁容器，如汽车油箱、水箱、消音器等，焊件的厚度一般不超过3mm。

5.3.2 钎焊

钎焊是将熔点比被焊金属熔点低的焊料(钎料)与焊件一起加热，当加热到高于钎料熔点、低于母材熔点的温度，利用液态钎料润湿母材并填充被焊处的间隙，依靠液态钎料和固态被焊金属的相互扩散而实现金属连接的焊接方法。钎焊也是常用的焊接方法之一。

钎焊的特点是焊接时焊件不熔化，一般说来焊后接头附近母材的组织和性能变化不大，应力和变形较小，接头平整光滑。由于这些特点，钎焊可焊黑色、有色金属，也适合于性能相差较远的异种金属的焊接。

钎焊过程中，一般需使用熔剂。其作用是清除液态钎料和焊件表面的氧化膜，改善钎料的湿润性，使钎料易于在焊接接头处铺展，并保护焊接过程免于氧化。

根据钎料熔点和接头强度不同，钎焊可分为软钎焊和硬钎焊两种。

1. 软钎焊

软钎焊所用钎料熔点低于450℃，接头强度低于70MPa($7kgf/mm^2$)。常用的钎料是锡铅钎料、锌锡钎料、锌镉钎料等。熔剂采用松香、氯化锌、磷酸等。软钎焊适用于受力不大、工作温度不高的工件的焊接，如仪表、电真空器件、电机、电器部件及导线等件的钎焊。焊接时常用烙铁加热。

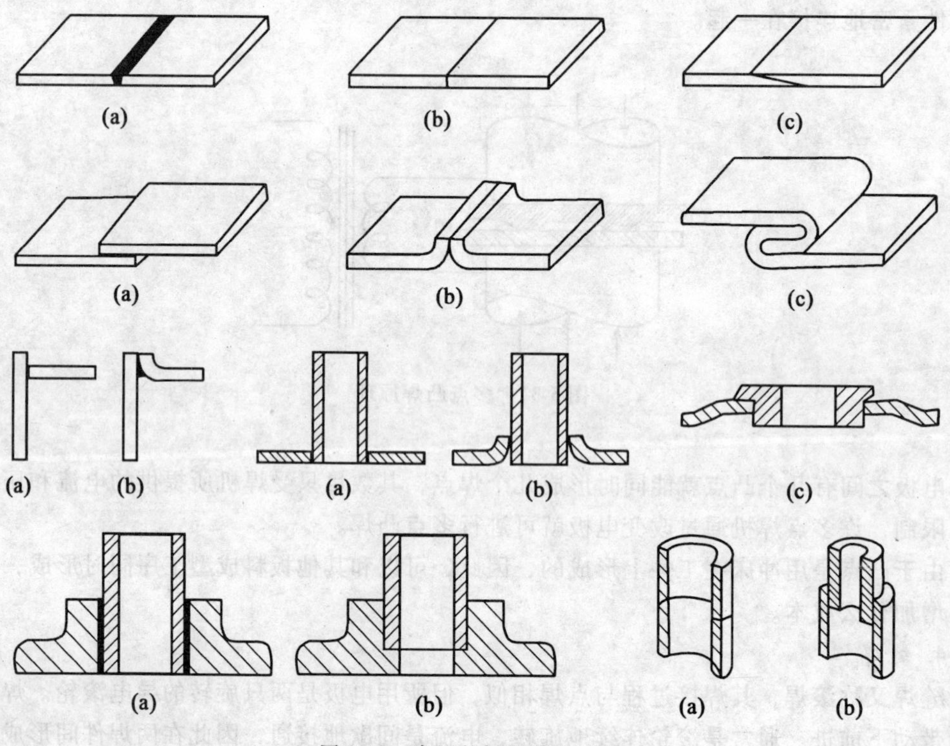

图 5-32 常用的钎焊接头形式

2. 硬钎焊

硬钎焊所用钎料熔点高于 450℃，接头强度可达 500MPa（$50kgf/mm^2$）。常用的钎料有铜锌钎料、铜磷钎料、银基钎料、铝基钎料等。硬钎焊时所用熔剂通常都含有硼酸、硼砂，有的还加入某些氟化物。用铝基钎料时，熔剂中含有多量的氟化物和氯化物。由于硬钎料的熔点较高，钎焊时常用的加热方法有火焰加热、炉内加热、高频感应加热、盐溶加热和接触加热等。

由于钎焊接头的承载能力与接头处接触面积有关，故其接头常用搭接形式。常用的接头形式如图 5-32 所示。

钎焊时，焊前对被焊处的清洁和装配工作要求较高；残余熔剂有腐蚀作用，焊后必须仔细清洗。

5.3.3　焊接新工艺技术简介

随着现代工业技术的飞速发展，为满足新的材料和结构的焊接需要，新的焊接工艺方法和技术随之孕育而生。这里仅对部分新的焊接工艺方法及技术作简单介绍。

1. 等离子弧焊接与切割

等离子弧焊接与切割是利用高温的等离子弧作为热源进行焊接和切割的。等离子弧与一般电弧不同。一般电弧是利用两电极之间的气体电离而导电的，为了提高其弧柱温度，可以增大电弧电压和电流。但随着电压和电流的增大，其弧柱直径也增大，通过弧柱的电流密度仍被限制在一定数值内，其电离程度也不可能很高，故一般电弧的最高温度区也只能在 6000～8000K。如果设法将电弧的弧柱进一步强迫压缩，减小其直径，则电弧弧柱的电流密度大大提高，从而提高了电弧的温度。这种被强迫压缩，电弧能量高度集中，弧柱内气体完全电离为电子和离子的电弧称为等离子弧，其温度可高达 16000K 以上。

等离子弧不仅温度高、能量高度集中，而且电弧导电性好。故非常有利焊接与切割一些难熔金属或非金属材料。

等离子弧是由等离子弧发生装置（等离子枪）产生的。如图 5-33 所示，在钨极和工件之间加上一较高的电压，经高频振荡使气体电离形成电弧。电弧通过被强迫冷却的焊枪端部的狭窄通道而被压缩（机械压缩效应）。钨极周围通入一定压力和一定流量的氩气和氮气，这些冷气流均匀地包围着电弧，使弧柱外围受到强烈的冷却，迫使带电粒子流往高温和高电离程度的弧柱中心集中，弧柱被进一步压缩（热压缩效应）。此外，带电粒子流在弧柱中运动，其自身产生的磁场的电磁力也起到压缩作用（电磁收缩效应），电流愈大，此收缩效应也愈大。在上述三种效应的作用下，弧柱被压缩得很细，电弧能量高度集中，故可达到很高的温度。

等离子弧焊接又可分为微束等离子弧焊接和大电流等离子弧焊接两种。

微束等离子弧焊时电流很小，一般为 0.1～30A。电弧温度较低，但仍能获得稳定的等离子弧。它可用于焊接 0.025～2.5mm 的箔材或薄板构件。

当焊接厚度较大的构件时，常采用大电流，气体流量也较大。此时获得的等离子弧挺直而温度也更高。

等离子弧焊接除了具有氩弧焊的类似优点外，还有以下特点：

（1）弧柱能量密度大、温度高、穿透力强。焊接厚度为 10～12mm 的板材时可不开坡

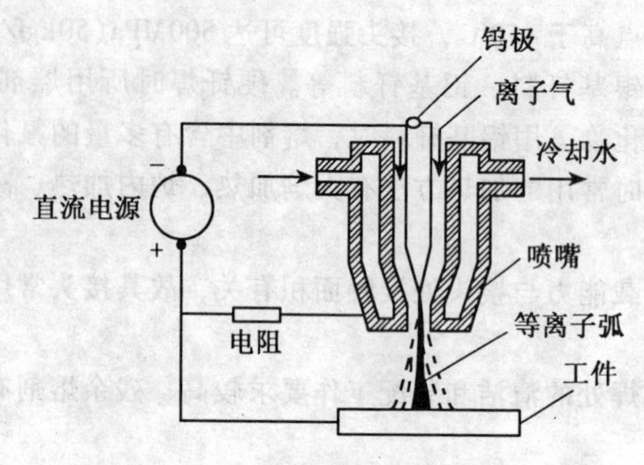

图 5-33　等离子弧焊示意图

口，一次焊透，双面成型。焊接应力、变形小，热影响区窄，接头的机械性能高。

(2)电流小到 0.1A 时，电弧仍然稳定燃烧，并保持良好的挺直度，可用于焊接极薄的构件。

等离子弧焊接除了能焊接常用的金属材料外，还可以焊接钨、钼、钛、锆等金属。

等离子切割是利用等离子弧的高温及其气流的冲力将金属熔化并吹走的。它除了能切割各种金属外还可用于切割岩石等高溶点的非金属材料。

2. 真空电子束焊接

真空电子束焊接是 20 世纪 50 年代发展起来的一种先进焊接方法。在真空室内，从炽热阴极发射的电子，被高压静电场加速，并经磁场聚焦成能量高度集中的电子束，电子束以极高的速度轰击焊件表面，电子的动能转变为热能而使焊件熔化。真空电子束焊接时，工件置于真空室内工作台上，工作台可按焊接要求作相应的移动。

电子束焊接的特点是：电子束能量密度很高，焊缝深而窄，焊件热影响区、焊接变形极小，焊接质量高，焊接速度快。大多数的金属都可以用电子束焊接，包括熔点、导热性等性能相差很大的异种金属和合金的焊接。大功率焊接时，可单道焊透 200mm 厚的钢板，但亦能以很小的功率焊接微小的焊件。

由于设备结构复杂、造价高，多般用于特殊要求的小型构件的焊接。

3. 激光焊接与切割

1)激光焊接

激光焊接是利用经聚焦后能量密度极高的激光束作为热源来进行焊接的。与电子束焊接相似，激光焊因其能量密度高，光束斑点小(几十至几百微米)，故焊缝窄，热影响区和焊接变形极小，但其穿透能力不及电子束。激光焊不需要在真空中进行，而且可在大气中远距离传射到焊件上。

激光焊可用于焊接铝、铜、银、不锈钢、钽、镍、锆、铌以及一些难熔金属材料。

2)激光切割

激光光束能切割各种金属材料和非金属材料，如氧气切割难以切割的不锈钢、钛、铝、铜、锆及其合金等金属材料，木材、纸、布、塑料、橡胶、岩石、混凝土等非金属材料。

激光切割机理有三种：

(1)激光蒸发切割。当激光光束射到金属材料表面，沿激光光束轨迹的金属材料立即被加热到沸点以上，产生金属蒸气而急剧气化，并以蒸气的形式由切割口逸散掉。激光蒸发切割多用于极薄金属材料的切割。

(2)激光熔化吹气切割。当激光光束射到材料表面，材料被迅速加热到熔化，并借喷射惰性气体，如氩、氦、氮等气体，将熔化的金属或其他材料从切缝中吹掉。这种激光切割多用于纸、布、塑料、橡皮及岩石混凝土等非金属材料切割，也可用于切割不锈钢及易氧化的钛、铝及其合金等金属材料。

(3)激光反应气体切割。金属材料被激光迅速加热到熔点以上，喷射纯氧或压缩空气，熔融金属即与氧气产生激烈的氧化作用，放出大量热量，又加热了下一层金属，并继续氧化，从而实现切割的。这种激光切割多用于金属材料的切割，如碳钢、钛钢和热处理钢等一类易氧化的金属材料。氧气不仅给金属助燃，而且提高了切割速度和效率，使切口狭小、热影响区小，提高了切割质量和精度。借助氧的作用还可以切割较厚的工件。

4. 计算机在焊接上的应用

利用计算机对焊接生产过程的参数进行采集，存储并打印成报表；对焊接瞬态过程的参数进行检测与数据处理，以便于研究焊接瞬态过程；对焊机输出的焊接参数进行控制等是目前计算机在焊接中应用的最主要方向。计算机图像处理可用于 X 光底片上焊缝缺陷的识别，其另一个用途是识别电弧和焊缝熔池的形态与位置。

计算机软件技术在焊接中的应用越来越得到人们的重视，目前，计算机模拟技术用于焊接热过程、焊接冶金过程、焊接应力和变形等的模拟；数据库技术被用于建立焊工档案管理数据库、焊接符号检索数据库、焊接材料检索数据库等；计算机辅助设计(CAD)、计算机辅助制造(CAM)、柔性制造系统(FMS)及计算机综合自动化制造系统(CIMS)属计算机在自动化生产中的高级形式。在世界焊接领域中，CAD/CAM 的应用正处于不断开发阶段，焊接的柔性制造系统也已出现。

5. 焊接机器人和智能化

焊接机器人是焊接柔性自动化的新方式。焊接机器人的主要优点是稳定和提高焊接质量，保证其均一性；提高生产率，可 24h 连续生产；可在有害环境下长期工作，改善了工人劳动条件，降低对工人操作技术要求，可实现小批量产品焊接自动化；为焊接柔性生产线提供技术基础。

汽车车身、家用电器框架等薄壁结构多采用点焊方法制造，用机器人进行点焊，能获得较高质量和生产率。

为提高焊接过程的自动化程度，除了控制电弧对焊缝的自动跟踪外，还应适时控制焊接质量，为此需要在焊接过程中检测焊接坡口的状况，如熔宽、熔深和背面焊道成型等，以便能适时地调整焊接参数，保证良好的焊接质量，这就是智能化焊接。智能化焊接的第一个发展重点在视觉系统，它的关键技术是传感器技术。虽然目前智能化还处在初级阶段，但有着广阔前景，是一个重要的方向。

有关焊接工程的专家系统，近年来国外已开始研究。并已推出或准备推出某些商品化焊接专家系统。焊接专家系统是具有相当于专家的知识和经验水平，以及具有解决焊接专门问题能力的计算机软件系统。在此基础上发展起来的焊接质量计算机综合管理系统在焊接中也得到了应用，其内容包括对产品的初始试验资料和数据的分析、产品质量检验、销售监督等，其软件包括数据库、专家系统等技术的具体应用。

5.4 常用金属材料的焊接

5.4.1 金属的焊接性能

1. 金属焊接性能的概念

金属材料的焊接性能(又称可焊性)，是指被焊金属在采用一定的焊接方法、焊接材料、工艺参数及结构型式条件下，获得优质焊接接头的难易程度。它包括两个方面：一是工艺可焊性，主要是指焊接接头产生工艺缺陷的倾向，尤其是出现各种裂缝的可能性；二是使用可焊性，主要是指焊接接头在使用中的可靠性，包括焊接接头的机械性能及其他特殊性能(如耐热、耐蚀性能等)。金属材料这两方面的可焊性可通过估算和试验方法来确定。

金属材料的可焊性不是一成不变的，同一种金属材料，采用不同的焊接方法、焊接材料与焊接工艺(包括预热和热处理等)，其可焊性可能有很大差别。随着焊接技术的发展，金属焊接性也会改变。例如化学活泼性极强的钛的焊接是比较困难的，曾一度认为钛的焊接性很差，但从氩弧焊应用比较成熟以后，钛及其合金的焊接结构已在航空等工业部门广泛应用。

根据目前的焊接技术水平，工业上应用的绝大多数金属材料都是可焊的，只是焊接时的难易程度不同而已。当采用新材料(指本单位以前未应用过的材料)制造焊接结构时，了解及评价新材料的可焊性，是产品设计、施工准备及正确制定焊接工艺的重要依据。

2. 估算钢材可焊性的方法

实际焊接结构所用的金属材料绝大多数是钢材。影响钢材可焊性的主要因素是化学成分。各种化学元素加入钢中以后，对焊缝组织性能、夹杂物的分布以及对焊接热影响区的淬硬程度等影响不同，产生裂缝的倾向也各异。在各种元素中，碳的影响最明显，其他元素的影响可折合成碳的影响。因此可用碳当量方法来估算被焊钢材的可焊性。

通过大量的实践，国际焊接学会推荐碳钢及低合金结构钢的碳当量经验公式为

$$C_E=C+\frac{Mn}{6}+\frac{Cr+Mo+V}{5}+\frac{Ni+Cu}{15}\quad(\%)$$

式中，C、Mn、Cr、Mo、V、Ni、Cu 为钢中该元素含量的百分数。碳当量越高，钢的焊接性越差。

经验表明：当 $C_E<0.4\%$ 时，钢材焊接时冷裂倾向不大，焊接性良好。焊接时一般不需预热，但对厚大工件或低温下焊接时应考虑预热。

当 $C_E=0.4\%\sim0.6\%$ 时，钢材焊接时冷裂倾向明显，焊接性较差。焊接时一般需要焊前预热，焊后缓冷和采取其他工艺措施来防止裂纹。

当 $C_E>0.6\%$ 时，钢材焊接时冷裂倾向严重，焊接性差。焊前需要采取较高的温度预热，焊时要采取减少焊接应力和防止开裂的工艺措施，焊后要进行适当的热处理，才能保证焊接接头质量。

5.4.2　常用金属材料的焊接特点

焊接结构所用金属材料的种类繁多，对于重要的焊接结构必须对其所用金属材料的焊接性进行详细的考察，才能进行合理的设计，制订正确的焊接工艺，确保焊接结构的质量。以下对常用的一些金属材料的焊接特点作一简单的介绍。

1. *碳素钢和低合金结构钢的焊接*

1)碳素钢的焊接

(1)低碳钢的焊接。低碳钢的焊接性优良。一般情况下用任何一种焊接方法和最普通的焊接工艺都能获得优良的焊接接头。但在低温环境下进行焊接或厚大工件的焊接时应将焊件预热到 100～150℃，某些重要结构件焊后还应进行退火处理，对电渣焊后的焊件应进行正火处理以细化热影响区的晶粒。

(2)中碳钢的焊接。随着含碳量的增加，中碳钢的焊接性下降，焊缝中易产生热裂，热影响区易产生淬硬组织甚至产生冷裂。导致热裂纹产生的因素有焊缝金属的化学成分(形成低熔点共晶体聚于晶界处)、焊缝横截面形状(焊缝熔宽与熔深的比值越大，则热裂倾向越小)、焊件残余应力；冷裂纹一般是在焊后相当低的温度下(大约在钢 M_s 点附近)，有时甚至放置相当长的时间才产生。产生冷裂纹的必要条件为：焊接接头处产生淬硬组织，焊接接头内含氢量较多，焊接残余内应力较大等。

中碳钢焊件通常采用手弧焊和气焊。焊接时将焊件适当预热(150～250℃)，选用合理的焊接工艺，尽可能选用低氢型焊条，焊条使用前烘干，焊接坡口尽量开成 U 形，焊后尽可能缓冷等，以防止焊接缺陷的产生。

(3)高碳钢的补焊。高碳钢的含碳量大于 0.6%，其焊接性差，通常仅用手弧焊和气焊对其进行补焊。补焊是为修补工件的缺陷而进行的焊接。为防止焊缝裂纹，应合理选用焊条，焊前应进行退火处理。采用结构钢焊条时，焊前必须预热，(一般为 250～350℃以上)，焊后应缓冷并进行去应力退火。

2)低合金结构钢的焊接

低合金结构钢由于其优良的性能，广泛用来制造压力容器、锅炉、桥梁、船舶、车辆、起重设备等。低合金结构钢在我国一般按屈服强度分等级，且常用手弧焊和埋弧焊焊接，相应的焊接材料如表 5-8 所示。

表 5-8　　低合金结构钢焊接材料的选用

强度等级 kgf/mm^2(MPa)	钢号示例	碳当量	手弧焊 焊条牌号	埋弧自动焊		预热温度
				焊丝牌号	焊剂牌号	
30(294)	09Mn2	0.36	J422，J427	H08，H08MnA	431	一般不预热
35(343)	16Mn	0.39	J502，J503 J506，J507	H08，H08MnA H10Mn2，H10MnSi	431	一般不预热
40(392)	15MnV 15MnTi	0.40	J506，J507 J556，J557	H08MnA，H08Mn2Si H10Mn2，H10MnSi	431	≥100℃
45(441)	15MnVN	0.43	J556，J557 J606，J607	H08MnMoA	431 350	≥100℃

强度级别较低的低合金结构钢(σ_s<392MPa)，合金元素少，碳当量低(C_E<0.4%)，焊接性好，一般不需预热。当板较厚或环境温度较低时，才预热(100~150℃)。

强度级别较高的低合金结构钢(σ_s≥392MPa)，淬硬、冷裂倾向增加，焊接性较差。一般焊前要预热(150~250℃)，并对焊件和焊接材料进行严格清理和烘干，应选用低氢型焊条，采用合理焊接顺序。

2. 铸铁的补焊

铸铁的焊接性差，其焊接过程会产生以下几个问题：

(1)焊接接头易产生白口及淬硬组织。焊接过程中碳和硅等石墨化元素会大量烧损，且焊后冷却速度很快，不利于石墨化，易出现白口及淬硬组织。

(2)开裂倾向大。由于铸铁是脆性材料，抗拉强度低、塑性差，当焊接应力超过铸铁的抗拉强度时，会在热影响区或焊缝中产生裂纹。

(3)焊缝中易产生气孔和夹渣。铸铁中含较多的碳和硅，它们在焊接时被烧损后将形成 CO 气体和硅酸盐熔渣，极易在焊缝中形成气孔和夹渣缺陷。

由于铸铁的焊接性差，一般铸铁不宜作焊接结构件，在铸铁件出现局部损坏时往往进行补焊修复。铸铁的补焊有热焊法和冷焊法。热焊法是焊前将焊件整体或局部预热到650~700℃,然后用电弧焊或气焊补焊，施焊过程中铸件温度不应低于400℃，焊后缓冷或再将焊件加热到600~650℃进行去应力退火；冷焊法是焊前不将焊件预热或仅预热到400℃以下，然后用电弧焊或气焊补焊。

热焊法能有效地防止产生白口组织和裂纹，焊缝便于机加工，但需配置加热设备，且劳动条件差，手弧焊时采用碳、硅含量较低的 EZC 型灰铸铁焊条和 EZCQ 铁基球墨铸铁焊条；冷焊法易出现白口组织、裂纹和气孔，但成本较低，冷焊时常用低碳钢焊条 E5016(J506)、高钒铸铁焊条 EZV(Z116)、纯镍铸铁焊条 EZNi(Z308)、镍铜铸铁焊条 EZNiCu(Z508)。

3. 常用有色金属及其合金的焊接

1)铜及铜合金的焊接

铜及铜合金的焊接性比低碳钢差，在焊接时常出现下列情况：

(1)铜及其合金的导热性好，热容量大。母材和填充金属不能很好地熔合，易产生焊不透现象。

(2)铜及其合金的线膨胀系数大，凝固时收缩率大，因此其焊接变形较大。如果焊件的刚度大，限制焊件的变形，则焊接应力就大，易产生裂纹。

(3)液态铜溶氢能力强，凝固时其溶解度急剧下降，氢来不及逸出液面，易生成气孔。

(4)铜在高温时极易氧化，生成氧化亚铜(Cu_2O)，它与铜易形成低熔点的共晶体，分布在晶界上，易引起热裂纹。

(5)铜合金中的许多合金元素(锌、锡、铅、铝及锰等)比铜更易氧化和蒸发，从而降低焊缝的力学性能，并易产生热裂、气孔和夹渣等，缺陷。

铜及铜合金通常采用氩弧焊、气焊和钎焊进行焊接，焊前需预热，焊后进行热处理。黄铜气焊时应用轻微氧化焰加热，使熔池表面生成高熔点的氧化锌薄膜，可防锌的继续蒸发。若用含硅焊丝，则熔池表面可生成氧化硅薄膜，亦可阻止锌的蒸发并能防止氢的溶入。

为保证铜及其合金的焊接质量，常采取如下措施：

(1)严格控制母材和填充金属中的有害成分，对重要的铜结构，必须选用脱氧铜做母材。

(2)清除焊件、焊丝等表面上的油、锈和水分，以减少氢的来源。

(3)焊前预热以弥补热传导损失，并改善应力分布状况；焊后进行再结晶退火，以细化晶粒和破坏晶界上的低熔点共晶体。

2)铝及铝合金的焊接

铝及其合金焊接时有如下特点：

(1)易氧化。在焊接过程中，铝及其合金极易生成熔点高(约 2050℃)、密度大($3.85g/cm^3$)的氧化铝，阻碍了金属之间的良好结合，并易造成夹渣。解决办法是：焊前清除工件坡口和焊丝表面的氧化物，焊接过程中采用氩气保护；在气焊时，采用熔剂，并在焊接过程中不断用焊丝挑破熔池表面的氧化膜。

(2)易形成气孔。液态铝的溶氢能力强，凝固时其溶氢能力将大大下降，易形成氢气孔。

(3)易产生热裂纹。铝及铝合金的线膨胀系数约为钢的两倍，凝固时的体积收缩率约 6.5% 左右，因此，焊接某些铝合金时，往往由于过大的内应力而在脆性温度区间内产生热裂纹。

(4)铝在高温时强度和塑性很低。焊接时常由于不能支持熔池金属而引起焊缝塌陷或烧穿，因此，常需要采用垫板。

铝及铝合金的焊接常用氩弧焊、气焊等，一般采用通用焊丝 HS311。

5.5 焊接件结构工艺设计

焊接结构的工艺设计，要根据结构的使用要求，包括一定的形状、工作条件和技术要求等，考虑结构焊接工艺的要求，力求焊接质量良好，焊接工艺简便，生产率高，成本低廉。进行焊接结构的工艺设计时，一般要考虑三个方面的内容，即焊接结构材料的选择，焊缝布置和焊接接头及坡口型式设计等。

5.5.1 焊接件材料的选择

选材是焊接结构设计中重要的环节。焊接结构件的选材除应满足载荷、环境等工作条件外，还应满足下列要求：

1. 工艺性能要求

工艺性能包括金属的焊接性、切削性能和冷、热加工工艺性能等。焊接结构应首选 $C_E \leqslant 0.4\%$ 的碳钢和低合金结构钢等焊接性能好的材料。强度级别较高的低合金结构钢焊接性稍差，但只要工艺得当，仍可获得较理想的焊接接头。需消除应力的焊接结构还需考虑热处理性能。

2. 体积与重量要求

对体积和重量有所要求的焊接结构，如车、船、起重设备等，应选择强度与重量之比较高的材料，以达到缩小体积、减轻重量的目的。选用低合金高强度钢代替普通低碳钢，可大大降低焊接结构件的自重。

3. 经济性

一般说来，强度等级较低的钢材，其价格较低，焊接性较好，但在重载情况下会导致产品尺寸和重量增大；强度等级较高的钢材，虽价格较高，但却可以节省用料，减小产品尺寸和重量。另外，选材时还应考虑材料强度级别不同，导致材料加工、焊接难易程度的不同而对制造费用产生的影响。

4. 优先选用型材和管材

焊接结构应尽量选用型材和管材，可减少焊缝数量，简化焊接工艺，并有利于增加结构的强度和刚度。对于形状比较复杂的结构，则可考虑采用铸-焊、锻-焊或冲-焊结构。

另外，焊接结构有时用两种或两种以上异质钢材或异种金属构成。对于异质钢材，若金属组织相同，焊接时困难不大；若金属组织不同，则焊接性就较差。对于异种金属若化学成分和物理性能相近，焊接时困难较小，若成分和性能差别很大，要焊在一起往往有困难，需通过焊接性试验确定。

5.5.2 焊接方法的选择

焊接方法的选择，应根据材料可焊性、工件厚度、生产率要求、各种焊接方法的适用范围和现场设备条件等综合考虑决定。例如，低碳钢用各种焊接方法可焊性都良好，若工件板厚为中等厚度(10~20mm)，则采用手弧焊、埋弧焊、气体保护焊均可施焊，但氩弧焊成本较高，一般情况下不需要采用氩弧焊。若工件为长直焊缝或圆周焊缝，生产批量也较大，可选用埋弧自动焊；若工件为单件生产或焊缝短而处于不同空间位置，则采用手工电弧焊最为方便；若工件薄板轻型结构，无密封要求，则采用点焊生产率较高；若要求密封性，可考虑采用缝焊；若工件为35mm以上厚板重要结构，条件允许时应采用电渣焊；若是焊接合金钢、不锈钢等重要工件，则应采用氩弧焊以保证焊接质量；若结构材料为铝合金，由于铝合金可焊性不好，最好采用氩弧焊以保证接头质量；若铝合金焊件为单件生产，现场没有氩弧焊设备，也可以考虑采用气焊；若要焊接稀有金属或高熔点金属的特殊构件，则需要考虑采用等离子弧焊接、真空电子束焊接或脉冲氩弧焊；如果是微型箔件，则应选用微束等离子弧焊接或脉冲激光点焊。

各种焊接方法的特点如表5-9所示。

表5-9 各种焊接方法特点比较

焊接方法	热影响区大小	变形大小	生产率	可焊空间位置	适用板厚*/mm	设备费用**
气焊	大	大	低	全	0.5~3	低
手工电弧焊	较小	较小	较低	全	可焊1以上常用3~20	较低
埋弧电弧焊	小	小	高	平	可焊3以上常用6~60	较高
氩弧焊	小	小	较高	全	0.5~25	较高
CO_2保护焊	小	小	较高	全	0.8~30	较低~较高

续表

焊接方法	热影响区大小	变形大小	生产率	可焊空间位置	适用板厚*/mm	设备费用**
电渣焊	大	大	高	立	可焊 25～1000 以上常用 35～450	较高
等离子焊	小	小	高	全	可焊 0.025 以上常用 1～12	高
电子束焊	极小	极小	高	平	5～60	高
点焊	小	小	高	全	可焊 10 以下常用 0.5～3	较低～较高
缝焊	小	小	高	平	3 以下	较高

注：* 主要指一般钢材；

** 低<5000 元，较低 5000～10000 元，较高 10000～20000 元，高>20000 元

5.5.3　焊缝布置

焊接结构的焊接工艺是否简便及焊接接头是否可靠与焊缝的布置密切相关。

1. 便于操作

焊缝的布置应考虑便于操作。图 5-34 所示焊接结构应考虑必要的操作空间，保证焊条能伸到焊接部位；点焊和缝焊时，要求电极能伸到待焊位置，如图 5-35 所示。应避免在不大的容器内施焊；应尽量避免仰焊缝，减少立焊缝。

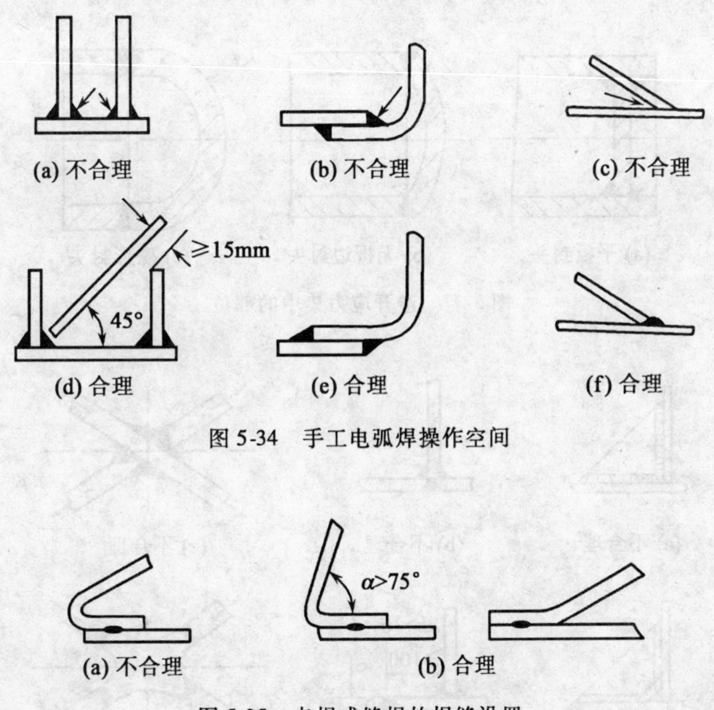

图 5-34　手工电弧焊操作空间

图 5-35　点焊或缝焊的焊缝设置

2. 避开应力最大或应力集中部位

焊接接头是焊接结构的薄弱环节，应避开最大应力或应力集中的部位。图5-36(a)为简支梁焊接结构，不应该把焊缝设计在梁的中部；图5-36(b)所示改进的焊缝布置方案比较合理。

图5-36 避开最大应力部位

图5-37(a)所示平板封头的压力容器将焊缝布置在应力集中的拐角处，图5-37(b)所示无折边封头将焊缝布置在有应力集中的接头处，所以图(a)、(b)都是不合理的。图5-37(c)所示采用碟形封头(或椭圆形封头、球形封头)使焊缝避开了焊接结构的应力集中部位。

3. 避免密集与汇交

多次焊接工件上同一部位可能造成焊接应力集中和焊接缺陷集中，降低焊接结构使用过程中的可靠性。因此，布置焊缝时应力求避免密集与汇交。图5-38(a)、(b)、(c)所示拼焊结构焊缝布置密集；图5-38(d)、(e)、(f)所示改进的焊缝错开方案增加了焊接结构的使用可靠性。

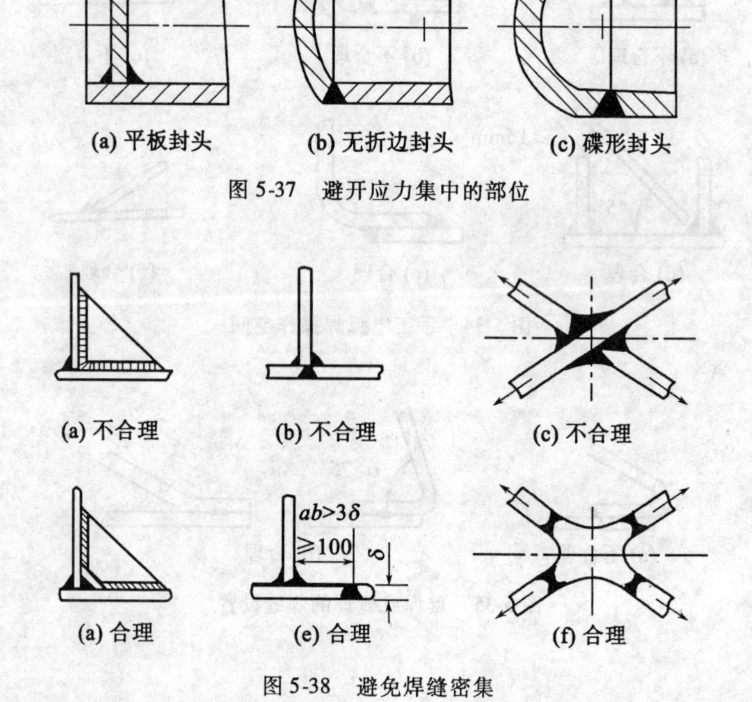

图5-37 避开应力集中的部位

图5-38 避免焊缝密集

压力容器的焊缝汇交见图 5-39(a)所示，易在汇交处形成焊接缺陷；改进方案见图 5-39(b)，焊缝交错布置使产品的使用可靠性增加。

4. 避开加工部位

焊缝应避开已加工部位。这不但要避开已机械加工过的表面，更主要的是避开冷作硬化部位。

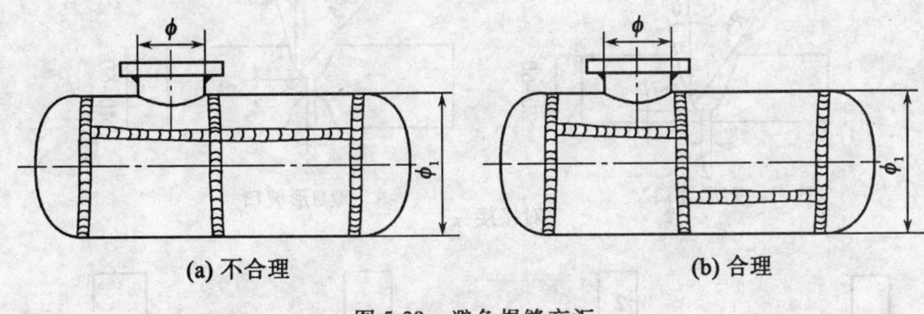

图 5-39　避免焊缝交汇

5.5.4　接头形式

焊接结构常用的接头形式有对接接头、角接接头、T 形接头和搭接接头等，如图 5-40 所示。焊接接头主要根据焊接结构形式、焊件厚度、焊缝强度要求及施工条件等情况来选择。

为使厚度较大的焊件能够焊透，常将金属材料边缘加工成一定形状的坡口(见图 5-40)，坡口除保证焊透外，还具有调整焊缝成分的作用。

对接接头受力较均匀，应优先选用：搭接接头因两工件不在同一平面，受力时会产生附加弯矩，应尽量不用。

设计焊接结构件最好采用等厚度的金属材料，否则，由于接头两侧的材料厚度相差较大，接头处会造成应力集中；且因接头两侧受热不匀，易产生焊不透等缺陷。对于不同厚度金属材料的重要受力接头，允许的厚度差如表 5-10 所示。如果允许厚度差($\delta_1-\delta$)超过表 5-10 中规定值，或者双面超过 $2(\delta_1-\delta)$ 时，应加工出单面或双面斜边的过渡形式，如图 5-41 所示。

表 5-10　　不同厚度金属对接时允许的厚度差

较薄板的厚度 δ/mm	2～5	6～8	9～11	≥12
允许厚度差($\delta_1-\delta$)/mm	1	2	3	4

5.5.5　焊接件结构工艺设计示例

以液化石油气瓶体的生产为例分析其焊接结构工艺设计过程。

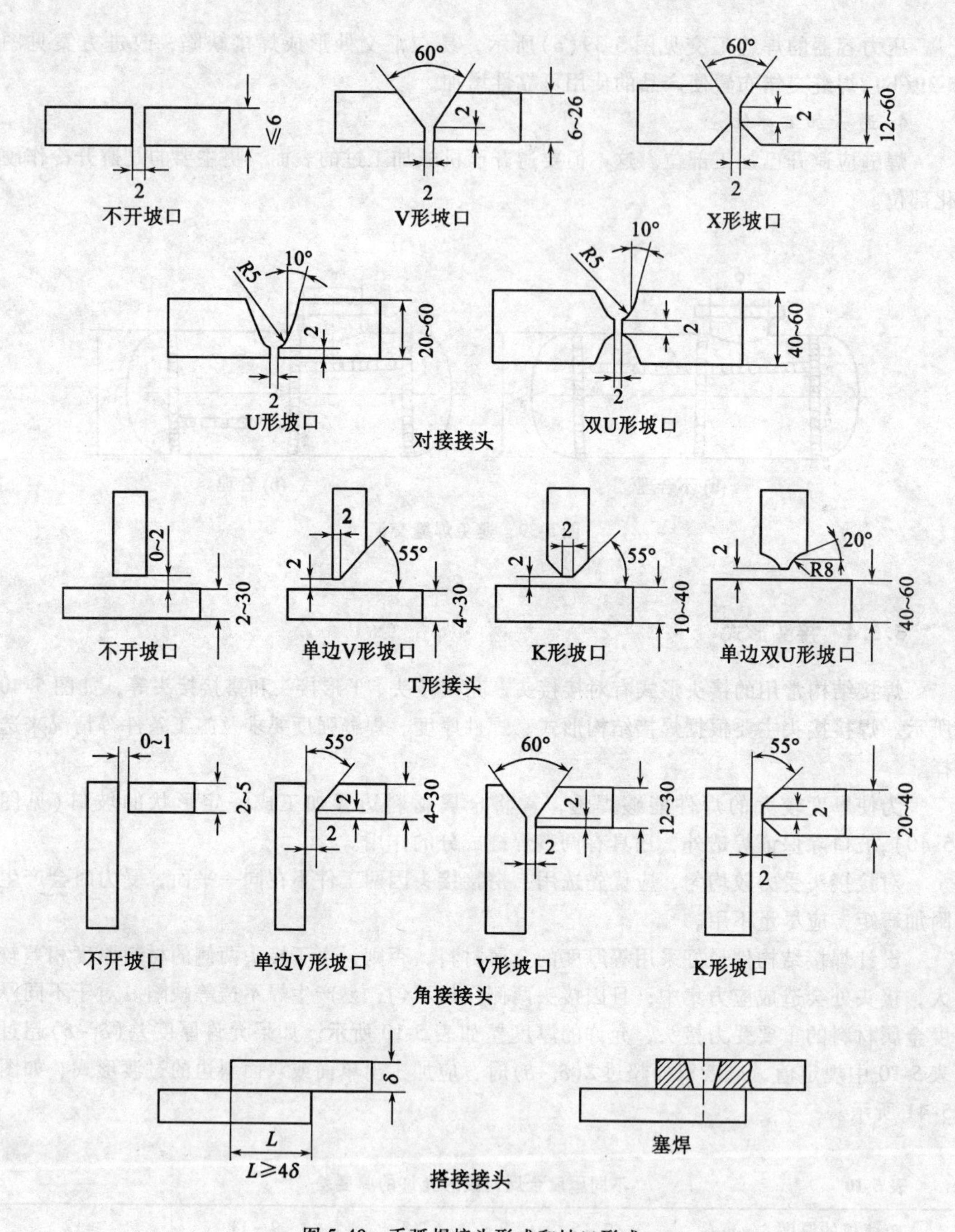

图 5-40 手弧焊接头形式和坡口形式

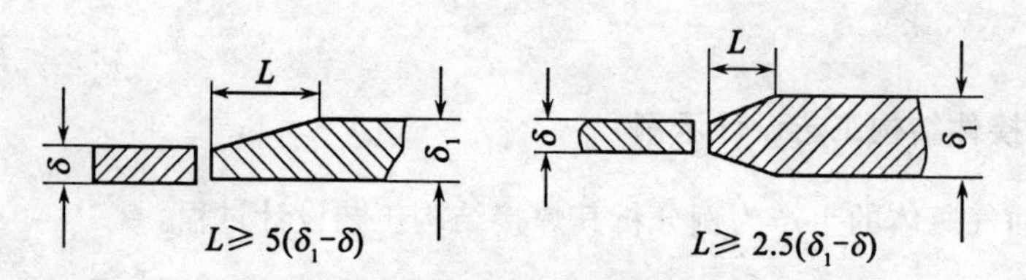

图 5-41 不同厚度板的对接

结构名称：液化石油气瓶体(见图 5-42)
主要组成：瓶体、瓶嘴
材料名称：20 钢(或 16Mn)
瓶体壁厚：3mm
生产类型：大量生产

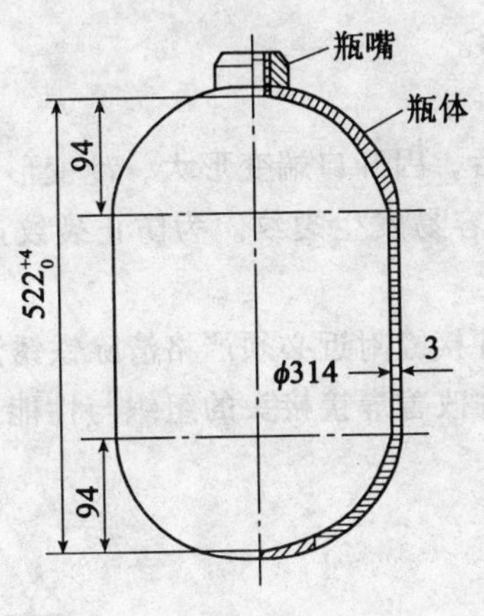

图 5-42　液化石油气瓶体

1. 确定焊缝位置

瓶体焊缝布置有两个方案可供选择，如图 5-43 所示。

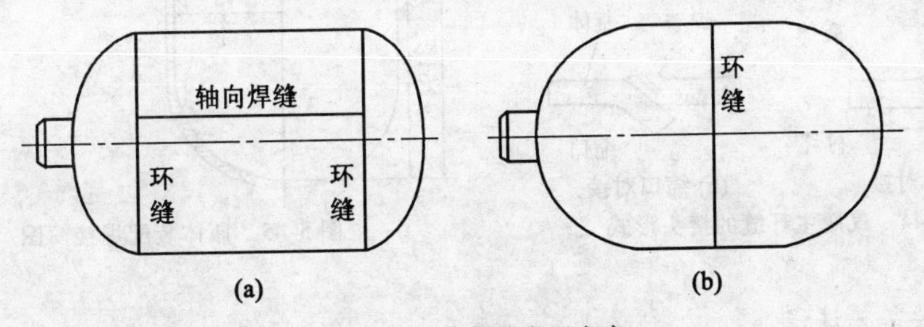

图 5-43　瓶体焊缝布置方案

方案(a)共有三条焊缝，其中包括两条环形焊缝和一条轴向焊缝。方案(b)只有一条环形焊缝。方案(a)的优点是上、下封头的拉深变形小，容易成型；缺点是焊缝多，焊接工作量大，同时，因为筒体上的轴向焊缝处于拉应力最高的位置(径向拉应力为轴向拉应力的两倍)，破坏的可能性很大。方案(b)只在中部有一环缝，完全避免了方案(a)的缺点，因此选用方案(b)。

2. 设计焊接接头

连接瓶体与瓶嘴的焊缝，采用不开坡口的角焊缝即可。而瓶体主环缝的接头形式，宜采用衬环对接或缩口对接，如图 5-44 所示。这样便于上、下封头定位装配。为确保焊透，尽管焊件厚度不大，仍应开 V 形坡口。

3. 选择焊接方法和焊接材料

瓶体的焊接采用生产率高、焊接质量稳定的埋弧自动焊。焊接材料可用焊丝 H08A、H08MnA 或 H10Mn2A，配合 HJ431。

瓶嘴的焊接因焊缝直径小，用手弧焊焊接。构件材料选用 20 钢时，焊条可用 E4303(J422)；构件材料为 16Mn 钢时，焊条可取 E5015(J507)。

4. 瓶体装配图

瓶体装配图如图 5-45 所示。

5. 主要工艺措施

(1)上、下封头拉深成型后，因开口端变形大，冷变形强化严重，加上板材纤维组织的影响，在残余应力作用下很容易发生裂纹。为防止裂纹产生，拉深后应进行再结晶退火。

(2)为减少焊接缺陷，焊件接缝附近必须严格清除铁锈油污。

(3)为去除焊接残余应力并改善焊接接头的组织与性能，瓶体焊后应进行整体正火处理，至少要进行去应力退火。

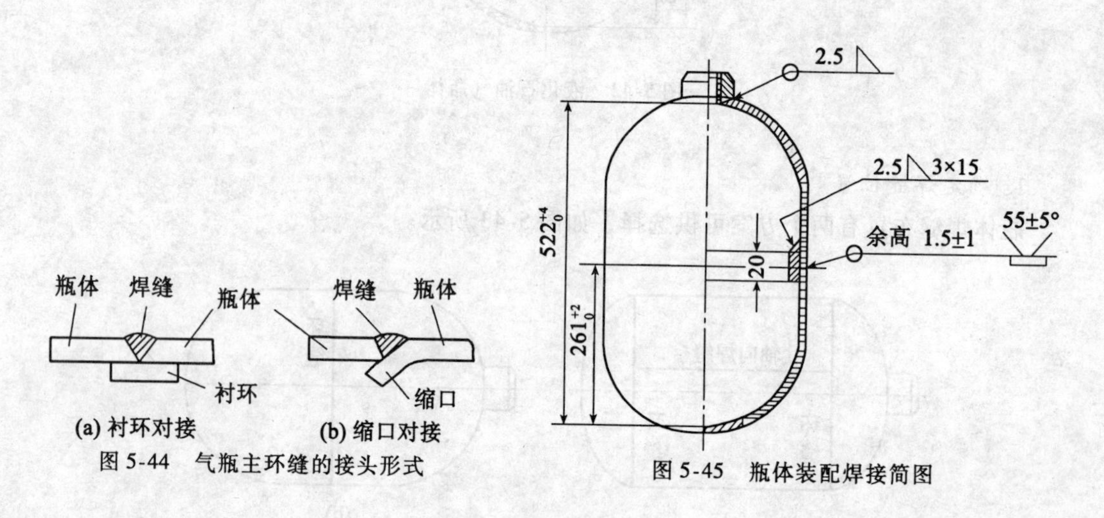

图 5-44 气瓶主环缝的接头形式

图 5-45 瓶体装配焊接简图

6. 主要工艺过程

落料→拉深→再结晶退火→(冲孔)→除锈→装焊衬环、瓶嘴→装配上、下封头→除锈→焊主环缝→正火→水压试验→气密试验

思考练习题 5

1. 什么叫焊接热影响区？低碳钢焊接热影响区的组织与性能如何？
2. 焊接接头中机械性能差的薄弱区域在哪里？为什么？
3. 产生焊接应力与变形的原因是什么？焊接变形的基本形式有哪几种？
4. 如何防止焊接变形？矫正焊接变形的方法有哪几种？
5. 减少焊接应力的工艺措施有哪些？消除焊接残余应力有什么方法？
6. 结构钢焊条如何选用？试给下列钢材选用焊条(写出牌号)，并说明理由。Q235、

20、45、Q345(16Mn)

7. 硬钎焊和软钎焊各有何特点?

8. 何谓金属的焊接性? 钢材的焊接性主要取决于什么因素? 试比较下列钢的焊接性。Q235、T8、45、Q345(16Mn)

9. 何谓焊件的结构工艺性? 保证焊件结构工艺性良好的一般原则有哪些?

10. 如何选择焊接方法? 下列情况应选用什么焊接方法? 简述理由。(1)低碳钢桁架结构, 如厂房屋架; (2)厚度 20mm 的 Q345(16Mn)钢板拼成大型工字梁; (3)纯铝低压容器; (4)低碳钢薄板(厚 1mm)皮带罩; (5)供水管道维修。

11. 钢板拼焊工字梁的结构与尺寸如图 5-46 所示。材料为 Q235 钢, 成批生产, 现有钢板的最大长度为 2500mm。试确定: (1)腹板、翼板的接缝位置; (2)各条焊缝的焊接方法和焊接材料; (3)各条焊缝的接头和坡口形式(画简图); (4)各焊缝的焊接顺序。

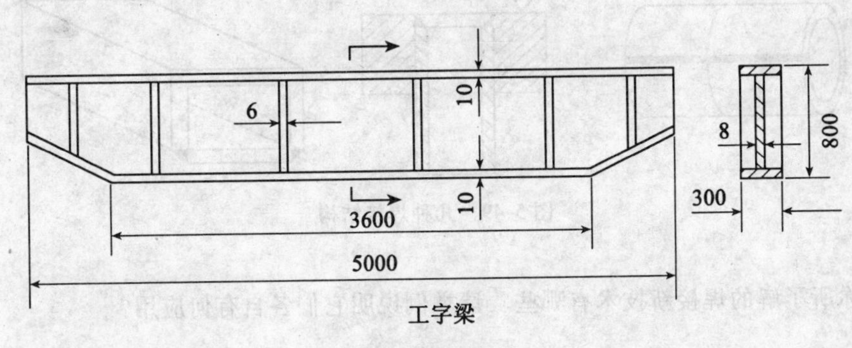

图 5-46　工字梁

12. 钢制压力容器结构如图 5-47 所示。本体由筒体和封头组成, 材料为 Q345, 钢板尺寸为 1200mm×6000mm×8mm, 大、小保护罩材料 Q235F, 接管材料为 Q235, 外径 65mm, 壁厚 10mm, 高约 60mm。工作压力为 20 个大气压, 工作温度为-40～60℃, 大批生产。要求: (1)画出焊缝布置; (2)选择各条焊缝的焊接方法和焊接材料; (3)画出各条焊缝的接头形式和坡口简图; (4)确定装配和焊接顺序。

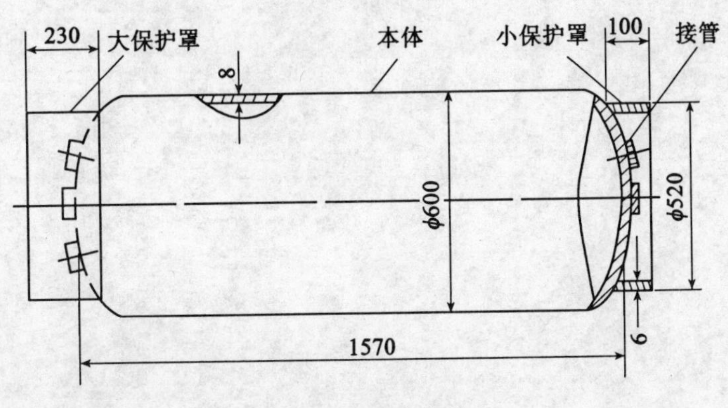

图 5-47　压力容器

13. 如图 5-48 所示的焊缝布置是否合理？不合理则加以改正。

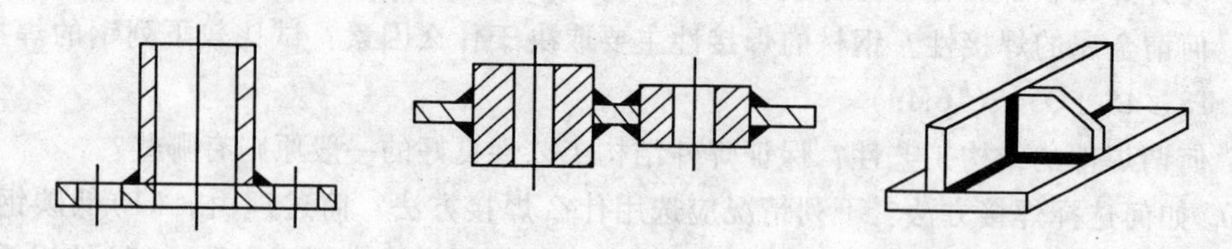

图 5-48 几种焊缝布置

14. 如图 5-49 所示焊接结构有何缺点？应如何改进？

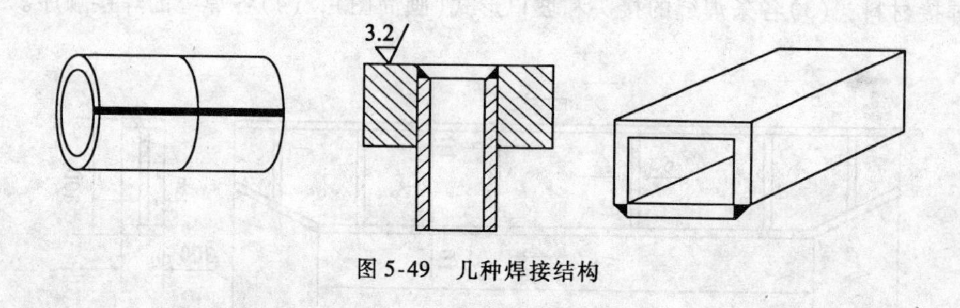

图 5-49 几种焊接结构

15. 你所了解的焊接新技术有哪些？请举例说明它们各自有何应用？

第 6 章　机械零件材料及成型方法选用

6.1　选材的一般原则

在机械零件产品的设计与制造过程中，如何合理地选择和使用金属材料是一项十分重要的工作。不仅要考虑材料的性能能够适应零件的工作条件，使零件经久耐用，而且要求有较好的加工工艺性能和经济性，以便提高零件的生产率，降低成本，减少消耗等。就一般结构零件的选材原则作一简要介绍。

1　零件失效的类型、原因及分析方法

件失效的类型

机械零件由于各种原因造成不能完成规定的功能称为机械零件失效，简称失效。为了使机械零件可靠工作，设计师在设计机械零件时首先要进行失效分析，即在实际工作条件下，按照理论计算、实验和实际观察，充分预计机械零件可能的失效，并采取有效措施加以避免。失效分析是正确设计机械零件的基础，必须充分注意。还应注意，一个机械零件可以有几种失效形式，应全面考虑。

1）断裂

机械零件在静应力作用下，当某个危险剖面上的应力超过机械零件材料的强度极限时就发生机械零件的断裂，如螺栓被拧断，铸铁零件在冲击载荷作用下的断裂；机械零件在变应力作用下，机械零件表面应力最大处的应力超过某极限时，就产生微裂纹，在变应力作用下，裂纹不断扩展，一旦静强度不够时，机械零件将发生疲劳断裂，如轴的疲劳断裂。机械零件的疲劳断裂占断裂的 80% 以上。疲劳断裂与静应力下的断裂有本质上的不同。疲劳断裂时机械零件所受应力值远远低于材料的抗拉强度极限，甚至远低于材料的屈服极限，材料在疲劳断裂前没有明显的塑性变形，应力集中、机械零件的表面状态和尺寸大小对机械零件的极限应力有很大的影响。

2）塑性变形

机械零件在外载荷作用下，当其所受应力超过材料的屈服极限时，就会发生塑性变形。在设计机械零件时，一般不允许发生塑性变形。机械零件发生塑性变形后，其形状和尺寸产生永久的变化，破坏零件间的正常相对位置或啮合关系，产生振动、噪音、承载能力下降，严重时，机械零件，甚至机器不能正常工作。例如，齿轮的轮齿发生塑性变形，不能满足正确啮合条件和定传动比传动，在运转时将产生剧烈的振动和噪音；弹簧发生塑性变形后，直接导致丧失其功能。

3）表面失效

机械零件的表面失效指磨损、胶合和腐蚀等失效。对于高速重载的齿轮传动，齿面间压力大、温度高，可能造成相啮合的齿面发生粘连，由于齿面继续相对运动，粘连部分被撕裂，在齿面上产生沿相对运动方向的伤痕，称为胶合，胶合也会发生在其他高速重载条件下相对运动处。机械零件都与其他零件接触，在许多接触处发生微动或明显的相对运动，而且机械零件还可能工作在环境恶劣的条件下，不可避免地发生磨损、腐蚀，在高速或重载下还可能发生胶合。机器外壳或机架由于腐蚀而缺损；机械零件表面失效引起尺寸、形状的改变和表面粗糙度数值下降，影响机器精度，产生振动和噪音，降低机械零件的承载能力，甚至造成机械零件的卡死（如滚动轴承）或断裂等。

4）弹性变形过大

零件在载荷作用下，将发生弹性变形，如弯曲变形、扭转变形、拉伸变形等。过大的弹性变形将导致零件失效，如机床主轴弹性变形过大，将造成被加工零件精度下降。

5）破坏正常工作条件导致的失效

有些机械零件必须在特定的工作条件下才能正常工作，一旦其工作条件被破坏
效。例如，V形带传动是依靠带和带轮轮槽表面间的摩擦力工作的，若要传递的圆
过带和轮间的最大摩擦力，带传动将发生打滑，传动失效；轴承是机器的关键零
轴承没有润滑或润滑不良会发生剧烈的温升或卡死。

6）振动和噪音过大

对于高速运动的机械零件，可能由于干扰力的频率与零件的固有频率相等或接近，造成机械零件共振，使得振幅急剧增大，导致机械零件或机器损坏。噪音也是一种环境污染，影响人体健康和舒适感觉。限制噪音分贝已成为评定机器质量的指标之一，如空调、汽车等。一般机器的噪音最好控制在70～80dB以下。

2. 零件失效的具体原因

引起零件失效的具体原因大体可以分为以下几种：

（1）设计方面。工况条件估计不确切，结构外形不合理，计算错误。

（2）材料方面。选材不当或材质低劣。

（3）加工方面。毛坯有缺陷，冷加工缺陷，热加工缺陷。

（4）安装使用方面。安装不良，维护不善，过载使用，操作失误等。

3. 零件失效的分析方法

分析零件失效的原因往往是相当复杂的。例如一根轴断裂，就要分析是属于哪一种断裂，原因是什么？是设计有误，还是材料选用或加工工艺不当等。又如一个零件磨损，应分析是属于哪一种磨损，是材料问题还是使用问题？因此，失效分析是一个涉及面很广的复杂问题，所以分析零件失效必须要有一个科学的方法。它的工作程序大体为：

1）现场调查和信息材料的收集

进行现场调查，收集信息材料，是机械零件失效分析的第一阶段。这一阶段的主要工作如下：

（1）观察零件在机器中的部位和具有的规定功能，搞清失效零件与相邻零部件的关系。

（2）了解失效零件的服役条件和工况，例如，载荷的类型、大小和频率，运转速度，振动和冲击的情况，可能出现的过载和超速等。

(3)了解零件的工作环境状况，例如环境的温度、湿度，有否腐蚀介质，污染程度如何等等。

(4)观察零件失效的情况、失效的部位。用肉眼或放大镜检查断口的形貌、颜色，有无化学腐蚀和机械损伤等。进而对零件失效的源区作直观检查和判断。

(5)收集失效零件的残骸，或截取试样，供下一步分析研究用。

(6)根据以上调查事实，可以初步确定零件失效的性质和类型，如整体失效或表面失效(脆性、塑性、过载、疲劳、磨损、腐蚀、蠕变等)。

(7)向有关人员作询问调查。可以用个别询问或开座谈会等各种方式，向机器操作人员、维修人员、管理人员和失效事故目击者，详细询问零件失效的情况和看法。值得注意的是，由于失效事故涉及有关人员的责任和利害关系，因此不可能人人都讲真话，有时甚至会有意制造假象。这就要求调查者多听不同的说法和意见，避免偏听偏信和主观引导对方回答问题时“顺着竿子向上爬”。

(8)收集失效零件的历史和信息资料也是现场调查的一项重要工作。这些资料包括设计计算书、设计图样、制造工艺资料、维修记录、运转日记，以及公开出版物中有关同类零件失效的报道等。其中最基本的项目有：零件名称、制造厂家、使用单位、材料牌号、力学性能、到失效时的服役寿命、设计图样、说明书，冷加工工艺过程和检验规范、热处理工艺和对金相组织的要求、表面处理工艺、生产厂的质量检查报告、使用单位运转日记、维修记录、操作者的技术水平和工作责任心等。

总之，在现场调查阶段，工作要尽可能仔细、全面，可采取照相、录像、录音、笔录、绘图等各种手段，将调查的原始材料记录下来，为下一阶段的分析研究提供可靠的根据，同时也可避免不必要的返工。

2)分析研究

在现场调查的基础上，就可以对零件作进一步的失效分析和研究，具体的工作如下：

(1)确定零件失效分析的正确思路和方法。在一般的机械零件失效分析中，采用“撒大网”逐个因素排除法是切实可行的。也就是在失效分析工作开始时，将可能引起零件失效的因素全部列出，然后作深入的分析研究，将与失效无关的因素逐个排除，最后就可能找到引起失效的直接原因。

(2)失效零件断口的宏观观察。主要依靠肉眼或放大镜仔细观察断口的形貌，用文字、绘图或照相记录断口的特征，如色泽、粗糙程度、纹路、边缘情况、裂纹走向、裂纹位置等，判断失效的性质和可能引起失效的原因。

(3)失效零件断口的微观检验。可利用光学显微镜或电子显微镜进行断口形貌观察、微区成分分析、X 光结构分析等，以便取得零件失效直接原因的证据。

(4)失效零件材料化学成分分析。分析材料的化学成分，可以判定零件材料是否符合标准规范要求。这是一种很重要的常规检验。成分分析的试样要尽可能取自零件的失效处。

(5)失效零件的金相检验。检验失效零件的金相组织，可以判别失效零件锻、铸和热处理的质量。如果金相组织不符合要求，材料中夹杂物过多，表面有脱碳现象或晶界氧化等，都可能是零件失效的直接原因。

(6)失效零件材料的力学性能测试。对于较重要的机械零件，设计图样上对材料的力学性能都有明确的规定。在失效分析时，如有需要，可以从失效零件上截取试样，进行力学性能测试。在实际操作中，零件的硬度往往可以在一定程度上反映材料的力学性能。因此，测定零件失效部位的硬度就非常重要。

(7)其他的检验除了上述各种检验和分析外，还可以针对特定的零件失效进行其他项目的检验，例如探伤检查，残余应力测定，蠕变检验，氢脆、冷脆检查等。

(8)使用和维护不当。检查由于使用不当可能使零件超载、超速、超温；由于维护不当可能使零件缺乏润滑，磨损过度，漏电电蚀，环境污染等。这些都可能是零件失效的原因。

综合各方面的分析资料做出判断，确定失效的原因，提出改进措施、写出分析报告。

零件失效的原因是多方面的。就材料而言，通过对零件工作条件和失效形式的分析，确定零件对使用性能的要求，将使用性能具体转化为相应的力学性能指标，根据这些指标来选用材料。

6.1.2 材料的选用

选用材料，应考虑的一般原则是：使用性能原则，工艺性能原则，经济性原则。

1. 使用性能与选材

在设计零件并进行选材时，应根据零件的工作条件和损坏形式找出所选材料的主要机械性能指标，这是保证零件经久耐用的先决条件。

如汽车、拖拉机或柴油机上的连杆螺栓，在工作时整个截面不仅承受均匀分布的拉应力，而且拉应力是周期变动的，其损坏形式除了由于强度不足引起过量塑性变形而失效外，多数情况下是由于疲劳破坏而造成断裂。因此对连杆螺栓材料的机械性能除了要求有高的屈服极限和强度极限外，还要求有高的疲劳强度。由于是整个截面均匀受力，因此材料的淬透性也需考虑。表 6-1 列举了一些零件的工作条件、主要损坏形式及主要机械性能指标。

表 6-1 一些零件的工作条件、主要损坏形式及主要机械性能指标

零件名称	工作条件	失效形式	主要性能指标
钢丝绳	静拉应力，偶有冲击	脆性断裂，磨损	抗拉强度、HRC
连杆螺栓	交变拉应力	塑性变形，疲劳断裂	屈服极限、疲劳强度
传动轴	交变弯、扭应力，轴颈摩擦	疲劳断裂、磨损	疲劳强度、HRC
齿轮	交变弯曲应力、交变接触应力、冲击载荷、齿面摩擦	轮齿折断，接触疲劳、齿面磨损、塑性变形	抗弯强度、疲劳强度、HRC
弹簧	交变应力、振动	塑性变形、疲劳断裂	弹性极限、疲劳强度、屈强比
滚动轴承	交变压应力、滚动摩擦	磨损、接触疲劳	抗压强度、疲劳强度、HRC
机座	压应力、复杂应力、振动	过量弹性变形、疲劳断裂	弹性模量、疲劳强度

由表 6-1 可见，零件实际受力条件是较复杂的，而且还应考虑到短时过载、润滑不良、材料内部缺陷等影响因素，因此机械性能指标成为选材的主要依据。机械性能指标可分为设计指标和安全指标两类。前者有屈服强度 σ_s、抗拉强度 σ_b，疲劳强度 σ_{-1}、弹性模量 E，断裂韧性 K_{IC}等，用于设计计算，后者有伸长率 δ、断面收缩率 Ψ，冲击韧性值 α_k（或冲击功 A_k）等，不直接用于计算，作为安全储备，其作用是增加零件的抗过载能力和安全性。生产上还习惯在图纸上标注硬度值来说明对机械性能的要求，这是因为硬度值和许多机械性能指标间存在一定的对应关系，如低碳钢的 $\sigma_b \approx 3.6$HBS（σ_b单位为 MPa），并且不需破坏零件或制作专门试样就可测定硬度，测定方法简便、迅速。尽管这种传统的硬度标注方法为生产所接受，并成功地应用于许多机械产品的设计和制造中，但仍应指出这种方法的局限性。对同样硬度的材料，由于处理状态不同，其他机械性能相应不同。例如，45 钢经正火处理，$\sigma_s = 355$MPa，经调质处理到同样硬度，$\sigma_s = 490$MPa。故在标注硬度值的同时，应注明材料的处理状态，对重要零件则应标注更严格的技术要求。

在特殊环境中使用的材料，必须考虑它们的物理、化学性能。例如，在酸、碱等介质中工作的化工容器，为防止腐蚀失效，应选择耐蚀性高的不锈钢等材料；长期在高温条件下工作的汽轮机、锅炉等零件，为防止蠕变断裂，应选择耐热性高的耐热钢，高温合金等材料；内燃机活塞在气缸内承受高温、高压作用，除要求高温强度外，还要求材料密度小，以减小往复运动的惯性力，热膨胀系数小，不致因高温膨胀而卡死在气缸内，故大都采用铸造铝合金制造。

此外，选材时还应注意材料的“尺寸效应”。材料化学成分和热处理状态相同，由于零件截面尺寸不同，会产生机械性能差异。一般而言，随着零件截面尺寸增加，则机械性能降低。因钢材的尺寸效应与淬透性有关，钢的淬透性愈低，零件的截面尺寸愈大，则尺寸效应愈明显。

2. 工艺性能与选材

在选材中，材料的工艺性能常处于次要地位，但在某些特殊情况下，工艺性能也可成为选材考虑的主要依据。如切削加工中，大批量生产时，为保证材料的切削加工性，而选用易切削钢便是一个例子。当某一可选材料的性能很理想，但极难加工或加工成本很高时，选用该材料就没有意义了。因此，选材时必须考虑材料的工艺性能。

高分子材料的成型工艺比较简单，切削加工性尚好，但它的导热性较差，在切削过程中不易散热，易使工件温度急剧升高，可能使热固性塑料变焦，使热塑性塑料变软。

陶瓷材料压制、烧结成型后，硬度极高，除了可用碳化硅或金刚石砂轮磨削外，几乎不能进行任何其他加工。

金属材料制造零件的基本方法有：铸造、压力加工、焊接和切削加工。热处理是作为改善材料的切削加工性能和赋予零件使用性能而安排在有关工序之间。如果零件的毛坯用铸造成型，应选用铸造性能较好的共晶或接近共晶成分的合金。若是锻造成型，最好选用在一定温度范围内呈固溶体的合金，因其可锻性好。如果是焊接成型，最适宜的材料是低碳钢或低碳合金钢，其焊接性能良好。为了便于切削加工，一般希望钢铁材料的硬度控制在 170～230HBS 之间，以达到改善切削加工性之目的。不同材料的热处理性能是不同的，碳钢的淬透性差，加热时晶粒容易长大，淬火时容易产生变形甚至开裂。所以制造高强度、大截面、形状复杂的零件，都需要选用合金钢。

总之，选材时应当尽量使材料与加工方法相适应，选材与选择加工方法应同时进行。

3. 经济性与选材

用最少的成本，生产出所需的产品，是指导生产的基本法则。选材的经济性不仅要考虑材料的价格，还应顾及加工制造费用、维修保养费用和零件的使用寿命等；加工制造费用在零件成本中占据相当比例，采用制造工艺复杂的廉价材料未必比工艺性能好的较贵材料经济些。恰当选择强化方法，提高廉价材料的使用价值，往往可获得较明显的经济效益。总之，在评价材料经济性时，必须具有全面的系统工程观点。

此外，在选材时，还应该从我国的国情和生产实际情况出发，如采用我国资源丰富的合金钢系列的钢种，用 Mn、Si、B、Mo、V 等元素的合金钢代替 Cr、Ni 等元素的合金钢，所选材料的牌号应按照国家新标准，尽量压缩材料规格和品种，便于采购和管理。选材应有利于推广新材料、新工艺，能满足组织现代化生产的需要。

6.1.3 选材的一般程序

每种零件都有多种材料可供选择，要根据选材三原则全面衡量，从中选择最佳材料，这不仅需要材料科学和工程技术知识，还须有经济观点和实践经验。选择的材料要适应加工要求，而加工过程又会改变材料的性质，从而使选材过程变得更加复杂。选材的任务贯穿于产品开发、设计，制造等各个阶段，在使用过程中还要及时采用新材料、新工艺，对产品不断改进。所以，选材是一个不断反复、完善的连续过程，选材的一般程序(见图6-1)可归纳为：

1. 分析零件工作条件

选择零件的材料，首先要根据产品的用途和零件在产品中的功能，对零件的工作条件进行具体分析。零件的工作条件包括：

(1)受力状态，可分为拉伸、压缩、弯曲、扭转、剪切及其联合作用。

(2)载荷性质，可分为静载荷，交变载荷和冲击载荷(又有大能量一次冲击和小能量多次冲击之分)。

(3)工作温度，可分为高温、室温，低温和交变温度。

(4)周围介质，可分为空气、水蒸气、海水、酸、碱、盐、润滑剂、砂石等，分析零件工作条件旨在了解对材料的使用性能要求，结合该种零件的失效方式，找出其主要性能指标。

2. 材料预选择

根据上述提出的主要性能指标，再结合材料的工艺性能，就可着手对材料进行预选择。由于可供选择的材料品种较多，除了金属材料，还有高分子材料(工程塑料、合成橡胶等)，陶瓷材料和复合材料。为便于对材料的初步筛选，可将对材料的要求分为硬要求和软要求两类。硬要求是必须满足的要求，如主耍性能指标、可成型性(锻造成型的零件不能选择铸铁)等，软要求是应该尽量满足的要求，如非主要性能指标、材料的经济性、外观等。材料的预选择主要按照硬要求，筛选掉不符合硬要求的材料。材料的预选择在很大程度上要凭借实践经验，通过与同类产品零件类比，粗略估算或按材料手册选用。材料的预选择不局限于选择一种材料，可选择多种材料方案，以便比较。

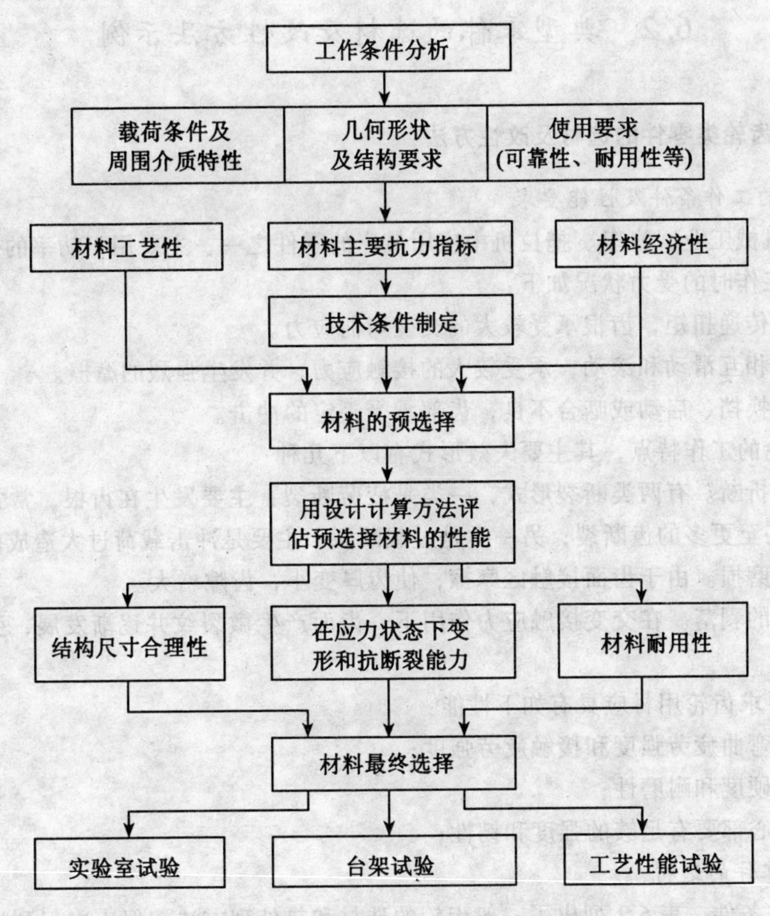

图 6-1　机械零件选材的一般步骤

3. 材料终选择

材料终选择的任务是在初选择的材料中，进行综合评价，为特定用途选取一种最佳材料。若在材料预选择中已筛选掉不符合硬要求的材料，那么材料终选择必须在确保硬要求的前提下，寻求能更好地满足软要求的材料。材料终选择前需要进行一系列工作，如确定最佳材料的衡量准则和各种性能的相对重要性，对候选材料进行利弊分析等。材料终选择已不能完全依靠定性判断，应该采用定量的评价方法(价值工程分析法、加权性质分析法、最低成本分析法等)。在选材中，若发现所有材料都无法满足零件的要求，则应该考虑修改原设计，重新调整零件的使用要求，或在条件允许的情况下研制新材料。

4. 验证选材的可靠性

选择的最佳材料，必要时应进行实验室试验，台架试验和工艺试验，以取得确切可靠的数据资料。由于零件设计和材料选择往往是交叉进行的，在零件结构尺寸完全确定和取得上述试验数据后，尚需进行强度或其他性能指标的精确验算。只有通过试验，验算，进行小批量生产后，才能投入大批量生产。在选材问题上，必须持慎重的科学态度。

6.2 典型零件的选材及改性方法示例

6.2.1 齿轮类零件的选材及改性方法

1. 齿轮的工作条件及性能要求

齿轮是机械工业、汽车、拖拉机中应用最广的零件之一，主要用于功率的传递和速度的调节，其工作时的受力状况如下：

(1)由于传递扭矩，齿根承受较大的交变弯曲应力。

(2)齿面相互滑动和滚动，承受较大的接触应力，并发生强烈的摩擦。

(3)由于换挡、启动或啮合不良，齿部承受一定的冲击。

根据齿轮的工作特点，其主要失效形式有以下几种：

(4)轮齿折断。有两类断裂形式，一类是疲劳断裂：主要发生在齿根，常常一齿断裂引起数齿、甚至更多的齿断裂；另一类是过载断裂：主要是冲击载荷过大造成的断齿。

(5)齿面磨损。由于齿面接触区摩擦，使齿厚变小，齿隙增大。

(6)齿面的剥落。在交变接触应力作用下，齿面产生微裂纹并逐渐发展，引起点状剥落。

据此，要求齿轮用材应具有如下性能：

(1)高的弯曲疲劳强度和接触疲劳强度；

(2)高的硬度和耐磨性；

(3)轮齿心部要有足够的强度和韧性；

2. 齿轮零件的选材

根据工作条件，表 6-2 列出了一般齿轮的选材和热处理方法，但表中仅列出了一些典型牌号。

由于陶瓷脆性大，不能承受冲击，不宜用来制造齿轮。常用齿轮的材料为：锻钢，主要为调质钢和渗碳钢，这是齿轮制造中应用最广泛的一类材料；铸钢，主要用于尺寸较大、形状较复杂的齿轮(如 ZG270-500、ZG310-570)；铸铁，主要适用于轻载、低速、不受冲击和较难进行润滑的齿轮；铜合金，主要用于仪器仪表等要求有一定耐蚀性的轻载齿轮(即主要用于传递运动)；非金属材料(如塑料、尼龙、聚碳酸酯等)，用于受力不大、润滑条件较差和一定耐蚀性要求的小型齿轮。

3. 典型齿轮选材举例

1)机床齿轮

C6132 车床传动齿轮(见图 6-2)，工作时受力不大，转速中等，工作较平稳，无强烈冲击，强度和韧性要求均不高，一般用中碳钢(如 45 钢)经调质后心部有足够的强韧性，能承受较大的弯曲应力和冲击载荷。表面采用高频淬火强化，硬度可达 52HRC 左右，提高了耐磨性，且因在表面造成一定压应力，也提高了抗疲劳破坏的能力。它的工艺路线如下：

下料→锻造→正火→粗加工→调质→精加工→高频淬火、低温回火→精磨。

表 6-2　齿轮的选材和热处理方法

序号	工　作　条　件	选用材料	热处理方法	硬　度
1	尺寸较小、主要传递运动、低速、润滑条件差、要求一定的耐磨性，如仪表中齿轮	尼龙或铜合金		
2	中等尺寸、低速、主要传递运动、润滑条件差、工作平稳，如机床中的挂轮	HT200 或 45	正　火	170 ~ 230HBS 170 ~ 200HBS
3	中等尺寸、中速、中等载荷、要求一定耐磨性，如机床变速箱中的次要齿轮	45	调质+表面淬火+低温回火	心部：200 ~ 250HBS 齿面：45 ~ 50HRC
4	齿轮断面较大、中速、中等载荷、耐磨性好，如机床变速箱、走刀箱中的齿轮	40Cr	调质+表面淬火+低温回火	心部：230 ~ 280HBS 齿面：48 ~ 53HRC
5	中等尺寸、高速、受冲击、中等载荷、耐磨性好，如机床变速箱齿轮或汽车、拖拉机的传动齿轮	20Cr	渗碳+淬火+低温回火	齿面：56 ~ 62HRC
6	中等或较大尺寸、高速、重载、受冲击、要求高耐磨性，如汽车中的驱动齿轮和变速箱齿轮	20CrMnTi	渗碳+淬火+低温回火	齿面：58 ~ 63HRC

2)汽车齿轮

图 6-4 为 JN-150 汽车变速齿轮，其工作条件比机床齿轮差，特别是主传动系统中的齿轮。它们承受较大的力和较频繁的冲击，因此对材料要求较高。由于弯曲与接触应力都

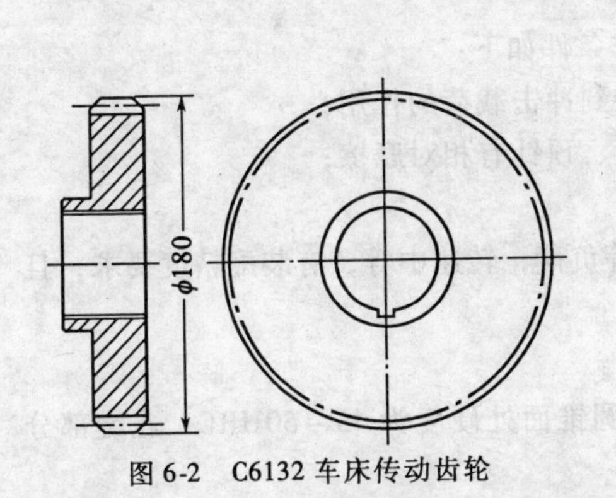

图 6-2　C6132 车床传动齿轮

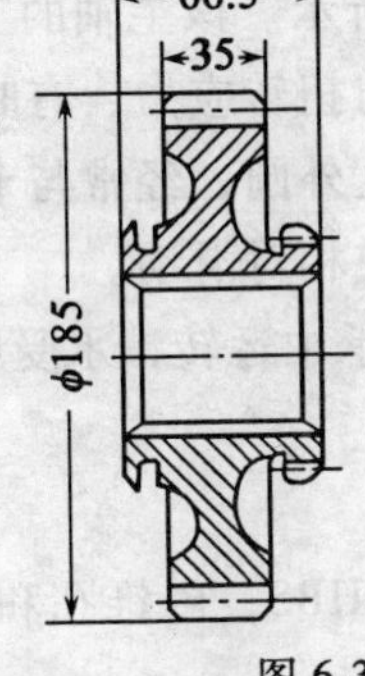

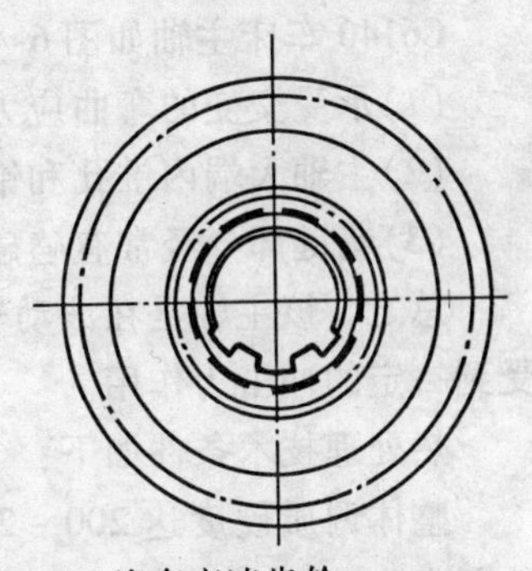

图 6-3　JN-150 汽车变速齿轮

很大，所以重要齿轮都须渗碳、淬火、低温回火处理，以提高耐磨性和疲劳抗力。为保证心部有足够的强度及韧性，材料的淬透性要求较高，心部硬度应在 35 ~ 45HRC 之间。另外，汽车生产特点是批量大，因此在选用钢材时，在满足力学性能的前提下，对工艺性能

必须予以足够的重视。

20CrMnTi钢在渗碳、淬火、低温回火后，具有较好的力学性能，表面硬度可达58~62HRC,心部硬度达30~45HRC。正火态切削加工工艺性和热处理工艺性均较好。为进一步提高齿轮的耐用性，渗碳、淬火、回火后，还可采用喷丸处理，增大表面压应力。渗碳齿轮的工艺路线如下：

下料→锻造→正火→切削加工→渗碳、淬火及低温回火→喷丸→磨削加工。

6.2.2 轴类零件的选材及改性方法

在机床、汽车、拖拉机等制造工业中，轴类零件是另一类用量很大，且占有相当重要地位的结构件。

轴类零件的主要作用是支承传动零件并传递运动和动力，它们在工作时受多种应力的作用，因此从选材角度看，材料应有较高的综合机械性能。局部承受摩擦的部位如车床主轴的花键、曲轴轴颈等处，要求有一定的硬度，以提高其抗磨损能力。

要求以综合机械性能为主的一类结构零件的选材，还需根据其应力状态和负荷种类考虑材料的淬透性和抗疲劳性能。实践证明，受交变应力的轴类零件，连杆螺栓等结构件，其损坏形式多数是由于疲劳裂纹引起的。

下面以车床主轴、汽车半轴、内燃机曲轴等典型零件为例进行分析。

1. 机床主轴

在选用机床主轴的材料和热处理工艺时，必须考虑以下几点：

(1)受力的大小。不同类型的机床，工作条件有很大差别，如高速机床和精密机床主轴的工作条件与重型机床主轴的工作条件相比，无论在弯曲或扭转疲劳特性方面差别都很大。

(2)轴承类型。如在滑动轴承上工作时，轴颈需要有高的耐磨性。

(3)主轴的形状及其可能引起的热处理缺陷。结构形状复杂的主轴在热处理时易变形甚至开裂，因此在选材上应给予重视。

1)机床主轴的工作条件和性能要求

C6140车床主轴如图6-4所示。该主轴的工作条件如下：

(1)承受交变的弯曲应力与扭转应力，有时受到冲击载荷的作用；

(2)主轴大端内锥孔和锥度外圆，经常与卡盘、顶针有相对摩擦；

(3)花键部分经常有磕碰或相对滑动。

总之，该主轴是在滚动轴承中运转，承受中等负荷，转速中等，有装配精度要求，且受到一定的冲击力作用。

热处理技术条件如下：

整体调质硬度达200~230HBS；内锥孔和外圆锥面处硬度为45~50HRC；花键部分的硬度为48~53HRC。

2)主轴用钢及热处理改性

C6140车床属于中速、中负荷、在滚动轴承中工作的机床，因此选用45钢。整体调质以获得高的综合机械性能和疲劳强度；内锥孔和外圆锥面处采用盐浴局部淬火和回火，以便耐磨和保证装配精度；花键部分高频淬火、低温回火，以确保强度硬度要求。机床主

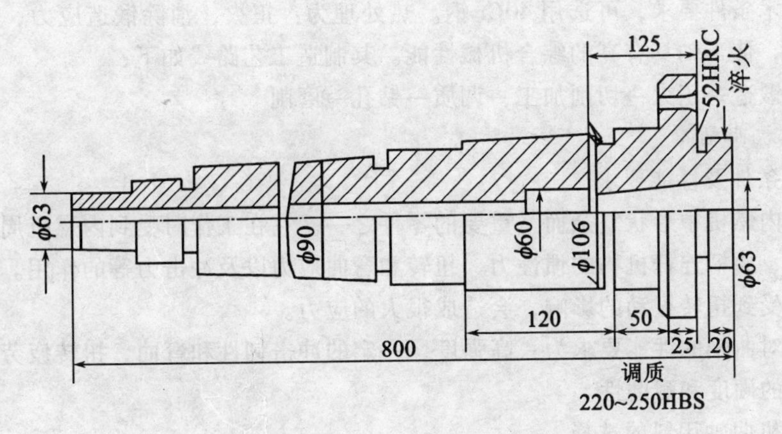

图 6-4　C6140 车床主轴如

轴工艺路线如下：

锻造→正火→粗加工→调质→精加工→表面淬火及低温回火→磨削加工

若这类机床主轴承受载荷较大时，可用 40Cr 钢制造。当承受较大的冲击载荷和疲劳载荷时，则可采用合金渗碳钢制造，其热处理工艺也发生相应的变化。

2. 汽车半轴

汽车半轴是驱动车轮转动的直接驱动件。半轴材料与其工作条件有关，中型载重汽车目前选用 40Cr 钢，而重型载重汽车则选用性能更高的 40CrMnMo 钢。

1）汽车半轴的工作条件和性能要求

图 6-5 所示为跃进-130 型载重汽车（载重量为 2500kg）的半轴简图。半轴在工作时承受冲击、反复弯曲疲劳和扭转应力的作用，要求材料有足够的抗弯强度、疲劳强度和较好的韧性。

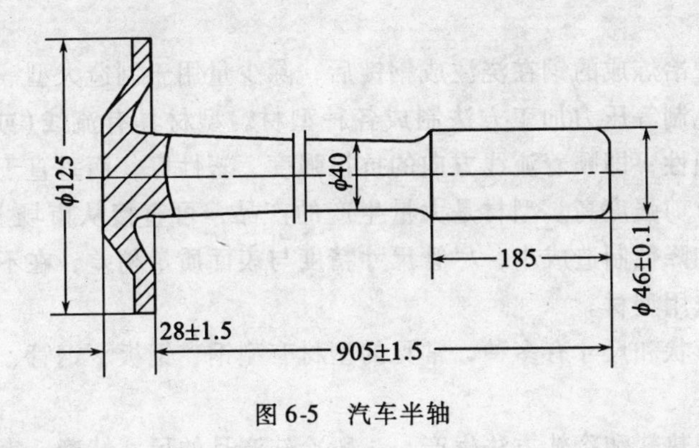

图 6-5　汽车半轴

热处理技术条件：

硬　度：杆部 37 ~ 44HRC；

盘部外圆：24 ~ 34HRC。

2）材料选用及热处理改性

根据技术条件要求，可选用40Cr钢。热处理为：正火，消除锻造应力，改善切削加工性；调质，使半轴具有高的综合机械性能。其制造工艺路线如下：

下料→锻造→正火→切削加工→调质→钻孔→磨削

3. 内燃机曲轴

1)工作条件及性能要求

曲轴是内燃机中形状复杂而又重要的零件之一。它在工作时受到内燃机周期性变化着的气体压力、曲柄连杆机构的惯性力、扭转和弯曲应力以及冲击力等的作用。在高速内燃机中曲轴还受到扭转振动的影响，会造成很大的应力。

因此，对曲轴的性能要求为：高强度，一定的冲击韧性和弯曲、扭转疲劳强度，轴颈处要求有高的硬度和耐磨性。

2)内燃机曲轴用料的选择

一般以静力强度和冲击韧性作为曲轴的设计指标，并考虑疲劳强度。

内燃机曲轴材料的选择主要决定于内燃机的使用情况、功率大小、转速高低以及轴瓦材料等因素。一般选材规律如下：

(1)低速内燃机曲轴采用正火状态的碳素钢或球墨铸铁；

(2)中速内燃机曲轴采用调质状态的碳素钢或合金钢如45、40Cr、45Mn2、50Mn2等，或球墨铸铁；

(3)高速内燃机曲轴采用高强度的合金钢如35CrMo、42CrMo、18Cr2Ni4WA等。

6.3 毛坯成型方法选用原则

6.3.1 毛坯的种类

在机械制造中零件的毛坯主要有各种型材、铸件、锻件、冲压件、焊接件等多种。

1. 型材

用各种炼钢炉冶炼成的钢在浇注成钢锭后，除少量用于制造大型锻件外，85%～95%的铸钢锭是通过轧制等压力加工方法制成各种型材。型材具有流线(或纤维)组织，使其力学性能具有方向性，即顺着流线方向的抗拉强度、塑性好；而垂直于流线方向的抗拉强度、塑性低，但抗剪强度高。型材是大量生产的产品，可直接从市场上购得，价格便宜，可简化制造工艺和降低制造成本，尽管尺寸精度与表面质量稍差，在不影响零件性能的情况下，一般优先选用型材。

型材的断面形状和尺寸有多种，常见的型材有型钢、钢板、钢管、钢丝、钢带等。

1)型钢

型钢一般采用热轧和冷轧方法生产。一般冷轧产品的尺寸精确、表面质量好、力学性能高，但价格比热轧产品贵。

用普通质量钢制成的称为普通型钢，用优质钢或高级优质钢制成的称为优质型钢。型钢的种类有圆钢、方钢、六角钢、等边角钢、不等边角钢、工字钢和槽钢等多种，其形状和表示方法如表6-3所示。

2)钢板

钢板的规格以厚度×宽度×长度表示。根据钢板的厚薄和表面状况，钢板分为厚钢板、薄钢板、镀锌薄钢板、酸洗薄钢板和花纹钢板等。

厚钢板是指厚度为 4.5 ~ 60mm 的钢板。习惯上常将厚度不大于 20mm 的钢板称为中板，厚度为 20 ~ 60mm 的钢板称为厚板。厚钢板一般用热轧方法生产。

薄钢板有厚度为 0.35 ~ 4.0mm 的热轧薄钢板和厚度为 0.2 ~ 4.0mm 的冷轧薄钢板。薄钢板表面经过镀锌或酸洗后称为镀锌薄钢板或酸洗薄钢板。镀锌薄钢板有较好的抗腐蚀能力；酸洗薄钢板有较好的表面质量。这两种薄钢板的厚度为 0.25 ~ 2mm。

花纹钢板由于表面呈菱形或扁豆形的凸棱，有较好的防滑能力。可用于制造扶梯、踏脚板、平台、船舶甲板等。

3) 钢带

钢带(亦称带钢)是厚度较薄、宽度较窄、长度很长的钢板。一般成卷供应，其规格以厚度×宽度表示。

热轧普通钢带的厚度为 2 ~ 6mm、宽度为 50 ~ 300mm；冷轧普通钢带的厚度为 0.05 ~ 3mm、宽度为 5 ~ 200mm。低碳钢冷轧钢带的厚度为 0.05 ~ 3.60mm、宽度为 4 ~ 300mm。

优质碳素结构钢、弹簧钢、工具钢和不锈钢亦可通过冷轧制成钢带。

4) 钢管

钢管分为无缝钢管(包括热轧、冷轧、冷拔、挤压管等，其规格的表示方法有：外径×壁厚)和焊接钢管(包括直缝焊管和螺旋缝焊管等，其规格表示方法：一种用公称口径，即内径或外径的近似值，通常小于实际内径；另一种用外径或外径×壁厚。)两类；按断面形状可分为圆管、异形管(如矩形、椭圆形、半圆形、六角形等)和变断面管(如阶梯形、锥形、周期断面管等)，常用圆形管。

5) 钢丝

圆形钢丝一般是圆盘料拉制而成，其规格用直径(毫米)表示。实际工作中也常用线号表示规格，线号越大线径越细。圆钢丝的直径在 0.16 ~ 8mm 范围。

低碳钢丝俗称"铁丝"，一般为普通质量钢。低碳钢丝有一般用途的低碳钢丝、镀锌低碳钢丝和架空通讯用镀锌低碳钢丝。除此外，还有优质碳素结构钢钢丝、弹簧钢丝；冷顶锻用钢丝、不锈钢丝和焊条钢丝等。

2. 铸件

用铸造方法获得的零件毛坯称为铸件。几乎所有的金属材料都可进行铸造，其中铸铁应用最广，而且铸铁也只能用铸造的方法来生产毛坯；常用于铸造的碳钢为低、中碳钢。铸造既可生产几克到 200 余 t 的铸件，也可生产形状简单到复杂的各种铸件，特别是内腔复杂的毛坯常用铸造方法生产，使铸件形状和尺寸与零件较接近，可节省金属材料和切削加工的工时，一些特种铸造方法成为少屑和无屑加工的重要方法之一。同时铸造所用的设备简单，原材料来源广泛，价格低廉。因此，在一般情况下铸件的生产成本较低，是优先选用的毛坯。

表 6-3 常用型钢的规格表示方法

名称	断面形状	规格表示方法	名称	断面形状	规格表示方法
圆钢	d d=直径	直径 例：$\phi 25$	工字钢	d h b h=高度 b=腿宽 d=腰厚	高度×腿宽×腰厚 (或号数) 例：160×88×6 (或16号)
方钢	a a=边长	边长或 边长×边长 或 边长^2 例：38或 38×38 或38^2	槽钢	d h b h=高度 d=腰厚 b=腿宽	高度×腿宽×腰厚 (或号数) 例：80×43×5 (或8号)
扁钢	d b d=边厚 b=边宽	边厚×边宽 例：8×25	等边角钢	d b b=边宽 d=边厚	边宽×边宽×边厚 (或号数) 例：50×50×6 (或5号)
六角钢 八角钢	d d d=对边距离 (内接圆直径)	对边距离 (内切圆直径) 例：20	不等边角钢	d B b B=长边 b=短边 d=边厚	长边×短边×边厚 (或号数) 例：100×63×8 (或10/6.3号)

但是铸件的组织较粗大，内部易产生气孔、缩松、偏析等缺陷，这些都影响铸件的力学性能，使铸件的力学性能比相同材料的锻件低，特别是冲击韧性差，所以一些重要零件和承受冲击载荷的零件不宜用铸件作零件的毛坯。可是随着科学技术的不断发展，一些传统锻造毛坯(如曲轴、连杆、齿轮等)也逐渐被球墨铸铁等所取代。

3. 锻件

锻件是固态金属材料在外力作用下通过塑性变形而获得的。由于塑性变形的结果，使锻件内部的组织较细且致密，没有铸造组织中的缺陷，所以锻件比相同材料铸件的力学性能高。尤其塑性变形后使型材中纤维组织重新分布，符合零件受力的要求，更能发挥材料的潜力。锻件常用于强度高、耐冲击、抗疲劳等重要零件的毛坯。

与铸造相比，锻造方法难以获得形状较复杂(特别内腔)的毛坯，且锻件成本一般比铸件要贵，金属材料的利用率亦较低。

自由锻造适用于单件、小批生产、形状简单和大型零件的毛坯，其缺点是精度不高、表面不光洁、加工余量大、消耗金属多。模锻件的形状可比自由锻件复杂，且尺寸较准确，表面较光洁，可减少切削加工成本，但模锻锤和锻模价格高，所以模锻适用于中小件的成批或大量生产。

4. 冲压件

冲压可制造形状复杂的薄壁零件，冲压件的表面质量好，形状和尺寸精度高(决定于冲模质量)，一般可满足互换性的要求，故一般不必再经切削加工便可直接使用。冲压生产易于实现机械化与自动化，所以生产率较高，产品的合格率和材料利用率高，故冲压件的制造成本低。但冲压件只适用大批量生产，因为模具制造的工艺复杂、成本高、周期较长，只有在大批量生产中才能显示其优越性。

5. 焊接件

焊接件是借助于金属原子间的扩散和结合的作用，把分离的金属制成永久性的结构件。焊接件的尺寸、形状一般不受限制，可以小拼大，结构轻便，材料利用率高，生产周期短，主要用于制造各种金属结构件，也用于制造零件的毛坯和修复零件，特别适用于制造单件、大型、形状复杂的零件或毛坯，不需要重型与专用设备，产品改型方便。焊接件接头的力学性能与母材基本接近。焊接件可以采用钢板或型钢焊接，或采用铸-焊、锻-焊或冲-焊联合工艺制成。但是焊接过程是一个不均匀加热和冷却的过程，焊接构件内容易产生内应力和变形，接头的热影响区力学性能有所下降。

6.3.2 毛坯选择的原则

毛坯种类选择时，在保证零件的使用要求前提下，力求毛坯的质量好、成本低和制造周期短，即适用性原则和经济性原则。

1. 适用性原则

适用性原则就是满足零件的使用要求。零件的使用要求体现在对其形状、尺寸、加工精度、表面粗糙度等外部质量，和对其化学成分、金属组织、机械性能、物理性能和化学性能等内部质量的要求上。即使同一类零件，由于使用要求不同，从选择材料到选择毛坯类型和加工方法，可以完全不同。例如，机床的主轴和手柄，都是轴类零件，但主轴是机床的关键零件，尺寸、形状和加工精度要求很高，受力复杂，在长期使用过程中只允许发生很微小的变形。因此，要选用45钢或40Cr钢等具有良好综合机械性能的材料，经过锻造制坯及严格的切削加工和热处理制成；而机床手柄则采用低碳钢圆棒料或普通灰铸铁件为毛坯，经简单的切削加工即可完成，不需要热处理。再如，燃气轮机上的叶片和风扇叶片，虽然同是具有空间几何曲面形状的叶片，但前者要求采用优质合金钢，经过精密锻造和严格的切削加工及热处理，并且，需要经过严格的检验，其制造尺寸的微小偏差，将会影响工作效率，而某些内部缺陷则可能造成严重的后果；而一般的风扇叶片，采用低碳钢薄板冲压成型就基本完成了。

2. 经济性原则

一个零件的制造成本包括其本身的材料费以及所消耗的燃料、动力费用、工资和工资附加费、各项折旧费及其他辅助性费用等分摊到该零件上的份额。因此，在选择毛坯的类型及其具体的制造方法时，应在满足零件使用要求的前提下，把几个可供选择的方案从经济上进行分析比较，从中选择成本低廉的。这里，首先要把满足使用要求和降低制造成本统一起来。脱离使用要求，对零件材质和加工质量提出过高的要求，会造成无谓的浪费；相反，一台包含有不合格零件组装的机器，虽然制造成本有所降低，但其后果或者是达不到原设计的工作要求，或者大大缩短使用寿命，甚至造成严重的生产事故，这是不能允许的。其次，考虑经济性，不能只从选材和选择毛坯成型方法的角度考虑，而应从降低整体的生产成本考虑。例如，手工造型的铸件和自由锻造的锻件，毛坯的制造费用一般较低，但原材料消耗和切削加工费用都比机器造型的铸件和模锻的锻件高，零件的整体生产成本不一定合算。此外，某些单件或小批量生产的零件，采用焊接件代替铸件或锻件，有时可能成本较低。

3. 毛坯选择时应考虑的其他因素

(1)材料的工艺性对毛坯选择的影响。

由于材料加工工艺性不同，毛坯的成型方法也各异。例如，铸铁、铸造铝合金、铸造铜合金等铸造性能好的材料，一般只适用于铸造方法生产毛坯(铸件)；用塑性成型方法(锻造、冲压)生产毛坯，就要求材料具有良好的塑性；又如选用焊接生产毛坯时，一般要用低碳钢或低碳合金钢作为零件的材料，因其含碳量低，合金元素少，材料的可焊接性较好。

(2)零件的结构、形状与尺寸大小对毛坯生产方法选择的影响。

毛坯的结构特征，如形状的复杂程度、体积和尺寸大小，壁和壁间的联结形式，壁的厚薄等都影响着毛坯生产方法的选择。铸造生产的毛坯形状可较复杂(特别是内腔形状复杂和壁厚较薄的箱体)，焊接也可拼焊出形状复杂的坯件，其质量较铸件好、重量较轻，但对批量较大时生产率低。锻压方法一般只能生产形状较简单的毛坯，否则形状复杂零件经锻件毛坯简化后，使机械加工的余量增多，这不仅增加机械加工的工作量，还浪费很多材料。

(3)零件性能的可靠性对毛坯选择的影响。

铸件内易形成各种缺陷，如晶粒粗大(特别在大断面处)、缩孔、缩松、气孔、偏析和夹杂等，废品率也较高，所以铸件的力学性能，特别是冲击韧性不如同样材料的锻件，故一般受动载荷的零件，不宜采用铸件作为毛坯。对强度、冲击韧性、疲劳强度等要求高的重要零件，大多采用锻件作为毛坯。由于焊接结构件主要采用轧制型材焊接而成，故焊接件的性能也较好。

(4)零件生产的批量对毛坯选择的影响。

一般当零件的产量较大时，宜采用高精度和高生产率的毛坯制造方法，以减少切削加工节省金属材料和降低生产成本，如冲压、模锻、压力铸造、金属型铸造等。相反，在零件产量较小时，宜采用砂型铸造和自由锻造等方法生产毛坯。有时单件产品，特别是形状复杂、尺寸较大的零件(如箱体、支架等)，用焊接方法生产坯料，其周期短成本低。

6.3.3　选择毛坯的依据

1. 零件的类别、用途和工作条件及其形状、尺寸和设计技术要求

根据这些就可以知道是什么样的零件，在什么条件下工作，对其外部和内部的质量有哪些要求。其中工作条件是指零件工作时的运动、受力情况、工作温度和接触的介质等。根据这些就可基本确定选用什么材料和何种类型的毛坯。例如，汽车和拖拉机曲轴，它们是具有空间弯曲轴线的形状复杂的轴类零件，在常温下工作，承受交变的弯曲和冲击载荷，应具有良好的综合机械性能，参照已有的生产经验和资料，这类零件选用 40、45 等中碳钢或 40Cr、35CrMo 等中碳低合金高强钢的锻钢毛坯或 QT 600-2、QT 700-2 等牌号的球墨铸铁毛坯。再如，机床床身，这类零件是各类机床的主体，它要支承和连接机床的各个部件，它本身是非运动的零件，以承受压应力和弯曲应力为主，同时，为保证工作的稳定性，应有较好的刚度和减振性，机床床身一般都是形状复杂，并带有内腔的零件。在大多数情况下，机床床身应选用 HT150 或 HT200 铸铁件为毛坯，少数重型机械，如轧钢机、大型锻压机械的机身，可选用中碳铸钢件或合金铸钢件，个别特大型的还可采用铸钢-焊接联合结构。

2. 零件的生产批量

生产批量对于选定毛坯的制造方法影响很大。一般的规律是，单件、小批量生产时，铸件选用手工砂型铸造方法，锻件采用自由锻或胎模锻锻造方法，焊接件则以手工或半自动的焊接方法为主，薄板零件则采用钣金钳工成型的方法；在批量生产的条件下，则分别采用机器造型、模锻、埋弧自动焊或自动、半自动的气体保护焊以及板料冲压的方法制造毛坯。

在一定的条件下，生产批量也可影响毛坯的类型。例如上述的机床床身，一般情况下都采用铸件为毛坯，但在单件生产的条件下，由于其形状复杂，制型、制芯等工作耗费材料和工时很多，经济上往往并不合算。若采用焊接件，则可能大大降低生产成本，缩短生产周期，但焊接件的减振、耐磨性能不如铸铁件。

3. 生产条件

制定生产方案必须与有关企业部门的具体生产条件相结合，才能兼顾适用性和经济性的原则，才是合理和切实可行的。生产条件是指一个特定的企业部门(例如一个工厂)的设备条件、工程技术人员与工人的数量、技术水平以及管理水平等等。在一般的情况下，应充分利用本企业的现有条件完成生产任务。当生产条件不能满足产品生产的要求时，可供选择的途径有三：第一，在本厂现有的条件下，适当改变毛坯的生产方式或对设备条件进行适当的技术改造，以采用合理的生产方式；第二，扩建厂房，更新设备，这样做有利于提高企业的生产能力和技术水平，但往往需要较多的投资；第三，与厂外进行协作。究竟采取何种方式，需要结合生产任务的要求，产品的市场需求状况及远景，本企业的发展规划和外企业的协作条件等，进行综合的技术经济分析，从中选定经济合理的方案。例如，一个规模不大的机械工厂，承接了每年生产 2000 台左右某机床附件的生产任务，该

产品由10多个小型锻件、几个铸件及一些标准件组成，总重量约150kg。这些锻件如能采用锤上模锻的方法生产最为理想，但该厂无模锻锤，经过技术经济分析，认为采用胎膜锻，对于这些小型锻件和这样的生产批量以及本厂的技术水平，都是切实可行和经济合理的，而把有限的资金用于对铸造生产进行技术改造，增置了相应型号的造型机，使铸件生产全部采用机器造型，并实现了型砂处理和铸件清理的半机械化，不仅使该产品铸件的质量得到保证，也使该厂铸造生产的能力大大提高，除完成该产品的铸件生产外，还有能力承接其他铸件的成批生产任务。

6.4 典型机械零件毛坯成型方法选用示例(轴杆类、盘套类、箱体类)

常用的机械零件按其形状特征各异、用途不同可分为：轴杆类零件、盘套类零件和箱体类零件等三大类。.下面分别介绍各类零件毛坯的一般制造方法。

6.4.1 轴杆类零件

轴杆类零件一般为回转体零件，其长度大于直径。轴是机器设备中最基本的，也是十分关键的零件。轴的主要作用是支承传动零件(如齿轮、带轮、凸轮等)、传递运动和动力。按其结构形状可分为光滑轴、阶梯轴、空心轴、曲轴和杆件等；按承载不同可分为转轴(承受弯矩和扭矩，如机床主轴)、传动轴(承受转矩，如车床的光杆)、心轴(主要承受弯矩，如自行车和汽车的前轴)等。轴杆类零件除承受上述载荷外，还要承受冲击和摩擦的作用。所以轴杆类零件要求具有优良的综合力学性能、抗疲劳性能和耐磨性等。

属于这类零件的有各种传动轴、机床主轴、丝杠、光杠、曲轴、偏心轴、凸轮轴、齿轮轴、连杆、拨叉、锤杆、摇臂以及螺栓、销子等(见图6-6)。

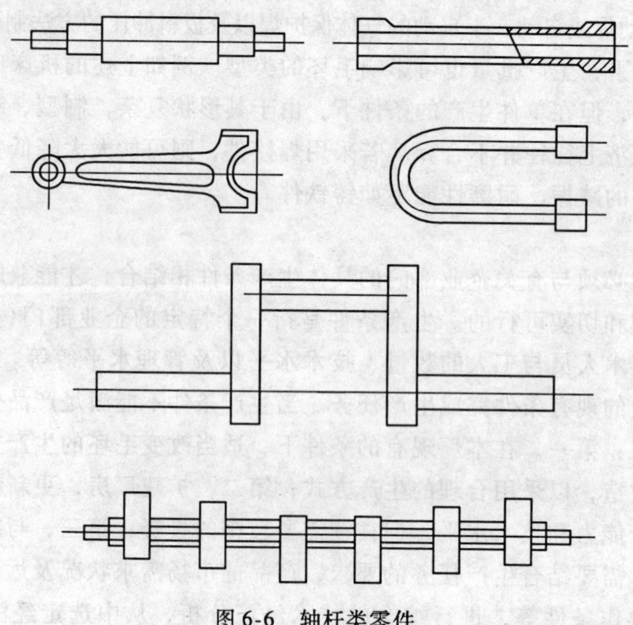

图6-6 轴杆类零件

轴杆类零件的毛坯，常选用圆钢和锻件。光滑轴的毛坯一般选用圆钢；阶梯轴的毛坯应根据阶梯直径之比，选用圆钢或锻件；当零件的力学性能要求较高时，常选用锻件作为毛坯。对中、低速内燃机和柴油机的曲轴、连杆、凸轮轴等零件的毛坯，可选用高强度的球墨铸铁、合金铸铁等材料的铸件，以降低制造成本。单件或小批量生产的轴用自由锻件作为毛坯；成批生产的中小型轴常选用模锻件为毛坯；对大型复杂的轴类件，可选用锻-焊结构件或铸-焊结构件为毛坯。例如，图 6-7 所示是焊接的汽车排气阀，合金耐热钢的阀帽与普通碳素钢的阀杆接成一体，节约了合金耐热钢材料。图 6-8 所示为我国 20 世纪 60 年代初期制造的 120000kN 水压机立柱，采用铸-焊结构的实例。该立柱每根净重 80t，在当时的生产技术条件下，采用整体铸造或锻造均不可能的，采用 ZG270-500(ZG35)分段铸造，粗加工后拼焊(电渣焊)成整体毛坯。

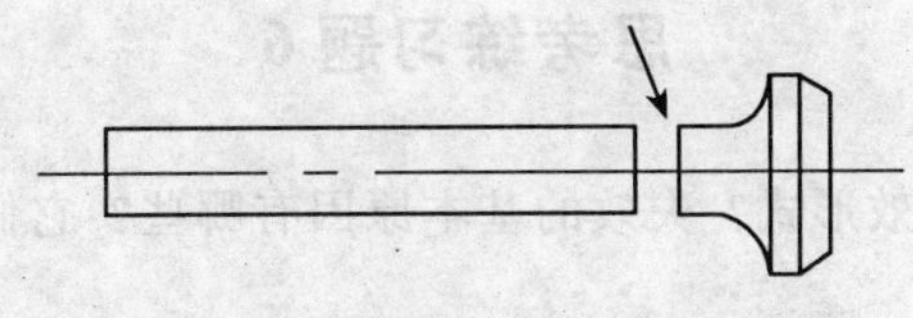

图 6-7　焊接的汽车排气阀

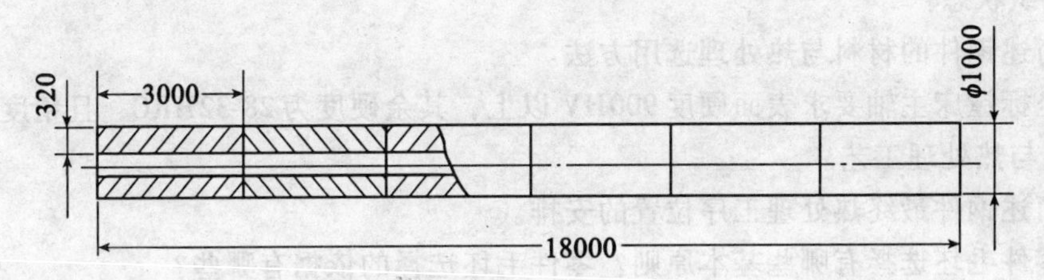

图 6-8　铸-焊结构的水压机毛坯

6.4.2　盘套类零件

盘套类零件一般是轴向尺寸小于径向尺寸，或者两个方向尺寸相差不大。属于这类零件的有齿轮、飞轮、带轮、法兰盘、联轴器、手轮、刀架等。由于这些零件在机械设备中的作用、要求和工作条件差异很大，因零件用材不相同，故毛坯的生产方法也各异。

对带轮、飞轮、手轮、垫块等一类受力不大(且主要承受压力)、结构复杂的零件，常选用灰铸铁制造，故用铸造方法生产的铸铁件作为毛坯；对单件大型零件亦可用低碳钢焊接而成。对法兰盘、套环、垫圈等零件，根据受力大小、形状和尺寸，可选用铸铁、钢、有色合金等制造，分别用铸件、锻件或型材下料后作为毛坯。

齿轮是典型的轮盘类零件，其材料的选用前面已分析过。齿轮毛坯的选择应根据其受力的性质与大小、材料种类、结构形状、尺寸大小、生产批量等不同而异。一般中小型传力齿轮常用锻件为毛坯；当生产批量较大时用热轧或精密模锻件作为毛坯，以提高性能、减少切削加工；直径较小的齿轮也可直接用圆钢作为毛坯；结构复杂尺寸较大的齿轮亦可采用铸钢件或球墨铸铁件；对单件大型齿轮可用焊接件作为毛坯；尺寸较小、厚度薄、产量大的传动齿轮可用冲压方法直接生产零件；对一般非传力的低速齿轮，可用灰口铸铁件作为毛坯。

6.4.3 箱体类零件

箱体类零件一般结构较复杂，具有不规则的外形与内腔，壁厚也不均匀，如各种设备的机身、机座、机架、工作台、齿轮箱、轴承座、泵体等。其工作条件差异较大，但一般以承压为主；并要求有较好刚性和减震性，且同时受压、弯、冲击作用；对工作台和导轨等要求有较高的耐磨性。

对于一般承受压力为主的箱体类零件，常选用灰铸铁为材料，因为灰铸铁可制造形状复杂毛坯对单件小批量生产可用焊接件。为减少箱座类零件重量可选用铝合金铸件(如航空发动机箱体等)。对尺寸较大的支架，可采用铸-焊或锻-焊组合件作为毛坯。

思考练习题 6

1. 机械零件有哪些失效形式？失效的基本原因有哪些？它们要求材料的主要性能指标分别是什么？

2. 选材应遵循哪些原则？分析说明如何根据机械零件的服役条件选择零件用钢的含碳量及组织状态？

3. 简述钢件的材料与热处理选用方法。

4. 坐标镗床主轴要求表面硬度900HV以上，其余硬度为28-32HRC，且精度极高，试选择材料与热处理工艺。

5. 简述钢件最终热处理工序位置的安排。

6. 零件毛坯选择有哪些基本原则？零件毛坯选择的依据有哪些？

7. 按形状特征和用途不同，常用机械零件有哪些主要类型？简述各类零件常用毛坯类型及生产方法。

8. 汽车、拖拉机变速箱齿轮常用渗碳钢来制造，而机床变速箱齿轮又多采用调质钢制造，原因何在？

9. 某工厂用T10钢制造的钻头对一批铸件进行钻 $\Phi10$ 深孔，在正常切削条件下，钻几个孔后钻头很快磨损。据检验钻头材料、热处理工艺、金相组织及硬度均合格。试问失效原因？并提出解决办法。

10. 生产中某些机器零件常选用工具钢制造。试举例说明哪些机器零件可选用工具钢制造，并可得到满意的效果？分析其原因。

11. 确定下列工具的材料及最终热处理：(1)M6手用丝锥；(2)$\Phi10$ 麻花钻头。

12. 切削工具中的铣刀、钻头，由于需重磨刃口并保证高硬度，因而要求淬透层深；而板牙、丝锥一般不需要重磨刃口，但要防止螺距变形，所以要求淬透层浅。试问在选材和热处理方法上如何予以保证？

13. 指出下列工件在选材与制定热处理技术条件中的错误，说明理由及改正意见：工件及要求材料热处理技术条件表面耐磨的凸轮45钢淬火、回火；60HRC直径30mm，要求良好综合力学性能的传动轴40Cr调质；40～45HRC弹簧(丝径15mm)45钢淬火、回火；55～66HRC板牙(M12)9SiCr淬火、回火；55～66HRC转速低、表面耐磨性及心部强度要求不高的齿轮45钢渗碳淬火；58～62HRC钳工凿子T12A淬火、回火；55～66HRC传动轴(直径100mm)45钢调质；40～45HRC塞规(用于大批量生产，检验零件内孔)T7A或T8淬火、回火；55～66HRC。

14. 指出下列工件各应采用所给材料中哪一种材料？并选定其热处理方法。工件：车辆缓冲弹簧、发动机排气阀门弹簧、自来水管弯头、机床床身、发动机连杆螺栓、机用大钻头、车床尾、架顶针、螺丝刀、镗床镗杆、自行车车架、车床丝杠螺母、电风扇机壳、普通机床地脚螺栓、高速粗车铸铁的车刀。材料：38CrMoAl、40Cr、45、Q235、T7、T10、50CrVA、16Mn、W18Cr4V、KTH300-06、60Si2Mn、ZL102、ZCuSn10P1、YGl5、HT200。